LE

CHAUFFAGE DES VOITURES

DE TOUTES CLASSES

SUR LES CHEMINS DE FER

COMPAGNIE DES CHEMINS DE FER DE L'EST

LE CHAUFFAGE DES VOITURES DE TOUTES CLASSES SUR LES CHEMINS DE FER

PAR

L. REGRAY

INGÉNIEUR EN CHEF DU MATÉRIEL ET DE LA TRACTION DE LA COMPAGNIE DES CHEMINS DE FER DE L'EST.

PUBLIÉ PAR ORDRE DU CONSEIL D'ADMINISTRATION

Avec un Atlas de 31 Planches

TEXTE

PARIS

LIBRAIRIE ADMINISTRATIVE DE PAUL DUPONT

41, RUE JEAN-JACQUES-ROUSSEAU, 41

1876

TABLE DES MATIÈRES

PREMIÈRE PARTIE.

Étude des modes de chauffage employés sur les chemins de fer étrangers.

CHAPITRE PREMIER.

MODES DE CHAUFFAGE EMPLOYÉS SUR LES DIVERS CHEMINS DE FER DE L'ALLEMAGNE.

*

CHAPITRE II.

MODES DE CHAUFFAGE EMPLOYÉS SUR LES CHEMINS DE FER DE L'AUTRICHE, DE LA RUSSIE, DE LA SUÈDE ET DE LA NORWÉGE.

CHAPITRE III.

MODES DE CHAUFFAGE EMPLOYÉS SUR LES CHEMINS DE FER DE LA SUISSE, DE LA BELGIQUE, DE LA HOLLANDE, DE L'ANGLETERRE ET DE L'ITALIE.

CHAPITRE IV.

MODES DE CHAUFFAGE EMPLOYÉS OU ESSAYÉS PAR CERTAINES COMPAGNIES SECONDAIRES DE CHEMINS DE FER EN FRANCE.

DEUXIÈME PARTIE.

Expériences et essais de la Compagnie des chemins de fer de l'Est pendant les hivers de 1874, 1875 et 1876.

CHAPITRE V.

ESSAIS ET EXPÉRIENCES SUR LE CHAUFFAGE DES VOITURES AU MOYEN DE POÊLES.

CHAPITRE VI.

ESSAIS ET EXPÉRIENCES SUR LE CHAUFFAGE DES VOITURES AU MOYEN D'APPAREILS A AIR CHAUD.

CHAPITRE VII.

ESSAIS ET EXPÉRIENCES SUR LE CHAUFFAGE DES VOITURES A L'AIDE DE CHARBONS AGGLOMÉRÉS (*Briquettes, charbon nouveau, charbon de Paris*).

CHAPITRE VIII.

ESSAIS ET EXPÉRIENCES SUR LE CHAUFFAGE DES VOITURES AU MOYEN D'UN COURANT D'EAU CHAUDE CIRCULANT DANS DES APPAREILS FIXES (THERMO-SYPHON).

CHAPITRE IX.

EXPÉRIENCES SUR LE CHAUFFAGE AVEC BOUILLOTTES MOBILES A EAU CHAUDE ET ÉTUDE DES AMÉLIORATIONS A Y APPORTER.

CHAPITRE X.

EXAMEN DES PROPOSITIONS DIVERSES, DES IDÉES ORIGINALES ÉMISES PAR UN GRAND NOMBRE D'INVENTEURS DONT LES PROJETS N'ONT POINT REÇU D'APPLICATION.

TROISIÈME PARTIE.

Résumé général et conclusions.

CHAPITRE XI.

ESTIMATION DES DÉPENSES DE TOUTE NATURE AUXQUELLES DONNERAIT LIEU L'APPLICATION A UN RÉSEAU DE CHEMINS DE FER DÉTERMINÉ, ET EN PARTICULIER AU RÉSEAU DE LA COMPAGNIE DE L'EST, DES PRINCIPAUX SYSTÈMES DE CHAUFFAGE ÉTUDIÉS DANS LES PRÉCÉDENTS CHAPITRES.

CHAPITRE XII.

RÉSUMÉ GÉNÉRAL DE CES ÉTUDES. — EXAMEN CRITIQUE DES DIVERS SYSTÈMES. — CONCLUSIONS, SPÉCIALEMENT EN CE QUI CONCERNE LE RÉSEAU FRANÇAIS.

NOTE

DU

DIRECTEUR DE LA COMPAGNIE DES CHEMINS DE FER DE L'EST

Le froid sévit, souvent d'une manière rigoureuse, dans les départements traversés par plusieurs lignes faisant partie du réseau concédé à la Compagnie des chemins de fer de l'Est, et les voyageurs sont exposés à de véritables souffrances. A plusieurs reprises le Conseil d'administration s'est occupé de la question de savoir quels étaient les résultats des expériences tentées à nos frontières, — en Belgique, en Allemagne, en Suisse, et sur quelques-unes des lignes si douloureusement perdues pour nous en Alsace-Lorraine.

Nous n'avions à ce sujet que des renseignements incomplets et souvent contradictoires. Quelques voyageurs affirmaient et affirment encore que le problème du chauffage des trains est absolument résolu à l'étranger ; d'autres personnes, au contraire, soutiennent que les appareils expérimentés donnent la répartition la plus défectueuse pour la chaleur produite. Ainsi, dans quelques compartiments on est étouffé, et, pour éviter l'asphyxie, il faut maintenir les fenêtres ouvertes, tandis que dans le compartiment voisin on est à peu près gelé.

Nous recevions en même temps, soit de l'Administration supérieure française, soit de divers inventeurs, des communications sur des appareils relatifs au chauffage des trains.

Le Conseil d'administration a pensé que le moment était venu de procéder à une enquête aussi complète que possible et d'accompagner cette enquête d'expériences suffisantes pour qu'il fût possible de formuler des conclusions pratiques applicables aux désirs du public français. Dans sa séance du 27 février 1873, le Conseil ouvrait un crédit suffisant pour couvrir les dépenses que nécessiteraient ces études, et le service du Matériel et de la Traction se mit immédiatement à l'œuvre.

Commencées en 1873, ces recherches et ces expériences viennent d'être terminées, et le Directeur de la Compagnie a été heureux de mettre sous les yeux du Conseil d'administration le travail considérable présenté à cette occasion par M. Regray, Ingénieur en chef du Matériel et de la Traction.

Le Rapport, accompagné de 31 planches de dessins, se divise en trois parties :

La première comprend la description détaillée de tous les procédés employés pour le chauffage des voitures sur les principaux chemins de fer de l'Europe.

La seconde est relative aux expériences qui ont été

faites sur le chemin de fer de l'Est pendant les deux hivers 1873-1874 et 1874-1875.

Un train, composé de voitures de toutes classes, a circulé tous les jours sur la ligne de Paris à Nancy, et les dispositions les plus variées ont été mises à l'essai.

La troisième partie enfin présente, sous forme de Résumé général, des conclusions fort intéressantes. Si nous n'avons pas en France marché aussi vite que les autres nations dans l'étude du problème du chauffage des trains, nous n'avons pas à regretter les tâtonnements et souvent les insuccès de nos devanciers; et nous arriverons en même temps que les autres contrées de l'Europe à une solution, nous ne disons pas absolument satisfaisante, mais à une solution suffisante.

Il ressort en effet du travail présenté par nos Ingénieurs deux faits très-importants :

Premièrement. Tous les systèmes actuellement employés à titre définitif, ou à titre d'essai, sur les chemins de fer du continent, peuvent, malgré des différences nombreuses soit dans la forme, soit dans les dimensions des appareils, se rattacher à cinq types distincts :

1° Chauffage par des poêles;

2° Chauffage au moyen de l'air chaud fourni par un calorifère spécial à chaque véhicule et réparti par des tuyaux;

3° Chauffage avec de la vapeur d'eau provenant soit de la locomotive, soit d'une chaudière spéciale placée au milieu du train ;

4° Chauffage au moyen de briquettes ou combustibles agglomérés ;

5° Enfin, chauffage par l'eau chaude circulant dans des appareils fixes, ou apportée dans des bouillottes mobiles.

Secondement. Des quatre premiers systèmes, aucun ne répond d'une manière complète aux conditions du problème, ou n'est applicable à notre pays. Sans aucun doute et pour ne donner qu'un exemple, les poêles ordinaires chauffent très-bien une grande voiture de 3e classe. Dans toute l'Allemagne on les accepte parfaitement; mais lorsque nous les avons essayés en France, les voyageurs désertaient les voitures qui les contenaient.

Avec l'air chaud, le moindre stationnement donne lieu à un refroidissement absolu de la voiture.

Quant à la vapeur et aux briquettes, le Rapport donne les renseignements les plus précis sur les obstacles qui s'opposent au choix de l'une ou de l'autre solution.

Reste uniquement l'eau chaude, que recommande d'ailleurs sa merveilleuse capacité calorifique. Mais là se présente une question qui n'est pas encore pour nous complétement et absolument résolue :

Faut-il placer sur chaque voiture un appareil à circulation fondé sur le principe du thermo-syphon, chauffer l'eau d'une matière continue, éviter aux gares le travail, aux voyageurs l'ennui du renouvellement des appareils?

Faut-il, au contraire, se contenter de la bouillotte ancienne, en multiplier le nombre et en opérer le renouvellement en cours de route par des installations mécaniques convenables?

Prenant la question à ce point précis, le Conseil d'administration de la compagnie de l'Est a décidé :

1° Que c'était à l'eau qu'il fallait recourir pour le chauffage des trains ;

2° Que les voitures de toutes classes composant les trains dont la durée de parcours excède deux heures seraient désormais chauffées ;

3° Que, simultanément, on mettrait en œuvre les deux modes d'emploi de l'eau chaude, c'est-à-dire que l'on construirait un certain nombre d'appareils fixes à circulation (thermo-syphon), et que l'on expérimenterait les procédés assurant le renouvellement rapide de l'eau chaude dans les bouillottes ;

4° Enfin, que le Rapport présenté par M. Regray, — qui contient d'ailleurs un grand nombre de faits absolument nouveaux et de documents inédits recueillis à grand'peine à l'étranger, — serait publié aux frais de la Compagnie.

Votées par le Conseil d'administration dans sa séance du 14 juin 1876, ces conclusions reçoivent en ce moment même la solution que chacune d'elles comporte : Nos ateliers fabriquent les appareils nécessaires, les installations relatives au réchauffage mécanique s'exécutent, et la présente Publication montre l'intérêt que nous avons tous attaché à ce grand problème.

Le Directeur de la Compagnie des chemins de fer de l'Est,

F. JACQMIN.

Paris, le 26 juillet 1876.

INTRODUCTION

La question du chauffage des voitures à voyageurs de toute classe, et particulièrement des deuxième et troisième classes, préoccupe depuis fort longtemps l'opinion publique. Le problème peut paraître assez simple au premier abord ; mais, à mesure qu'on l'approfondit, on s'aperçoit qu'il est, au contraire, des plus complexes. Partout, du reste, il est poursuivi avec ardeur, en Allemagne, en Autriche, en Belgique, en Suisse, et la multiplicité des systèmes essayés témoigne de la diversité d'opinion des Ingénieurs et des difficultés de la question.

Dès l'année 1873, le Syndicat des six grandes Compagnies françaises, désireux de s'associer à ce grand mouvement, avait accueilli la proposition de la Compagnie de l'Est qui s'était déclarée prête à faire des expériences spéciales pour étudier la question et à poursuivre ces essais, au besoin, pendant plusieurs hivers.

C'est le résultat de cette étude que nous avons résumé dans le présent ouvrage.

Avant d'entrer en matière, indiquons à grands traits l'ordre que nous avons suivi dans ce travail.

Notre premier soin a été d'entrer en correspondance avec les Compagnies étrangères et d'envoyer nos agents sur place pour nous renseigner exactement sur ce qui se fait dans les pays voisins. Ces renseignements recueillis, il nous a été possible de ramener les divers procédés employés à un certain nombre de types principaux dont pourraient dériver tous les autres par de simples variantes de détail. Après nous être appliqués à perfectionner l'étude de chacun de ces types, nous les avons mis en expérience pendant les hivers de 1874, 1875 et 1876. A cet effet, un train complet, chauffé suivant les divers systèmes, a été mis régulièrement à la disposition du public entre Paris et Nancy pendant l'hiver de 1874. Ce train partait le matin de Paris à midi et arrivait à Nancy à 11 h. 25 m. du soir; il repartait le lendemain de Nancy à 6 heures du matin pour rentrer à Paris à 5 heures du soir. On trouvait, dans cette combinaison, le double avantage de voyages accomplis dans des conditions très-diverses de climat et de température, et la possibilité de recueillir les observations ou les plaintes du public.

Quoique l'hiver de 1873-1874 ait été fort doux et que la neige n'ait fait, pour ainsi dire, qu'une rapide apparition dans nos régions de l'Est, l'expérience avait été assez décisive pour nous permettre de repousser certains appareils et pour nous indiquer dans quelle voie les autres devaient être perfectionnés. Ces perfectionnements, étudiés et préparés pendant l'été, étaient de nouveau essayés au commencement de l'hiver, dans les mêmes conditions que l'année précédente, c'est-à-dire sur un train omnibus régulier de Paris à Nancy. Les hivers de 1875 et de 1876 ayant été plus rigoureux que le précédent, et ayant présenté toutes les conditions météorologiques désirables, il nous a été possible d'arriver aux conclusions qu'on lira plus loin.

Ce travail sera divisé en trois parties comprenant chacune plusieurs chapitres :

1° Résumé descriptif et critique de tous les procédés actuellement employés au chauffage des voitures sur les principaux chemins de fer de l'Europe ;

2° Résumé des expériences faites pendant les hivers de 1873-1874 et de 1874-1875 sur le réseau des chemins de fer de l'Est ;

3° Résumé général et Conclusions.

Parmi les personnes qui ont bien voulu me prêter leur concours pour l'exécution de ce travail, je citerai en première ligne M. l'Ingénieur Salomon, attaché au Service de la Traction et du Matériel de la Compagnie de l'Est.

M. Salomon a participé à la rédaction de cet ouvrage dans toutes ses parties et a été pour moi, non-seulement un aide, mais encore un collaborateur des plus dévoués.

La confection des nombreuses planches de l'atlas qui accompagne cet ouvrage a été particulièrement surveillée par M. Flaman, Chef des Études du Matériel de la Compagnie de l'Est, qui a bien voulu apporter à cette œuvre les soins et la science pratique qui distinguent ses travaux.

A l'étranger, M. Polonceau, Sous-Directeur de l'Exploitation de la " Staatsbahn, " et M. Gottschalk, Ingénieur en Chef du Matériel et de la Traction des chemins de fer du Sud-Autrichien, ont bien voulu nous fournir de nombreux et intéressants documents.

La plupart des Administrations allemandes, et en particulier celle des chemins de fer bavarois, se sont mises à notre disposition de la manière la plus obligeante, et nous les prions de recevoir tous nos remerciements.

L'Ingénieur en chef du Matériel et de la Traction,

L. REGRAY.

LE

CHAUFFAGE DES VOITURES

DE TOUTES CLASSES

SUR LES CHEMINS DE FER

PREMIÈRE PARTIE

ÉTUDE DES MODES DE CHAUFFAGE EMPLOYÉS SUR LES CHEMINS DE FER ÉTRANGERS

Observation générale. — Avant de commencer la description et l'examen des divers systèmes de chauffage employés sur les chemins de fer étrangers, nous croyons devoir faire les deux remarques suivantes :

Tous les renseignements, chiffres et dessins que nous allons donner proviennent, pour la plus grande partie, du dépouillement de documents reçus des Administrations de ces chemins eux-mêmes. Lorsque quelques obscurités, difficiles à régler par correspondance, se sont produites dans ces renseignements, nous avons envoyé sur place un Inspecteur chargé de les éclaircir (1) ; cette opération a été faite sous les yeux et — nous n'avons pas besoin d'ajouter — avec la pleine autorisation des Administrations étrangères.

Nous aurions pu dépouiller et analyser ces documents en les groupant par natures d'appareils ; mais cette marche eût présenté l'inconvénient de rompre l'unité de l'exposition et d'empêcher le lecteur de se faire une idée suffisamment nette des opinions et des procédés de chaque Administration. Il était fort important, en effet, de faire ressortir la multiplicité des systèmes employés ou essayés par une même Compagnie, ou de constater, par exemple, qu'un procédé unique était accepté par elle d'une manière exclusive. Nous avons donc pris le parti de procéder à l'étude du chauffage sur les principales lignes étrangères Compagnie par Compagnie, en faisant l'examen des méthodes adoptées par chacune d'elles et en plaçant, autant que possible, les unes près des autres les Administrations qui emploient des moyens similaires.

Ainsi nous avons groupé tous les chemins qui font usage des charbons agglomérés ; de même nous avons réuni tous ceux qui se servent de la vapeur, etc., de manière que le lecteur puisse avoir sous les yeux la série des renseignements qui se rapportent à un même système.

Des résumés d'ensemble réuniront, dans des conclusions générales, tous ces éléments nécessairement séparés.

Cette première partie se divisera en quatre chapitres :

(1) M. Rost, Inspecteur du matériel roulant de la Compagnie de l'Est, a été chargé de cette mission.

CHAPITRE PREMIER. — *Modes de chauffage employés sur les chemins de fer de l'Allemagne.*

CHAPITRE II. — *Modes de chauffage employés sur les chemins de fer de l'Autriche, de la Russie, de la Suède et de la Norwège.*

CHAPITRE III. — *Modes de chauffage employés sur les chemins de fer de la Suisse, de la Belgique, de la Hollande, de l'Angleterre et de l'Italie.*

CHAPITRE IV. — *Modes de chauffage employés ou essayés par certaines Compagnies secondaires de chemins de fer en France.*

CHAPITRE PREMIER

MODES DE CHAUFFAGE EMPLOYÉS SUR LES DIVERS CHEMINS DE FER DE L'ALLEMAGNE.

CHEMINS DE FER DE BERLIN-ANHALT.

Longueur des lignes : 377,3 kilom. — Nombre des voitures à voyageurs : 347.

La Compagnie des chemins de fer de Berlin-Anhalt a adopté pour le chauffage de toutes ses voitures de 1re, 2e et 3e classe un appareil à combustibles agglomérés, tandis qu'elle monte dans ses voitures de 4e classe des poêles en fonte alimentés à la houille.

« On a appliqué les appareils à combustibles agglo-
« mérés de préférence à tout autre système, parce qu'ils
« permettent de chauffer les compartiments indépendam-
« ment les uns des autres (1). »

Appareil à combustibles agglomérés monté dans les voitures de 1re, 2e et 3e classe. — La Direction de cette Compagnie a bien voulu nous communiquer les dessins de son appareil à combustibles agglomérés ; nous le reproduisons par les fig. 1 à 10 de la planche n° 1.

---

(1) Renseignement fourni par la Direction.

Description. — Cet appareil consiste en une caisse rectangulaire en tôle, placée horizontalement sous un des siéges dont elle occupe à peu près la moitié de la longueur.

Cette caisse s'ouvre à l'extérieur par une porte pratiquée dans le panneau de la voiture et, à son extrémité, elle communique avec l'air extérieur par un tuyau vertical traversant le plancher. Tous les joints doivent être étanches, afin qu'il n'existe aucune communication entre l'intérieur de la caisse et le compartiment.

Dans cet appareil on introduit un tiroir en tôle, muni de poignées à ses extrémités (fig. 6 à 8), sur lequel on place un panier en fil de fer contenant le combustible allumé. Pour empêcher le ballottement du tiroir, on a fixé sur ses côtés quatre lames de ressorts qui s'appuient sur les parois verticales de la caisse.

Les gaz produits par la combustion s'échappent par deux rangées de trous percés dans la porte. Un registre, actionné par une poignée extérieure (fig. 4 et 5), permet de fermer en partie ou complétement les trous de la rangée supérieure, et de régler ainsi, dans une certaine mesure, la combustion.

L'orifice d'introduction de l'air est réduit à deux fentes pratiquées dans le tube vertical vis-à-vis des faces latérales de la caisse et sur toute la hauteur de celle-ci.

Pour protéger les voitures de 1re et 2e classe contre le rayonnement direct du foyer et, par suite, contre les risques d'incendie, le plancher est recouvert d'un lit de terre réfractaire, puis d'une tôle; la cloison de séparation et le dessous du siége sont garantis par trois écrans en tôle entre lesquels l'air peut circuler et s'échauffer.

Dans les voitures de 3e classe (fig. 3), la couche réfractaire est supprimée et l'écran est réduit à une seule feuille de tôle.

Dans les voitures des trois classes, des grillages en fil de fer sont disposés verticalement en avant de l'appareil, afin que les voyageurs ne puissent pas y toucher.

Dans chaque compartiment, deux appareils semblables sont placés sous la même banquette, dont la traverse est alors supportée par un pied en fonte que représentent les fig. 9 et 10.

Le nombre des appareils par compartiment est le même pour les trois classes.

Dépenses d'installation des appareils (1). — « Le prix de « revient (2) des deux appareils installés dans un com-« partiment est de 112^f,50 pour les voitures de 1re et « 2e classe, et de 75^f pour celles de 3e classe. »

Combustible. — « Le combustible employé consiste en « un mélange de charbon de bois pulvérisé et de nitre, « que l'on comprime en briquettes rectangulaires de « 0^m,090 de largeur sur 0^m,060 de hauteur ; la longueur « est variable.

« Les briquettes qui pèsent de 0^{kg},350 à 0^{kg},400 brûlent « pendant quatre ou cinq heures, tandis que la durée de « la combustion de celles du poids de 0^{kg},800 à 0^{kg},900 « est d'environ dix heures.

« Il suffit d'un très-faible courant d'air pour faire brûler « lentement ce combustible.

« Le prix des briquettes est de 37^f,50 les 100^{kg}. »

Résultats calorifiques. — Consommation de combustibles. — Prix de revient du chauffage. — « Pour obtenir dans les

---

(1) Les dépenses de toute nature seront toujours évaluées en *francs*.

(2) Renseignement fourni par la Direction.

« voitures, supposées parfaitement closes, un excès de « température de 12 à 15° (1) sur l'air extérieur, il faut, « d'après les expériences de la Compagnie, employer par « compartiment :

« 1 briquette,	si la température extérieure est de	+ 5°
« 2 d°	d°	0°
« 3 d°	d°	— 5°
« 4 d°	d°	— 10°

« Pour des variations de la température de l'atmo- « sphère comprises entre 0 et 5° les frais de chauffage « s'élèvent à 0f,00312 par compartiment et par kilomètre « de parcours, cette somme comprenant les frais acces- « soires de manipulation et d'allumage des trois briquettes « employées, frais qui s'élèvent à environ 0f,05 pour « chaque briquette. »

En admettant une vitesse moyenne de marche de 40km, les dépenses de chauffage seraient donc de 0f,00312 × 40 = 0f,125 par compartiment et par heure, soit de 0f,50 pour une voiture à quatre compartiments.

Remarquons que, d'après le poids des briquettes et la durée de leur combustion qui nous sont indiqués, il se brûle par heure et sur chaque briquette 0kg,085 de combustible en moyenne. En admettant que l'on emploie trois briquettes par compartiment, la consommation par heure sera donc de 0kg,085 × 3 = 0kg,255 de combustible, ce qui représente une dépense de 0kg,255 × 0f,375 = 0f,0956. En employant mêmes nombres de petites et de grosses briquettes, les frais de manipulation et d'allumage, rapportés à l'heure de chauffage, seront de 0f,0075 par briquette.

(1) Les évaluations des températures seront toujours faites en degrés *centigrades*.

Avec trois briquettes, ces frais seront donc de 0f,0075 × 3 = 0f,0225, ce qui donnerait une dépense totale, par heure et par compartiment, de 0f,1181, soit de 0f,4724 pour une voiture à quatre compartiments.

Poêle des voitures de 4e classe. — Nous n'avons que des renseignements incomplets sur le poêle employé pour chauffer les voitures de 4e classe; son prix serait de 93f,75 (frais d'installation compris).

On trouvera plus loin des documents très-complets sur le mode de chauffage par poêle en Allemagne.

CHEMIN DE FER DE BERLIN-POTSDAM-MAGDEBOURG.

Longueur des lignes : 268.5 kilom. — Nombre de voitures à voyageurs : 304.

Le chemin de fer de Berlin-Potsdam-Magdebourg chauffe toutes ses voitures des quatre classes par un appareil à combustibles agglomérés « dont il se déclare satisfait (1). »

Appareil à combustibles agglomérés adopté pour les voitures des quatre classes. — Les figures 11 à 14 de la planche n° 1 reproduisent cet appareil, qui ne diffère de celui du Berlin-Anhalt précédemment décrit que par des détails sans importance.

(2) « La construction de cet appareil doit être très-« soignée; elle est faite dans les ateliers de la Com-« pagnie.

« Dans chaque compartiment des voitures de 1re, 2e et

(1-2) Renseignements fournis par la Direction.

« 3e classe on place deux de ces appareils sous la même « banquette. Ce même nombre d'appareils chauffe un « compartiment double dans les voitures de 4e classe. »

Dépenses d'installation des appareils. — « Les prix d'in-« stallation des appareils dans les voitures sont de :

« 137f,65 par compartiment de 1re et 2e classe ;
« 114f,34 d° de 3e classe ;
« 117f,30 par double compartiment de 4e classe (1). »

Composition du combustible. — « Les briquettes em-« ployées ne contiennent, comme matière combustible, « que du charbon de bois de bonne qualité et bien pulvé-« risé ; elles renferment, en outre, du salpêtre et une « matière agglutinante.

« L'analyse des briquettes de quatre fournisseurs a « donné les résultats suivants :

MATIÈRES RECONNUES PAR L'ANALYSE.	FOURNISSEURS			
	A	B	C	D
	p. 100	p. 100	p. 100	p. 100
Charbon	81.96	79.55	83.36	82.56
Cendres	6.60	5.00	2.20	5.60
Eau	7.20	7.45	6.85	6.20
Matières agglutinantes	0.94	5.40	2.59	1.89
Nitrate de potasse	3.30	2.60	5.00	3.75
	100.00	100.00	100.00	100.00

Dimension, compression et séchage. — « Les briquettes

(1) Ces voitures sont à trois essieux et divisées en trois compartiments.

« ont 0m,300 de longueur sur 0m,095 de largeur à la base, « et une hauteur de 0m,060 ; leur poids varie de 1kg à 1kg,050.

« Elles doivent être comprimées et séchées de manière « à être solides et sonores, l'allumage doit en être facile, « enfin leur teneur en cendres ne peut dépasser 12 0/0.

« Les briquettes sont livrées emballées dans les maga- « sins de la Compagnie, à Berlin, au prix de 31f,25 les « 100kg. »

Allumage des briquettes. — « *Une heure environ avant* « *le départ* du train à chauffer, les briquettes, rangées « dans un panier en fil de fer, sont allumées à la flamme « de becs de gaz.

« Lorsque les briquettes sont bien allumées en dessous « et sur les côtés, on dispose dix à douze des paniers qui « les contiennent sur un brancard, on les apporte près « des voitures et on les introduit dans les appareils. « Les portes de ceux-ci doivent rester ouvertes pendant « dix à quinze minutes afin de laisser échapper toute l'hu- « midité.

« Les portes une fois fermées, on ouvre jusqu'au mo- « ment du départ du train le registre triangulaire ménagé « en leur milieu, et on doit de même tenir ouvert ce « registre pendant tous les arrêts un peu prolongés.

« Pour l'allumage au gaz, on se sert d'un appareil « breveté de MM. Kiénast et Schütze, de Berlin, dont nous « donnons les dessins (fig. 15 et 16 de la planche n° 1).

« Le prix de cet appareil, formé de quelques tubes à « gaz, est de 543f,75. »

Résultats calorifiques. — « Au départ du train, on sent « déjà dans les compartiments une chaleur douce, agréa- « ble, et plus forte aux pieds qu'à la tête.

« La température intérieure se maintient à + 10°,
« en moyenne, quelle que soit la température extérieure. »

Consommation de combustible. — « Le nombre de briquettes
« tes chargées par compartiment est réglé comme suit :

« Une briquette pour une température extérieure de 0
« à + 5° ;

« Deux briquettes pour une température extérieure de
« — 5 à 0° ;

« Quatre briquettes pour une température extérieure
« inférieure à — 5°.

« Si les briquettes sont de bonne qualité, elles durent
« de douze à quatorze heures, et elles maintiennent cons-
« tante la température ci-dessus indiquée. »

Prix de revient du chauffage. — « Pendant toute la durée
« du trajet de Berlin à Cologne (637^{km},5), on consomme en
« moyenne par compartiment 2^{kg},250 de briquettes, soit
« une dépense de 0^{f},7031 pour le voyage, ou de 0^{f},0011 par
« kilomètre. En tenant compte de l'utilisation incomplète
« des briquettes et des déchets, la dépense kilométrique,
« pour le combustible seulement, est portée à 0^{f},00167
« par kilomètre et par compartiment. »

Enfin, d'après les chiffres fournis par le chemin de Berlin-Potsdam-Magdebourg à la réunion de Dusseldorf, tenue à la date des 14/15 septembre 1874 (1), cette dépense de combustible varierait de 0^{f},00139 à 0^{f},00278 par compartiment et par kilomètre.

En admettant une vitesse moyenne de marche de 40^{km} à l'heure, nous concluons de ces chiffres que, dans le prix

(1) Voir aux pièces annexes.

de revient du chauffage, la dépense seule du combustible brûlé, en tenant compte des déchets, est en moyenne de 0f,10 par heure et par compartiment, soit de 0f,40 par voiture à quatre compartiments.

CHEMINS DE FER DE BERG-MARCHE.

Longueur des lignes : 1,169.3 kilom. — Nombre de voitures à voyageurs : 629.

Les voitures des Chemins de fer Bergisch-Märkiche sont toutes chauffées (1); celles de 1re et 2e classe par des appareils à combustibles agglomérés, et celles de 3e et 4e classe au moyen de poêles.

Cette Compagnie pense (2) « que les systèmes qu'elle « a adoptés pour ses diverses voitures sont, jusqu'à ce « jour, ceux qui répondent le mieux au but à atteindre. »

Appareil à combustibles agglomérés appliqué aux voitures de 1re et 2e classe. — L'appareil à combustibles agglomérés est identique à celui du Chemin de fer de Berlin-Potsdam-Magdebourg, dont nous avons donné les dessins, planche n° 1.

Chaque compartiment est pourvu de deux appareils semblables.

« On n'a pas pris de dispositions spéciales en vue des « incendies. »

Combustibles agglomérés. — « Les combustibles agglo- « mérés sont des briquettes composées de charbon de

(1-2) Renseignements fournis par la Direction royale.

« bois de hêtre bien pulvérisé, de salpêtre, de farine et de « dextrine qui sert de matière agglutinante.

« Les briquettes ont $0^m,230$ de longueur, $0^m,080$ de lar- « geur et une hauteur de $0^m,060$; on peut en placer deux « et demie dans le foyer de chaque appareil.

« Lorsque la compression et le séchage ont été bien « faits, il suffit d'un très-faible courant d'air pour entrete- « nir la combustion.

« Le prix de ce combustible est de $22^f,50$ les 100^{kg}.

« Une heure avant le départ du train, les briquettes allu- « mées sont placées dans les appareils, dont on doit tenir « les portes ouvertes jusqu'au moment de la mise en « marche, afin que l'air arrive en abondance sur le com- « bustible. »

Résultats calorifiques. — « En chargeant cinq briquettes « dans les appareils d'un compartiment, on peut élever sa « température intérieure à $+7^o,5$ et même à $+10^o$, alors « que la température extérieure est de $-12^o,5$. »

Consommation du combustible. — « Pour chauffer, pendant « un hiver, en moyenne 120 voitures de 1re et 2e classe, « la consommation a été d'environ $200,000^{kg}$ de ces bri- « quettes. »

Prix de revient du chauffage. — D'après les déclarations faites au congrès de Dusseldorf, la dépense de combustible serait de $0^f,3125$ par voiture et par heure.

Poêles des voitures de 3e et 4e classe. — Nous avons reproduit sur les figures 10 et 11 de la planche n° 2 les dessins du poêle employé dans les voitures de 3e et 4e classe. — On ne monte qu'un seul appareil dans une voiture.

Description. — Ce poêle est en fonte ; il est renfermé dans deux enveloppes concentriques en tôle, entre lesquelles l'air peut s'échauffer.

On le charge et on l'entretient par l'intérieur de la voiture.

Le combustible employé est la houille.

Consommation de combustible. — Il résulte des renseignements qui nous ont été fournis « qu'il a été consommé « 500 tonnes de houille pour le chauffage pendant un « hiver, et que les dépenses d'installation et de combustible atteignent à peine le cinquième des dépenses « qu'entraîne l'emploi des combustibles agglomérés. »

Dans ce mode de chauffage, les dépenses de combustible s'élèvent de 0f,0417 à 0f,052 par voiture et par heure (1).

CHEMINS DE FER ROYAUX DE SAARBRUCK.

Longueur des lignes : 165.2 kilom. — Nombre des voitures à voyageurs : 188.

La Direction royale de Saarbrück chauffe toutes ses voitures à voyageurs, celles des 1re, 2e et 3e classes par des appareils à combustibles agglomérés, et celles de 4e classe par des poêles à la houille. Enfin, les voitures-salons sont munies de poêles alimentés au charbon de bois.

Appareil à combustibles agglomérés monté dans les voitures de 1re, 2e et 3e classe. — L'appareil de chauffage par combustibles agglomérés, que représentent les figures 16

(1) Congrès de Dusseldorf.

à 19 de la planche n° 3, se place sous les siéges des voitures.

Description. — Cet appareil se distingue par la disposition qui assure la circulation de l'air, quel que soit le sens de la marche de la voiture : le tube vertical placé au fond de la caisse est cintré, après son passage à travers le plancher, et son ouverture est dirigée vers une des extrémités du véhicule en sens inverse de l'orifice d'une tubulure venue de fonte avec la porte. Il en résulte que l'air pénétrant par la tubulure est rejeté par le tuyau, ou inversement.

Combustibles agglomérés. — Composition. — « On emploie « comme combustible des agglomérés formés de charbon « de hêtre, de salpêtre et d'une matière agglutinante.

« Les briquettes, de forme rectangulaire, ont pour « dimensions $0^m,150$, $0^m,105$, et $0^m,035$; l'appareil ci-« dessus indiqué peut en contenir quatre.

« Ces briquettes brûlent dans un faible courant d'air; « leur prix est de 35^f les 100^{kg}. »

Résultats calorifiques. — « L'intensité de ce mode de « chauffage a été reconnue suffisante pour le climat.

« Une seule briquette peut faire monter la température « de 0 à + 15° dans un espace de deux mètres cubes. »

Poêles des voitures-salons alimentés au charbon de bois. — « Les poêles alimentés au charbon de bois qui sont « montés dans les voitures-salons remplissent parfaite-« ment leur but. »

Ils consistent, comme le représentent les figures 7, 8 et 9 de la planche n° 2, en une colonne cylindrique en fonte, qui repose sur le plancher de la voiture et s'élève au-dessus du pavillon. A la partie inférieure, deux portes superposées comprennent entre elles une grille.

La porte supérieure sert à allumer et à vider l'appareil; la porte inférieure donne accès dans le cendrier; elle est munie d'ouvertures que l'on peut fermer plus ou moins afin de régler la combustion.

Les agents des trains peuvent seuls manœuvrer les portes et le pavillon au moyen de clefs spéciales.

Au milieu de la colonne en fonte est suspendu un tuyau en tôle qui descend jusqu'à $0^m,110$ au-dessus de la grille. Lorsque l'on a rempli ce tuyau, par le pavillon de la voiture, de morceaux de charbon de bois de la grosseur d'un œuf, on en ferme la partie supérieure par une soupape en fonte qu'une vis permet de fortement appuyer sur son siége. Par cette disposition, la hauteur du charbon en feu demeure toujours constante; la fumée parcourt l'espace annulaire compris entre le tuyau en tôle et la paroi du poêle, puis s'échappe latéralement par une courte cheminée; celle-ci est surmontée d'une cloche qui, en s'inclinant sous l'action du vent, facilite le tirage.

On s'est ménagé la possibilité de remplacer facilement la partie inférieure du tuyau en tôle que ronge le feu, et vis-à-vis d'elle la colonne en fonte est protégée par un revêtement en terre réfractaire.

« *Pour éviter les incendies, il faut bien isoler le*
« *poêle du pavillon de la voiture.*

« Complétement remplis, ces poêles chauffent pendant
« dix-huit à vingt-deux heures.

« Les frais de construction et d'installation de cet appa-
« reil s'élèvent à $512^f,50$. »

Poêles à la houille des voitures de 4e classe. — Les poêles à la houille employés pour chauffer les voitures de 4e classe sont de deux types différents : les uns ont peu de hauteur, tandis que les autres s'élèvent jusqu'au pavillon (1).

Prix de revient du chauffage. — La Direction de Saarbrück nous a écrit *qu'il ne lui était pas possible d'indiquer les frais qu'occasionne le chauffage des voitures dont l'application générale n'a d'ailleurs été faite qu'au commencement de l'hiver 1874-1875.*

CHEMINS DE FER DU RHEIN-NAHE.

Longueur des lignes : 121.6 kilom. — Nombre des voitures à voyageurs : 47.

Le chemin de fer du Rhein-Nahe chauffe ses voitures de 1re, 2e et 3e classe par des appareils à combustibles agglomérés.

Appareil à combustibles agglomérés appliqué aux voitures de 1re, 2e et 3e classe. — Les figures 9 à 12 de la planche n° 3 représentent l'appareil construit en 1874.

Description. — La caisse qui reçoit les charbons allumés est formée d'un tube en fer soudé.

Placée sous les siéges, elle s'ouvre sur les deux parois latérales de la voiture, ce qui permet de faire le service par l'un ou l'autre des côtés du train.

Cette caisse est fermée par des portes munies de tubulures venues de fonte. Les orifices de ces tubulures sont dirigés en sens inverse, de telle sorte que l'air s'en-

(1) Renseignements fournis par la Direction.

gouffre dans l'une d'elles et s'échappe par l'autre indépendamment du sens de la marche.

Les briquettes sont placées sur des paniers en tôle munis de longues poignées qui, après la mise en place dans l'appareil, buttent contre des ressorts fixés aux parois intérieures des portes.

« Dans les voitures des 1re et 2e classes (1) on monte « un appareil par compartiment; les voitures de 3e classe « à cinq compartiments sont chauffées par quatre appa- « reils semblables.

« Chaque appareil installé revient à 119f,95.

« Le tube en fer soudé vaut 48f,75. »

CHEMINS DE FER ROYAUX DE LA WESTPHALIE.

Longueur des lignes : 395.7 kilom. — Nombre des voitures à voyageurs : 180.

Les voitures à voyageurs des chemins de fer royaux de la Westphalie sont toutes chauffées : celles de 1re et 2e classe et une partie de celles de 3e classe au moyen d'appareils à combustibles agglomérés ; une partie des voitures de 3e classe et celles de 4e classe au moyen de poêles à la houille.

« La Direction déclare avoir reconnu que le chauffage « au moyen de briquettes est le meilleur pour les voitures « divisées en compartiments, tandis que les poêles con- « viennent pour les voitures-salons. »

Appareil à combustibles agglomérés appliqué aux voitures de 1re, 2e et 3e classe. — D'après les dessins qui nous ont

(1) Renseignements fournis par la Direction de Saarbrück.

été communiqués, l'appareil de chauffage par combustibles agglomérés est identique à celui du chemin de Berlin-Potsdam-Magdebourg (fig. 11 à 14 de la planche n° 1).

Description. — L'installation des appareils dans des voitures de 3e classe dernièrement construites est indiquée sur les figures 1 à 5 de la planche n° 3; elle présente les dispositions particulières suivantes :

La porte des appareils est munie d'un tuyau que termine une double manche à vent par laquelle l'air s'introduit dans l'appareil, quel que soit le sens de la marche.

Avant de s'échapper en dessous du plancher, les produits de la combustion passent dans un tuyau métallique horizontal de 1m environ de longueur, ce qui permet d'utiliser une partie de leur chaleur pour le chauffage de la voiture.

Il y a dans chaque compartiment deux appareils semblables couchés sous la même banquette.

Combustibles agglomérés. — Les combustibles agglomérés sont employés sous forme de briquettes de 0m,080 de largeur, 0m,060 de hauteur et 0m,200 de longueur.

Résultats calorifiques et consommation de combustible. — « La température à l'intérieur des compartiments est main- « tenue à + 12°,5, mais les appareils permettent de chauf- « fer davantage (1).

« Lorsque la température ne descend pas au-dessous de « zéro, on charge deux briquettes par compartiment ; si le « froid est plus rigoureux, on double ce nombre. »

Prix de revient du chauffage. — « Les frais du chauffage

(1) Renseignements fournis par la Direction royale.

« s'élèvent à 0f,003 par compartiment et par kilomètre de « parcours.

« Les dépenses de main-d'œuvre sont peu importantes, « le renouvellement des briquettes se faisant par le per- « sonnel ordinaire des gares. »

En admettant une vitesse moyenne de marche de 40km, la dépense par heure serait donc de 0f,12 par compartiment, et de 0f,48 par voiture à quatre compartiments.

Chauffage au poêle des voitures de 3e et 4e classe. — Nous n'avons reçu aucun renseignement spécial sur le chauffage de ce chemin au moyen de poêles.

CHEMINS DE FER DE L'ÉTAT DE HANOVRE.

Longueur des lignes : 839.9 kilom. — Nombre des voitures à voyageurs : 772.

La Direction royale des chemins de fer du Hanovre chauffe toutes ses voitures à voyageurs depuis plusieurs années.

Les voitures de 1re et 2e classe et quelques voitures de 3e classe sont munies d'appareils à combustibles agglomérés, tandis que l'on monte des poêles dans celles de 3e et 4e classe.

« Il a été reconnu (1) que ces deux modes de chauffage « sont les plus avantageux, les essais poursuivis sur plu- « sieurs autres systèmes n'ayant pas donné de résultats « satisfaisants. »

Appareil à combustibles agglomérés monté dans les voitures de 1re, 2e et 3e classe. — Le type adopté pour la con-

(1) Opinion exprimée par la Direction royale.

struction des appareils à combustibles agglomérés est représenté par les figures 1 à 5 de la planche n° 4.

Description. — Chaque compartiment est chauffé par deux appareils semblables ; on en place un sous chaque siége, et on les dispose de telle façon que l'un s'ouvre sur la paroi latérale de droite de la voiture et l'autre sur celle de gauche.

L'appareil consiste en une caisse rectangulaire en cuivre rouge ; l'une de ses extrémités traverse la paroi latérale de la voiture et est fermée par une porte pleine en fonte ; cette ouverture sert à l'introduction du combustible.

De l'autre extrémité de la caisse part un tuyau horizontal en cuivre rouge, qui s'emboîte dans un coude à angle droit en bronze. Cette dernière pièce est raccordée avec un tuyau vertical en fer qui traverse le plancher et se termine par un chapeau en tôle mince.

Un tuyau vertical en fer traverse le brancard de la voiture et débouche dans l'appareil près de la porte de chargement ; il se termine, à sa partie inférieure, par deux manches à vent dirigées en sens opposés, de manière à toujours frapper l'air pendant la marche du véhicule.

Le tiroir, sur lequel on place les briquettes au nombre de cinq, est à double fond. Il est en tôle perforée sur les faces latérales et sur le fond supérieur.

Une poignée en fer est rivée à l'une des extrémités de ce tiroir dont le fond inférieur se prolonge de l'autre côté et se termine par une cornière ; celle-ci, après la mise en place, butte contre l'extrémité de la caisse en cuivre, et limite ainsi le jeu entre la poignée et la porte.

De petits taquets, rivés sur les côtés du tiroir, maintiennent les briquettes séparées les unes des autres.

Dans cet appareil tous les joints sont soudés à la soudure forte ; en outre, ceux de la caisse en cuivre sont rivés.

Celle-ci doit être essayée en la remplissant d'eau. Le joint à frottement doux du tuyau en cuivre rouge avec le coude en bronze est fait avec beaucoup de soin ; il doit être hermétique tout en permettant la dilatation du tuyau.

Pour éviter toute chance d'incendie, l'appareil est enveloppé d'une caisse en tôle qui ne laisse découverte que sa face supérieure ; en outre, sur toute sa longueur, le plancher est recouvert d'une couche isolante formée d'un mélange de sable et de silicate liquide. — Cette couche est maintenue sur ses bords par deux cornières et une tôle mince la recouvre. La banquette est d'ailleurs protégée contre le rayonnement direct par un double écran en tôle ; enfin un grillage vertical ferme le dessous de la banquette et empêche tout contact avec l'appareil.

Dans la disposition adoptée, on voit que la circulation des gaz se fait toujours dans le même sens : l'air pénètre par le tube fixé près de la porte, tandis que la fumée sort par le tube horizontal, puis par le chapeau dont la forme est telle que l'échappement a lieu quelle que soit la direction du vent.

Les appareils employés pour les trois classes de voitures sont identiques.

Dépenses d'installation des appareils. — « Le prix de re-« vient (1) de l'aménagement d'une voiture à cinq compar-« timents varie de 1,050f à 1,125f ; une caisse de chauf-« fage seule revient à 56f,25. »

Prix du combustible. — « Pendant l'hiver 1874-1875, « les briquettes ont été payées de 32f,50 à 33f,75 les « 100kg. »

(1) Renseignements fournis par la Direction royale.

Résultats calorifiques et consommation de combustible. — « Le nombre de briquettes chargées dans les appareils « varie suivant la température extérieure.

« Lorsque celle-ci est de 4 à 8°, il suffit d'employer « par appareil trois à quatre briquettes pesant chacune « $0^{kg},500$ pour maintenir pendant huit à dix heures une « température de + 10° dans le compartiment.

« Les appareils n'ont ainsi besoin d'être rechargés que « dans les trains directs de longs parcours. »

De ces chiffres nous concluons que l'on consomme en moyenne $3^{kg},500$ de briquettes pour chauffer un compartiment pendant neuf heures, soit, au prix moyen de $33^{f},15$ les 100^{kg} de combustible, une dépense de $0^{f},13$ par compartiment et par heure. D'après ces chiffres, la dépense de combustible, pour chauffer une voiture à quatre compartiments pendant une heure, serait de $0^{f},52$.

Poêle à la houille monté dans les voitures de 3e et 4e classe. — Description. — Le poêle monté dans les voitures de 3e et 4e classe est en fonte ; un manteau en tôle mince l'enveloppe complètement ; on le charge, on l'allume et on l'entretient par l'intérieur des voitures ; les figures 5 à 10 de la planche n° 5 représentent les plans et coupes de cet appareil ; les figures 1 à 4 montrent son installation dans une voiture de 3e classe.

Le poêle est rectangulaire ; quatre plaques verticales et deux plaques horizontales en forment les côtés, le fond et le dessus. Ces plaques s'assemblent entre elles par des joints à brides boulonnés. Les deux faces latérales et la face postérieure portent des nervures venues de fonte qui augmentent la surface de chauffe.

La face antérieure, qui est plane, est percée de trois ouvertures rectangulaires fermées par des portes ; celle du bas donne accès dans le cendrier, celle du milieu débouche au-dessus de la grille, enfin la plus élevée sert à charger et à allumer le poêle. Les portes du foyer et du cendrier sont munies de soupapes dont l'ouverture, plus ou moins grande, permet de régler la combustion.

Les agents du train peuvent seuls, au moyen de clefs spéciales, manœuvrer les portes et les soupapes.

En dessous de chaque porte est une petite tablette en fonte qui empêche le combustible de tomber sur le plancher pendant le chargement ou la visite des feux. Dans le même but, la porte du foyer est doublée intérieurement d'une grille verticale à barreaux plats et inclinés, et dans la partie qui est remplie par le combustible, le poêle est revêtu intérieurement de briques ; au-dessus de cette partie, il est divisé en deux compartiments par une cloison réfractaire verticale.

Il résulte de cette disposition (*voir* figure 5) que la fumée s'élève dans un de ces compartiments jusqu'au couvercle du poêle, puis redescend par l'autre pour s'échapper dans la cheminée qui débouche à la base de ce second compartiment.

Le tuyau de cheminée dépasse le pavillon de $0^{m},300$ et est terminé par une tête (fig. 11 de la planche n° 5) dont la forme est façonnée de manière à agir comme aspirateur. Ce tuyau est maintenu en place par un cône en tôle qui lui est rivé en dessous de la tête et qui est vissé sur la couverture.

Au point où il traverse le pavillon, le tuyau est isolé de la voiture par une couche d'air, une tôle et une couche de terre glaise battue entre cette tôle et les frises de la couverture.

Le manteau qui enveloppe le poêle présente sur le devant une large ouverture dont la porte joue dans des coulisses verticales et donne accès aux portes du foyer. Ce manteau est soutenu par des équerres à $0^m,050$ au-dessus du plancher. L'air froid du compartiment s'introduit par cet intervalle et, après s'être échauffé, se dégage par les trous percés dans le haut du manteau sur ses deux faces latérales et sur sa face d'avant. — Les deux compartiments placés vis-à-vis des portes du poêle ne sont séparés de celui où est monté l'appareil que par des cloisons s'élevant depuis les siéges jusqu'à hauteur des têtes.

Les deux compartiments de l'autre bout de la voiture, réservés l'un aux voyageurs ne fumant pas et l'autre aux dames, communiquent entre eux par des ouvertures pratiquées dans les cloisons de séparation en dessous des siéges et au-dessus des appuie-têtes ; ces ouvertures sont grillagées. Puis le compartiment voisin du poêle communique avec l'intérieur de l'enveloppe par deux tubulures rectangulaires en tôle placées l'une en bas et l'autre en haut du manteau.

Une tôle, écartée de façon à ménager une lame d'air, protége la cloison contre laquelle est adossé l'appareil.

Les stalles voisines de l'appareil sont isolées par des écrans formés de deux tôles, distantes de $0^m,033$, qui montent depuis le plancher jusqu'au-dessus des têtes des voyageurs.

Dépenses d'installation des poêles. — « Le prix du poêle « avec le manteau, la cheminée complète et les frais d'in- « stallation, s'élève à $337^f,50$. »

Durée du chauffage. — « Pour des trains dont le trajet « n'est que de trois à quatre heures, il suffit de remplir « une seule fois les poêles. »

Prix de revient du chauffage. — Il a été indiqué, à la réunion de Dusseldorf, que le chauffage au moyen de poêles entraînait une dépense de combustible de 0f,01042 à 0f,02083 par compartiment et par heure, soit en moyenne de 0f,078 pour une voiture à cinq compartiments (3e classe).

Manutention des appareils. — « Les laveurs des voitures « sont chargés du chauffage des trains. »

Essai du chauffage par la vapeur (1). — « En 1868, on a « expérimenté le chauffage par la vapeur sur deux trains-« poste de Cologne à Berlin.

« La vapeur était produite par une chaudière spéciale.
« On a renoncé à ce système à cause de la grande diffi-« culté de chauffer au degré convenable chaque comparti-« ment (*le plus souvent, la chaleur s'élevait au point* « *de provoquer les plaintes des voyageurs*), de bien « raccorder entre elles les conduites, enfin d'obtenir « promptement des diverses Compagnies les voitures « aménagées nécessaires pour la composition des trains « express allant de Cologne à Berlin.

« Les frais d'entretien et de premier établissement « étaient en outre *très-considérables.* »

CHEMINS DE FER DE L'ALSACE-LORRAINE.

Longueur des lignes : 1,035.9 kilom. — Nombre des voitures à voyageurs : 776.

Pendant l'hiver 1874-1875, la Direction des chemins de fer de l'Alsace-Lorraine a chauffé les voitures à voya-

(1) Renseignements communiqués par M. Schäffer, Directeur des chemins de fer de l'État de Hanovre.

geurs des diverses classes au moyen des appareils à combustibles agglomérés.

Tout en admettant que ces appareils peuvent donner une température suffisante dans les voitures, la Direction nous a écrit « qu'elle n'étendra plus l'application de ce « système et qu'elle fera l'essai du chauffage à la vapeur. « Elle trouve trop considérables les dépenses d'achat et de « manipulation qu'entraîne l'emploi des briquettes, et sur- « tout *elle a eu à constater divers accidents provenant « de l'installation de l'appareil entre les pièces de bois « du plancher et des sièges* (1). »

Appareils à combustibles agglomérés. — Description. — L'appareil monté sur les voitures de l'Alsace-Lorraine présente les mêmes dispositions générales que celui qui est employé sur les lignes du Hanovre. Nous ne ferons donc pas ici sa description; mais nous avons cru devoir en donner les dessins (fig. 6 à 11 de la planche n° 4), parce que sa construction est plus simple que celle de l'appareil du Hanovre, et les précautions prises contre l'incendie bien moins multipliées.

Combustible aggloméré. — « On emploie un combustible « aggloméré en briquettes pesant chacune $0^{kg},500$, et du « prix de $37^{f},50$ les 100^{kg}. »

Résultats calorifiques. — Consommation. — « En char-

(1) Au commencement de décembre 1875, dans un train express de Bâle à Ostende, une voiture munie de cet appareil a pris feu et a dû être différée à Strasbourg.

Quinze jours plus tard on a constaté à Luxembourg un autre cas d'incendie. Des étincelles, s'échappant par le joint dessoudé du fond de la caisse et du tuyau de prise d'air, s'étaient répandues sur le plancher de la voiture.

« geant deux briquettes (soit 1^{kg}) dans chacun des deux « appareils montés par compartiment, on obtient ainsi « en marche, et pendant une durée de six heures, une « température supérieure de 13° à celle de l'atmos- « phère. »

De cette façon on brûle, par heure et par compartiment, $0^{kg},333$ de combustible, ce qui représente une dépense de $0^{f},125$.

Les frais de combustible pour le chauffage d'une voiture à quatre compartiments s'élèvent donc à la somme de $0^{f},50$.

Dépenses du chauffage de l'hiver 1874-1875. — « Pendant « l'hiver 1874-1875, on a chauffé, au moyen de combus- « tibles agglomérés, 402 compartiments.

« La durée du chauffage a été de 120 jours, et le parcours « journalier moyen de chaque compartiment de 142^{km}.

« Le total des dépenses de combustible et de main- « d'œuvre s'est élevé à $28,280^{f}$.

« La dépense par compartiment et par jour a donc été « de $0^{f},586$, et celle par compartiment et par kilomètre de « parcours de $0^{f},0041$. »

Essai du charbon de bois de hêtre. — On a essayé de brûler dans les appareils du charbon de bois de hêtre.

« En consommant $0^{kg},360$ de ce combustible par com- « partiment et par heure, il a été obtenu une élévation « moyenne de température de 11°,6.

« Le charbon de bois de hêtre coûtant 15^{f} les 100^{kg}, « les dépenses de combustible pour chauffer un com- « partiment pendant une heure se réduiraient donc à « $0^{f},054$, soit à $0^{f},216$ pour une voiture à quatre comparti- « ments. »

CHEMINS DE FER DU NASSAU.

Longueur des lignes : 257.7 kilom. — Nombre des voitures à voyageurs : 341.

« Autrefois les voitures de 1re et 2e classe étaient seules « chauffées sur les chemins de fer du Nassau. On em- « ployait des chaufferettes à eau chaude que l'on renouve- « lait après un parcours d'environ 45km (1).

« Les dépenses d'acquisition du matériel étaient de « 129f,375 par compartiment, et celles du chauffage reve- « naient à 0f,00103 par compartiment et par kilomètre, « soit à 0f,41 par voiture à quatre compartiments et par « heure, en admettant une vitesse de marche de 40km. »

Actuellement on chauffe les voitures de 1re et 2e classe par des appareils à combustibles agglomérés, et celles de 3e et 4e classe par des poêles à la houille.

« Ces deux modes de chauffage sont considérés comme « les mieux appropriés à chaque espèce de voiture. »

Appareil à combustibles agglomérés des voitures de 1re et de 2e classe. — On a adopté l'appareil à combustibles agglomérés de Berghaus. Par ses dispositions, sa construction et son mode d'installation dans les voitures, cet appareil nous paraît être semblable à celui qu'emploient les chemins de l'État du Hanovre et que nous avons déjà décrit page 25.

Dépenses d'installation des appareils. — « Le prix de re- « vient de deux appareils et de leur installation dans un « compartiment s'élève à environ 150f. »

---

(1) Renseignements fournis par la Direction.

Consommation de combustible. — « Le nombre des bri-
« quettes chargées dans chacun des deux appareils montés « par compartiment est réglé comme suit, d'après la « température extérieure :

Au-dessus de 6°,25 . . . . . . 1 briquette.
De 6°,25 à 0° . . . . 2 —
De 0° à 6°,25 . . . . 3 —
De 6°,25 à 12°,5 . . . . 4 —
De 12°,5 à 18°,75 . . . . . . 5 —

« Mais l'expérience a fait reconnaître qu'il n'y avait « jamais lieu d'employer plus de trois briquettes.

« Ces briquettes ont 0m,145 de longueur, 0m,105 de lar- « geur, 0m,045 de hauteur ; la durée de leur combustion « est d'environ dix heures. »

Observations diverses sur le fonctionnement des appareils. — « On doit s'assurer, par des visites régulières, que la « couche de ciment placée sous l'appareil est en parfait « état.

« L'intervalle entre le plancher et le dessous du siége « doit être suffisant pour que, l'appareil étant monté, l'on « puisse facilement remplacer, soit cette couche de ciment, « soit le double écran en tôle qui protége la banquette.

« L'allumage des briquettes et l'entretien en feu des « appareils sont faits par les agents des gares aidés des « garde-freins.

« Il faut mettre dans les appareils les briquettes allu- « mées une demi-heure avant le départ du train.

« Les voitures en stationnement qui doivent partir le « matin sont chauffées toute la nuit, les appareils à com- « bustibles agglomérés ne produisant une température « suffisante, dans des voitures froides, que quelques « heures après l'allumage. On évite ainsi les plaintes

« fondées du public; mais il faut avoir soin de ne charger « qu'une ou deux briquettes par compartiment; autre- « ment la température deviendrait intolérable au milieu « de la journée.

« *Il faut éviter que l'appareil ne rougisse, parce « qu'alors les produits de la combustion pénètrent « dans les voitures.*

« La disposition de Berghaus, qui détermine un cou- « rant d'air permanent à travers l'appareil, semble être « celle qui pare le mieux à cet inconvénient, et la Direc- « tion des chemins du Nassau ne recommanderait pas « les appareils dépourvus de cette disposition. »

Dépenses du chauffage. — Les dépenses du chauffage, au moyen de briquettes, s'élèvent à $0^f,0025$ par compartiment et par kilomètre de parcours.

Le chauffage d'une voiture à quatre compartiments exige donc une dépense par heure de $0^f,40$, la vitesse de marche étant de 40^{km}.

Chauffage au poêle des voitures de 3e et 4e classe. — « Les poêles montés dans les voitures de 3e et 4e classe « sont en fonte et tôle ; leur section horizontale a la forme « d'un carré, à pans coupés, de $0^m,330$ de côté ; leur hau- « teur totale est de $1^m,200$. Ils sont chargés et entretenus « de l'intérieur des voitures.

« On a reconnu la nécessité d'entourer ces appareils « d'un manteau en tôle, qui doit être à une distance mini- « mum de $0^m,10$ à $0^m,15$ du poêle et de toutes les pièces « de bois.

« Il faut prendre des dispositions spéciales pour pro- « téger contre le feu le plancher en dessous du foyer et « le pavillon à l'endroit où passe la cheminée.

« Les agents chargés du chauffage doivent apporter « beaucoup de soin au réglage des appareils, pour « éviter qu'une combustion trop active ne fasse péné- « trer la fumée dans la voiture et même ne détermine « des incendies. »

Dépenses d'installation des poêles. — « Le prix de revient « d'un poêle et de son installation dans une voiture est « de 75f. »

Prix de revient du chauffage. — « Les dépenses de com- « bustible et de main-d'œuvre s'élèvent à 0f,001 par com- « partiment et par kilomètre de parcours. »

A une vitesse de 40km à l'heure, le chauffage d'une voiture à quatre compartiments revient donc à 0f16.

CHEMINS DE FER DU MAIN-WESER.

Longueur des lignes : 198.8 kilom. — Nombre des voitures à voyageurs : 181.

Les voitures de 1re et 2e classe des chemins de fer du Main-Weser sont chauffées par des appareils à combustibles agglomérés, et celles des 3e et 4e classes par des poêles à la houille.

Appareil à combustibles agglomérés adopté pour les voitures de 1re et de 2e classe. — L'appareil à combustibles agglomérés consiste en une caisse rectangulaire en tôle, qui s'étend à peu près sur toute la longueur de la banquette sous laquelle elle est placée. Le tiroir en tôle perforée, qui contient les briquettes, n'occupe que la moitié de la longueur de la caisse. Celle-ci débouche à l'extérieur de la voiture par une de ses extrémités, et cette ouverture est fermée par une porte en tôle munie de deux manches à vent dirigées en sens contraire l'une de l'autre vers les extrémités de la voiture. L'air pénètre par ces manches à vent, et sort par un tuyau vertical placé au fond de la caisse.

L'installation de l'appareil et la disposition des écrans sont semblables à celles adoptées par le Berlin-Potsdam-Magdebourg.

On monte deux appareils par compartiment, en plaçant leurs portes sur les parois latérales opposées de la voiture.

Dépenses d'installation des appareils. — « Les frais d'amé-« nagement d'un compartiment de 1re ou de 2e classe s'élè-« vent à 142f,50 (1). »

Prix des combustibles agglomérés. — « Le prix des bri-« quettes de charbon comprimé est, en moyenne, de « 43f,75 les 100kg. »

Résultats calorifiques et consommation de combustible. — « Il suffit de brûler 0kg,600 de briquette pour élever, pen-« dant douze heures, la température d'un compartiment « de 7°,5 au-dessus de celle de l'atmosphère. On peut « obtenir, avec ces appareils, jusqu'à 25° d'élévation de « température. »

Prix de revient du chauffage. — La dépense de combustible est, par compartiment, par heure et pour une élévation de température de 1°, de 0f,01328 (2).

Le chauffage d'une voiture à quatre compartiments,

---

(1) Renseignements fournis par la Direction.

(2) Congrès de Dusseldorf.

dont on élèverait de 10° la température intérieure, entraînerait donc une dépense de combustible de 0f,531 par heure.

Poêle à la houille adopté pour les voitures de 3e et de 4e classe. — Le poêle à la houille du Main-Weser (fig. 12 à 16 de la planche n° 5) présente les mêmes dispositions d'ensemble que celui des lignes du Hanovre.

On remarquera que ses différentes parties s'assemblent par emboîtement; le renversement de la fumée, en haut du poêle, est déterminé par des plaques de fonte et non plus par une construction en briques.

Une cloison verticale en tôle sépare en deux parties égales l'intervalle compris entre le poêle et son manteau, de sorte qu'il y a séparation complète des deux courants d'air qui chauffent, l'un les compartiments en face du poêle, et l'autre les compartiments situés en arrière.

Le poêle est installé au milieu de la voiture (fig. 17).

Dépenses d'installation des poêles. — « La dépense de con-
« struction et d'installation de cet appareil s'élève à 250f
« pour les voitures de 3e classe, et à 212f,50 pour celles
« de 4e classe. »

Résultats calorifiques et consommation de combustible. —
« En brûlant 9kg de houille, on élève de 7°,5, pendant
« douze heures, la température d'une voiture de 3e classe
« à cinq compartiments.

« Ce poêle permet d'obtenir, dans les voitures, une
« température supérieure de 28°,7 à celle de l'atmo-
« sphère. »

Prix de revient du chauffage. — La dépense de houille,

par compartiment, par heure et par degré centigrade d'élévation de température, est de 0f,00460 (1).

Pour élever de 10° la température d'une voiture à quatre compartiments, la dépense par heure serait donc de 0f,181.

CHEMINS DE FER DE COLOGNE-MINDEN.

Longueur des lignes : 1,066 kilom. — Nombre des voitures à voyageurs : 418.

Appareil à combustibles agglomérés adopté pour les voitures de 1re, 2e et 3e classe. — La Compagnie des chemins de fer de Cologne-Minden a adopté, pour le chauffage de ses voitures à voyageurs, un appareil à combustibles agglomérés assez semblable à celui des chemins de fer du Hanovre.

(2) « D'après les essais faits jusqu'à ce jour et l'expé« rience acquise avec d'autres systèmes de chauffage, « l'appareil adopté a donné, *sinon le résultat le plus « parfait*, du moins et dans tous les cas, le résultat le « plus favorable, et a été, pour ce motif, définitivement « appliqué.

« Par ce système, on chauffe les voitures de 1re et de « 2e classe dans tous les trains, et celles de 3e classe dans « les trains express. *L'Administration n'a pas encore « l'intention de chauffer les voitures de 3e classe des « autres trains, non plus que celles de 4e classe.* »

Dépenses d'installation des appareils. — « Chaque appareil « a été payé, dans ces derniers temps, 51f,25, ce qui a fait

(1) Congrès de Dusseldorf.

(2) Renseignements fournis par la Direction.

« revenir à 187f,50 la dépense d'installation par comparti-
« ment où l'on place deux de ces appareils. »

Prix du combustible. — « Le combustible a été payé « 22f,50 les 100kg. »

Appareil d'allumage des briquettes. — Les briquettes sont allumées au moyen de chalumeaux à gaz. L'appareil consiste en deux tubes en fer concentriques qui portent tous deux, à 0m,0130 d'intervalle, des ajutages cylindriques.

On fait arriver de l'air, chassé par un ventilateur, dans le tube intérieur, et du gaz d'éclairage dans l'intervalle des deux tubes. Le gaz sort donc par les orifices annulaires des ajutages, et le jet d'air se trouve au milieu de la flamme.

Les briquettes sont rangées sur une tablette en tôle, et l'on peut, en déplaçant l'appareil tubulaire, promener sur leur surface les jets de flamme; dès que les briquettes sont légèrement allumées, on supprime l'arrivée du gaz et on complète l'allumage en ne soufflant plus que de l'air.

CHEMINS DE FER DE L'EST-BAVAROIS (1).

Longueur des lignes : 771.9 kilom. — Nombre des voitures à voyageurs : 444.

Chauffage à la vapeur fournie par la locomotive. — Les voitures des trois classes (2) des chemins de fer de l'Est-

(1) Jusqu'au 1er janvier 1876, les lignes de l'Est-Bavarois formaient un réseau indépendant; à cette époque, elles ont été achetées par l'État de Bavière et réunies au réseau qu'il exploitait déjà.

(2) Toutes les voitures de l'Est-Bavarois sont à compartiments séparés, comme les voitures françaises.

Bavarois sont chauffées à la vapeur. Dès l'adoption de ce système, la vapeur a été prise dans la chaudière de la locomotive, et depuis lors on n'a jamais employé, même à titre d'essai, de chaudières spéciales installées dans des fourgons.

Ce système de chauffage, appliqué aux voitures d'une manière générale depuis le commencement de l'hiver 1873-1874, *satisfait complétement la Direction de ces chemins et semble en même temps être bien apprécié par le public.*

Indication des trains chauffés et de ceux qui ne le sont pas. — On chauffe à la vapeur tous les trains à voyageurs (express, poste et omnibus) et les trains de messagerie qui prennent des voyageurs, quelques wagons spécialisés aux transports par grande vitesse ayant été munis des communications nécessaires.

Les voitures entrant dans la composition des trains *mixtes* et des *trains à marchandises prenant des voyageurs ne sont pas chauffées*, parce que, d'après les règlements, on doit placer dans ces trains les voitures derrière les wagons à marchandises.

Description générale. — Les appareils de chauffage par la vapeur consistent en tuyaux métalliques placés horizontalement dans les voitures entre le plancher et le dessous des siéges. Ces tuyaux de chauffe communiquent par des branchements à un tube qui s'étend sous le châssis de chaque véhicule, d'une traverse extrême à l'autre.

Au moyen d'un tuyau en caoutchouc, on relie le tube de chaque voiture à celui du véhicule suivant, et on forme ainsi une conduite de distribution qui règne sur toute la longueur du train et qui aboutit à une prise de vapeur spéciale montée sur la chaudière de la locomotive.

Prise de vapeur sur la locomotive. — La vapeur est envoyée par intermittences dans les tuyaux de chauffe ; en s'y condensant elle échauffe les tuyaux et par suite les compartiments; cette vapeur, prise à la locomotive par un robinet à soupape placé au-dessus du foyer et du côté gauche de la chaudière, passe dans un appareil spécial qui la détend et en règle la pression.

Pression de la vapeur employée au chauffage. — Il a été reconnu que la pression de la vapeur la plus convenable pour le chauffage est celle de 3 atmosphères. On est conduit à employer ainsi de la vapeur à basse pression, en raison de la résistance limitée des tuyaux de raccord en caoutchouc; en outre, des fuites se produiraient dans les divers joints, et les compartiments voisins de la source de vapeur s'échaufferaient trop si l'on employait la vapeur à une pression plus élevée.

Quels que soient le nombre des voitures du train et les conditions atmosphériques, la vapeur est toujours employée à cette pression de 3 atmosphères.

Régulateur de pression. — Au moyen de l'appareil que l'on peut nommer « régulateur de pression », on amène à la tension de 3 atmosphères la vapeur qui a ordinairement dans la chaudière une pression de 8 atmosphères.

L'appareil (fig. 9 de la planche n° 6) consiste en une soupape à double siége intercalée dans la conduite de distribution. Cette soupape est reliée à une membrane en caoutchouc, sur l'une des faces de laquelle agit, indépendamment de la pression atmosphérique, un ressort à boudin, tandis que sur l'autre face s'exerce l'action de la vapeur détendue. Lorsque celle-ci est à 3 atmosphères, les dimensions de l'appareil sont telles qu'il faut donner de la bande au ressort à boudin pour que la soupape ne soit pas fermée par la pression de vapeur agissant sur la membrane.

Lorsque le ressort a été ainsi convenablement réglé, la levée des soupapes augmente ou diminue suivant que la pression même de la vapeur détendue s'abaisse ou s'élève, de sorte que la pression de cette vapeur se maintient automatiquement constante.

Pour obtenir de la vapeur détendue à 3 atmosphères, la bande du ressort à boudin doit varier d'après la pression de la vapeur dans la chaudière. Au moyen d'une vis et d'un petit volant on donne facilement au ressort la tension convenable, et la pression de la vapeur détendue est indiquée par le manomètre qui surmonte l'appareil.

On a percé de trous correspondants la cuvette contenant le ressort et la douille enveloppant la vis; cette disposition permet à la vapeur de s'échapper si la membrane en caoutchouc se déchire, et révèle ainsi immédiatement cet accident.

Partant du régulateur de pression, la conduite descend sous la plate-forme de la machine. Dans ce parcours, elle est munie d'une soupape de sûreté qui s'ouvre sous une pression un peu supérieure à 3 atmosphères, puis d'une petite soupape automatique de purge. Cette soupape de sûreté a été établie afin que, en cas de négligence du mécanicien, une certaine quantité de vapeur à une pression trop élevée ne puisse pas pénétrer dans les appareils et les avarier. Un tuyau en caoutchouc raccorde les conduites établies sur la machine et sur le tender. La conduite du tender, traversant la caisse à eau, consiste en un tube isolé dans un manchon; elle se termine, à l'arrière du tender, par un robinet identique à ceux qui sont montés sur les voitures.

Appareil de chauffage des voitures. — L'ensemble de l'installation des appareils de chauffage, sur une voiture mixte de 1re et 2e classe, est représenté par les figures 1 à 7 de la planche n° 8.

Canalisation extérieure. — En dessous du châssis de la voiture, sur un des côtés de la barre de traction, et afin de ne pas gêner la manœuvre des attelages, est suspendu un tuyau en fer de 0m,032 de diamètre intérieur, qui est relevé en son milieu de façon à présenter une inclinaison d'environ 0m,01 par mètre vers chacune des traverses de tête à l'extérieur desquelles il se termine.

Robinets de la conduite de distribution. — Aux extrémités de ce tuyau sont montés des robinets (fig. 6 de la planche n° 6) dont les clefs sont serrées dans les boisseaux par des presse-étoupes. Ces robinets sont munis de pas-de-vis destinés à l'attelage des tuyaux de raccord entre les voitures, puis à leur partie inférieure, entre la clef et la bride, d'un très-petit robinet destiné à l'écoulement de l'eau de condensation lorsque l'on cesse de chauffer. Un petit trou, percé à la partie inférieure de la clef, permet à l'eau qui s'introduirait entre celle-ci et le boisseau de se congeler sans provoquer la rupture du robinet.

Tuyaux de chauffe. — En dessous de chaque banquette des compartiments de 1re et 2e classe, on a fixé sur le plancher, transversalement à la voiture, deux tuyaux de chauffe en fer dont les extrémités sont fermées par des fonds soudés.

Ces tuyaux sont légèrement cintrés, de sorte que leur point le plus bas est celui où aboutit le tuyau de communication avec la conduite s'étendant sous la voiture.

Pour chacun de ces groupes de deux tuyaux de chauffe, on a établi sur cette conduite une prise de vapeur par un tuyau vertical (fig. 11 et 12) qui aboutit à un appareil de réglage.

Appareil de réglage à la disposition des voyageurs. — Cet appareil consiste en un cylindre sur l'une des faces duquel débouchent, l'un au-dessous de l'autre, deux petits tuyaux qui le font communiquer isolément avec chacun des deux tuyaux de chauffe (fig. 10 de la planche n° 6).

Dans ce cylindre glisse un piston creux percé de lumières de dimensions telles que, suivant la position occupée par le piston dans le cylindre, la vapeur que contient la conduite générale ne peut passer dans aucun des tuyaux de chauffe, ou bien trouve accès dans l'un d'eux, ou bien encore pénètre dans les deux simultanément.

Cette manœuvre peut être faite par les voyageurs eux-mêmes au moyen d'un petit levier se mouvant sur un secteur placé au-dessus des appuie-têtes et d'une tringle qui passe derrière les dossiers.

En amenant le bouton du levier en face de l'un des mots « Froid, » « Tiède » et « Chaud » que porte le secteur, on place le tiroir dans les trois positions dont nous venons d'indiquer les effets.

Cette disposition permet de chauffer chaque compartiment par un nombre de tuyaux qui peut varier de un à quatre suivant la température extérieure.

Appareil des voitures de 3e classe et des fourgons. — Dans les voitures de 3e classe, chaque compartiment n'est chauffé que par deux tuyaux placés sous la même banquette (fig. 9 de la planche n° 8).

Le compartiment du chef de train, dans les fourgons, est également chauffé par deux tuyaux.

Dimensions des tuyaux de chauffe. — Les dimensions de ces tuyaux de chauffe sont les suivantes :

	LONGUEUR	DIAMÈTRE INTÉRIEUR	NOMBRE par COMPARTIMENT
	mèt. cent.	millim.	
Coupés de 1re classe	1 825	38	2
Voitures de 1re et de 2e classe	1 825	32	4
Dº de 3e classe	2 125	50	2

Tous les tuyaux qui composent les appareils sont en fer ; leur épaisseur varie de 0m,005 à 0m,006. Ceux qui sont placés sous le plancher de la voiture sont enveloppés d'un mastic mauvais conducteur de la chaleur, composé de ciment, de poils de vache, de tourbe, d'huile et de minium. Ce mélange est appliqué à la main ou au couteau autour des tuyaux, de façon à former une enveloppe de 0m015 environ d'épaisseur qui durcit au contact de l'air.

Tuyaux de raccordement entre les véhicules. — Soupape automatique de purge. — Le raccordement des conduites de distribution placées sous les véhicules se fait au moyen de tuyaux en caoutchouc, munis aux extrémités de viroles métalliques à écrous et en leur milieu d'une petite soupape automatique de purge (fig. 4 de la planche n° 6). Un ressort à boudin, en acier ou en laiton, soulève de son siége cette petite soupape conique, tant que la tension de la vapeur qui remplit la conduite n'atteint pas une demi-atmosphère environ.

Par suite des pentes ménagées dans le montage des tuyaux, toute l'eau provenant de la condensation de la vapeur dans la canalisation ou dans les tuyaux de chauffe s'écoule par ces soupapes quand on cesse d'envoyer de la vapeur dans les appareils de chauffage.

Nature des tuyaux de raccord en caoutchouc. — Après avoir essayé un grand nombre de types différents de tuyaux en caoutchouc, on a reconnu que ceux qui sont formés de couches successives de cette matière séparées par cinq épaisseurs de toile étaient les seuls résistant bien au service (1).

Dépenses d'installation des appareils. — (2) « L'appareil « complet, installé sur une voiture mixte de 1re et 2e classe « à quatre compartiments, revient à 790f.

« Les dépenses d'aménagement d'une locomotive et de « son tender ont varié de 500 à 600f. »

Nous pouvons indiquer en outre les prix payés à la fin de 1872 pour diverses pièces détachées :

Conduite générale sous les voitures, comprenant les brides des extrémités, leurs rondelles en caoutchouc, huit boulons d'attache des robinets avec leurs écrous, trois supports avec boulons pour fixer la conduite sous les

---

(1) Aux débuts du chauffage à la vapeur, on a dû remplacer *jusqu'à deux cent cinquante tuyaux en caoutchouc* en un mois, alors que le nombre des voitures chauffées, exigeant chacune deux tuyaux, s'élevait à environ neuf cent vingt.

(2) Renseignements fournis par la Direction des chemins de fer de l'Est-Bavarois.

châssis, le mètre courant. 8f,40

Deux tuyaux de chauffe, de 1m,825 de longueur et 0m,032 de diamètre intérieur, avec tuyaux de raccord et brides les reliant à la conduite générale, et l'appareil de réglage complet, le tout prêt à être monté dans une voiture 77f,00

Deux tuyaux de chauffe, de 1m,825 de longueur et 0m,038 de diamètre intérieur, avec tous les accessoires spécifiés ci-dessus. 83f,45

Deux tuyaux de chauffe de 1m,825 de longueur et 0m,045 de diamètre intérieur, avec tous les accessoires spécifiés ci-dessus. 89f,90

Deux tuyaux de chauffe, de 2m,125 de longueur et 0m,050 de diamètre intérieur, avec tous les accessoires spécifiés ci-dessus. 96f,30

Deux tuyaux de chauffe, de 1m,825 de longueur et 0m,050 de diamètre intérieur, destinés à être fixés verticalement dans les fourgons à bagages. 96f,30

Deux robinets de communication. 64f,20

Un tuyau de raccord en caoutchouc avec tous ses accessoires : raccords à écrous en laiton et soupape automatique 38f,50

Tuyau en caoutchouc pour raccord de 0m,050 à 0m,060 de longueur et du poids de 1kg environ, chaque. 4f,50

Expérience sur les appareils de chauffage. — On a fait sur ces appareils l'expérience suivante :

(1) « On a chauffé, pendant quatre heures, un train en

(1) Renseignements fournis par la Direction des chemins de fer de l'Est-Bavarois.

« stationnement composé de cinq voitures à quatre com-
« partiments. — La température extérieure étant de
« + 2°,5, on a maintenu, dans les voitures, une tempéra-
« ture de + 25°. La quantité totale d'eau condensée pendant
« cet essai et recueillie par les soupapes a été de 162 litres
« et on a estimé que les pertes de vapeur se sont élevées
« à 18^{kg}. — La consommation totale de vapeur a donc été
« de 180^{kg}, soit de 9^{kg} par voiture et par heure.

« Chaque kilogramme de combustible vaporisant 4^{kg},500
« d'eau, la consommation de houille a été de 2^{kg} par voi-
« ture et par heure.

« La pratique journalière démontre qu'en marche et par
« des froids de — 7°,5, on maintient facilement dans les
« voitures une température de + 15° (1) que l'on consi-
« dère comme la plus élevée que l'on doive produire. »

En résumé, ces appareils peuvent donner un effet utile moyen de 22°,5.

Nombre de voitures que l'on peut chauffer. — « Tant que
« le nombre de voitures composant un train ne dépasse
« pas dix, la température est sensiblement la même dans
« tous les compartiments.

« Si ce nombre est plus élevé, la température dans les
« compartiments des voitures de queue est inférieure de
« quelques degrés à celle des compartiments placés en
« tête du train. »

En raison de cet abaissement de température on admet que l'on ne peut pas chauffer, par la locomotive, des trains composés de plus de douze voitures.

Conduite des appareils de chauffage. — A. *Avant le dé-*

(1) Température mesurée par un thermomètre suspendu au bouton de l'appareil de réglage.

part du train. — (1) Quand le train que l'on forme doit être chauffé, on ouvre complétement les robinets montés aux extrémités de la conduite de distribution de chacun des véhicules, y compris celui qui se trouve en queue du train ; on fait communiquer cette conduite avec tous les tuyaux de chauffe, et les fenêtres, les portières et les ventilateurs étant fermés, on place les tuyaux de raccord en caoutchouc.

Ces opérations terminées, *la locomotive est attelée au train, une heure environ avant le départ ;* on lance aussitôt de la vapeur dans les appareils, et cette première admission ne cesse qu'au moment où le robinet de queue ne laisse plus échapper que de la vapeur sans mélange notable d'eau de condensation.

Alors on doit fermer le robinet de queue, puis celui de prise de vapeur à la chaudière.

Ces deux appareils restent ainsi fermés environ dix minutes (huit minutes seulement si le froid est rigoureux), pendant lesquelles les soupapes automatiques de purge s'ouvrent et laissent écouler l'eau de condensation.

On ouvre de nouveau le robinet de prise de vapeur, puis celui de la conduite placée en queue du train. Ce dernier est fermé quand la vapeur qui s'en échappe est à peu près sèche ; mais le robinet de prise reste ouvert encore pendant vingt-cinq minutes environ. L'admission est ensuite suspendue pendant dix minutes ; à partir de ce moment le train est prêt à partir, et on manœuvre le robinet de prise de vapeur aux mêmes intervalles de temps que durant la marche.

Pendant ces manœuvres, l'agent chargé du chauffage s'assure que toutes les soupapes de purge fonctionnent

(1) Extrait de l'Instruction sur le chauffage par la vapeur distribuée aux agents intéressés de l'Est-Bavarois.

librement, et, après la seconde introduction de vapeur, il place sur le robinet de queue un petit robinet (fig. 7 de la planche n° 6) dont l'ouverture, qui demeure fixe, est réglée de façon à laisser écouler constamment, en marche, de l'eau de condensation.

Cette préparation du train, qui consiste à envoyer deux fois de la vapeur dans les appareils, peut être abrégée ; *mais par de grands froids il faut que la machine soit attelée au moins quarante-cinq minutes avant le départ du train.*

B. *Pendant la marche.* — Pendant la marche du train, l'introduction de la vapeur dans les appareils, au lieu d'être continue, doit se faire par intermittences, afin que l'eau de condensation puisse s'échapper par les soupapes de purge.

Lorsque la température extérieure est de + 5° à + 10°, on introduit la vapeur pendant trente minutes, et l'admission est interrompue pendant quinze minutes ; si la température est inférieure à + 5°, la durée de l'introduction est de trente minutes et celle de l'interruption de douze minutes, quel que soit d'ailleurs le nombre des voitures.

De même, la position des leviers sur les secteurs dépend de la température extérieure. Celle-ci étant de + 5° à + 10°, on n'admet la vapeur que dans un seul des tuyaux de chauffe de chaque compartiment.

De — 4° à + 5°, on place tous les leviers sur l'inscription « Tiède », et si le froid dépasse — 4°, les leviers sont tous amenés vis-à-vis de l'inscription « Chaud ».

Les agents des trains sont chargés de régler ainsi la position des leviers, tant en marche qu'avant le départ, et ce sont les chefs de gare qui leur indiquent la température extérieure indiquée par des thermomètres établis spécialement pour cet usage.

Pendant les arrêts, on doit s'assurer que les soupapes de purge s'ouvrent automatiquement, au moyen d'un outil spécial avec lequel on agit sur le bas de la tige de la soupape pour l'ouvrir, et sur la goupille traversant la tige pour la fermer. Si ces appareils fonctionnent bien, le service du chauffage du train devient très-simple et très-facile.

C. *Après la marche.* — Lorsque après le trajet on doit cesser de chauffer, il faut placer tous les leviers sur le mot « Chaud », afin que l'eau de condensation que contiennent les tuyaux de chauffe puisse s'écouler, ouvrir les robinets de tête et de queue de la conduite de distribution, et s'assurer enfin que toutes les soupapes de purge sont ouvertes.

Personnel chargé de la conduite du chauffage. — Une notable partie des opérations du chauffage incombe au mécanicien. *Cet agent vient s'atteler au train une heure environ et trois quarts d'heure au moins avant le départ*, et, à ce moment, la vapeur doit avoir atteint, dans la chaudière, toute la tension réglementaire. Le mécanicien doit faire, en temps voulu, les injections de vapeur; il veille en outre au bon fonctionnement du régulateur de pression, de la soupape de sûreté réglée à 3 atmosphères, et de la soupape automatique placée sur le tuyau de raccord du tender au fourgon, tuyau dont il doit faire l'attelage.

Lorsqu'on appliqua ce système de chauffage, les mécaniciens réclamèrent contre l'augmentation de travail qui leur était ainsi imposé ; mais « l'expérience a prouvé que « la manipulation de ces appareils ne leur prend que peu

« de temps en marche et ne nuit pas à leur service (1). »

La surveillance, l'entretien et la manœuvre de tous les appareils montés sur les voitures avant le départ, pendant le trajet et à l'arrivée, sont confiés à un visiteur ambulant.

En cas de modification dans la composition du train, cet agent s'occupe de la manutention des tuyaux de raccord, tandis que d'autres agents sont chargés de l'attelage. Les deux opérations se faisant simultanément, le système de chauffage ne retarde nullement les manœuvres.

Remarque générale sur le fonctionnement des appareils. — « Tous les organes des appareils de chauffage adoptés « par l'Est-Bavarois fonctionnent bien et sans exiger un « entretien ou des soins trop minutieux (2). » Les appareils de réglage se manœuvrent si aisément, que les voyageurs les font eux-mêmes fonctionner sans avoir recours aux agents du train.

Dépenses de main-d'œuvre. — Toutes les opérations étant faites par les agents ordinaires des trains, les dépenses de main-d'œuvre ont pour cause unique le temps que le mécanicien, son chauffeur et le visiteur ambulant emploient au chauffage du train avant le départ.

Dépenses de combustible. — En admettant que pour chauffer une voiture on brûle dans la chaudière 2^{kg} de houille par heure, et que ce combustible coûte 30^{f} les $1{,}000^{kg}$, la dépense, dans ces conditions, est de $0^{f},06$ par voiture à quatre compatiments et par heure.

Dépenses d'entretien. — D'après les renseignements fournis par la Direction, les frais d'entretien ont été des plus

(1-2) Renseignements donnés par la Direction.

minimes pendant les deux hivers qui ont suivi la mise en service de ces appareils de chauffage, parce qu'il ne s'est produit qu'un très-petit nombre d'avaries. Nous n'avons pu obtenir à ce sujet de chiffres précis.

CHEMINS DE FER DE L'ÉTAT-BAVAROIS.

Longueur des lignes : 2,487 kilom. — Nombre des voitures à voyageurs : 1,376.

Chauffage à la vapeur, soit par la locomotive, soit par une chaudière spéciale. — Le chauffage à la vapeur a été adopté par la Direction des chemins de l'Etat-Bavarois pour ses trois classes de voitures à voyageurs, qui sont toutes du type dit *à compartiments.*

Ce système a d'abord été appliqué en produisant la vapeur nécessaire au chauffage dans une chaudière spéciale installée dans un fourgon ; mais lorsque l'expérience acquise par l'Est-Bavarois eut démontré la possibilité de prendre la vapeur à la locomotive, cette même méthode fut employée sur les lignes de l'Etat.

Actuellement, on chauffe sur ce chemin les trains express par la locomotive, et les trains poste, omnibus et mixtes au moyen d'une chaudière spéciale. — Les voitures mises dans les trains de marchandises prenant des voyageurs *ne sont pas chauffées.*

Abandon futur des chaudières spéciales. — L'opinion, à peu près unanime des Ingénieurs bavarois, est que l'emploi des chaudières spéciales sera abandonné, et que, dans tous les trains, la vapeur sera prise à la locomotive, ce mode étant le plus simple et le moins coûteux. Du reste, on paraît décidé à ne plus augmenter l'effectif des chaudières spéciales.

Description des appareils de chauffage. — Les appareils de chauffage de l'État-Bavarois présentent la même disposition générale que ceux qui sont employés par l'Est-Bavarois ; nous nous bornerons donc à signaler ici les principales différences qu'offrent les détails de construction, mais nous décrirons complétement la chaudière spéciale.

Appareil de prise de vapeur sur la locomotive. — Régulateur de pression. — L'appareil de prise de vapeur sur la locomotive est construit et installé comme celui de l'Est-Bavarois ; le régulateur de pression est identique ; mais, au moyen d'une pièce spéciale à double tubulure, la soupape, qui s'ouvre dès que la pression de la vapeur détendue dépasse 3 atmosphères, est placée à côté du manomètre, au-dessus de l'appareil de détente (fig. 8 de la planche n° 6).

Chaudière spéciale. — La chaudière adoptée pour produire la vapeur dans les trains poste, omnibus et mixtes est une petite chaudière tubulaire verticale, placée dans un compartiment d'un fourgon à bagages aménagé spécialement pour le service du chauffage.

Un seul type de chaudière a été adopté à l'origine et n'a jamais été modifié depuis (fig. 13 à 15 de la planche n° 6) ; il est muni de tous les accessoires des générateurs à vapeur : niveau d'eau, robinet de jauge, manomètre, soupape de sûreté, robinet de vidange et trou d'homme pour le nettoyage.

La vapeur est prise par deux soupapes distinctes de chacune desquelles part un tuyau aboutissant à l'une des traverses extrêmes, ce qui permet de chauffer les voitures, quelle que soit la position du fourgon dans le train, et en même temps dans les deux directions.

Une prise spéciale sert à envoyer la vapeur en excès

pendant la marche, — ou toute la vapeur quand l'on cesse de chauffer, — dans le réservoir d'alimentation dont l'eau est ainsi échauffée d'avance.

Les soupapes de sûreté sont réglées à 3 atmosphères, pression que l'on ne doit pas dépasser en service.

Les dimensions principales de ces chaudières sont les suivantes :

Hauteur totale (non compris le cendrier et le chapiteau), $1^{m},340$.

Diamètre extérieur des viroles, $0^{m},746$.

Du dessus de la grille au-dessous de la plaque tubulaire inférieure, $0^{m},435$.

Diamètre intérieur du foyer, $0^{m},595$.

Nombre des tubes, 90.

Diamètre intérieur des tubes, $0^{m},041$.

Longueur totale des tubes, $0^{m},885$.

Capacité totale de la chaudière, 330 litres.

Volume de l'eau, 275 litres.

Surface de la grille, $0^{m^2},159$.

Surface de chauffe du foyer, $0^{m^2},950$.

d° des tubes, $10^{m^2},670$.

d° totale, $11^{m^2},620$.

Timbre, 10 atmosphères.

Poids de la chaudière vide, $1,200^{kg}$.

On alimente la chaudière au moyen d'une pompe à main. L'eau est puisée dans le réservoir établi au-dessous du châssis du fourgon (fig. 1 de la planche n° 7). — Ce réservoir contient 960 ou 1,100 litres d'eau, suivant le type; vide, il pèse 450^{kg}.

Effectif des chaudières spéciales. — L'effectif total des chaudières spéciales est de 106.

Appareil de chauffage des voitures. — Conduite générale de distribution. — Les tuyaux de conduite montés sous les voitures ont 0m,032 de diamètre intérieur et 0m,042 de diamètre extérieur; ils sont recouverts de l'enveloppe isolante employée par l'Est-Bavarois et en outre placés dans un coffrage en bois.

Robinets de la conduite de distribution. — Ces tuyaux portent des robinets à clefs ordinaires, dont les tubulures sont filetées (fig. 10 de la planche n° 7). Ces robinets laissent souvent échapper un peu de vapeur et, de plus, la gelée produit quelquefois leur rupture. Ce dernier accident arrive par suite de négligence à l'arrivée des trains; l'eau de condensation, ne s'étant pas complètement écoulée, s'accumule sous la clef et s'y congèle.

On doit abandonner ce type et adopter le robinet de l'Est-Bavarois.

Les tuyaux de chauffe sont en fer forgé, à fonds soudés, et ont 0m,003 d'épaisseur; ils sont essayés à 20 atmosphères.

Dans les coupés et dans les compartiments de 1re et de 2e classe, on place un seul tuyau de 0m,100 de diamètre extérieur et de 1m,650 de longueur sous chaque siége. Les voitures de 3e classe à cinq compartiments sont chauffées par quatre tuyaux de 0m,146 de diamètre extérieur et de 1m,650 de longueur.

Appareil de réglage mis à la disposition des voyageurs. — Sur le branchement qui relie chaque tuyau de chauffe des compartiments de 1re et de 2e classe à la conduite de distribution, on a intercalé un appareil de réglage qui est placé dans la voiture contre le tuyau de chauffe (fig. 4 à 6 de la planche n° 7).

Cet appareil (fig. 14 à 16 de la planche n° 7) consiste en une soupape à siége conique actionnée par une came sur l'axe de laquelle est monté un levier. A l'extrémité de celui-ci est attachée une tringle qui se termine par un bouton, glissant dans la rainure d'une plaque fixée au-dessus des appuie-têtes. Cette plaque porte les deux inscriptions « Froid » et « Chaud, » vis-à-vis desquelles on doit amener le bouton pour abaisser la soupape sur son siége ou pour la soulever.

Un petit thermomètre est fixé sur cette plaque (fig. 12 et 13 de la planche n° 7).

Cet appareil de réglage ne fonctionne pas d'une manière satisfaisante : les parties en contact de la came et de la soupape s'usent assez promptement; le sable et la poussière s'introduisent sous la soupape et en empêchent la fermeture. Il faut alors démonter l'appareil, et cette opération n'est pas facile.

La tubulure de l'appareil de réglage, ajustée sur le tuyau de chauffe, porte un tube fermé en cuivre rouge qui pénètre dans ce tuyau (fig. 14). Ce tube est percé de deux trous dont l'un, celui du haut, sert à l'entrée de la vapeur, tandis que l'eau de condensation s'écoule par celui du bas. Par cette disposition, on a cherché à éviter le bruit du passage de la vapeur à travers l'eau de condensation.

Il n'existe pas d'appareils de réglage sur les voitures de 3e classe (fig. 7 à 9 de la planche n° 7).

Tuyau de raccordement entre les voitures. — La jonction des conduites de distribution se fait au moyen de tuyaux en caoutchouc munis de viroles métalliques à écrous et d'une soupape automatique de purge. Les figures 10, 17 et 18 de la planche n° 7 représentent ces divers organes.

Comme sur l'Est-Bavarois, on dispose sur le robinet

d'arrière du train un petit robinet (fig. 11) dont l'ouverture est réglée de façon à laisser couler constamment l'eau de condensation.

Tous les tuyaux de chauffe et de conduite sont montés avec des inclinaisons telles que l'eau de condensation s'écoule par les points les plus bas des tuyaux de raccordement où se trouvent les soupapes automatiques de purge.

Dépenses d'installation des appareils. — (1) « Les frais « d'aménagement des voitures sont les suivants :

« Voiture à quatre compartiments mixtes de 1re et de « 2e classe ou de 2e classe . . . . 625^f^
« Voiture de 3e classe à cinq compartiments. . 508^f^
« d° d° à quatre compartiments « et demi . . . . 458^f^
« Fourgon de chef de train 406

« Les frais d'achat d'une chaudière spéciale avec ses « accessoires, du réservoir, et les dépenses de leur ins- « tallation dans un fourgon s'élèvent à 2,120

Résultats calorifiques. — « Ces appareils de chauffage « permettent d'obtenir dans les voitures une température « de + 25° par un froid de — 25°. »

Expériences sur la consommation de combustible. — Dans un train express, composé de quatre voitures et marchant à la vitesse de 50^{km}, on a consommé par voiture et par heure 6^{kg},250 de houille et 40^{kg} d'eau.

Dans un train omnibus, composé de six voitures et marchant à la vitesse de 35^{km} à l'heure, la consommation

(1) Renseignements fournis par la Direction des chemins de fer de l'État-Bavarois.

par voiture et par heure a été de $4^{kg},666$ de houille et de 30^{kg} d'eau.

Pendant ces expériences, la température extérieure était de $-18^{o},75$, et les compartiments étaient chauffés à $+20^{o}$.

Ces consommations sont des maximum très-rarement atteints. Dans les conditions ordinaires on peut admettre les consommations de 2^{kg} de houille et de 9^{kg} d'eau par voiture et par heure.

Nombre maximum des voitures que l'on peut chauffer par une chaudière spéciale. — Les chaudières spéciales de l'Etat-Bavarois ne permettent pas de chauffer plus de quatorze voitures (1); quand ce nombre est dépassé, on n'obtient pas dans les dernières voitures une température suffisante.

Position de la chaudière spéciale dans le train. — Quand le nombre des voitures à chauffer est compris entre trois et sept, ce qui est le cas ordinaire, le fourgon qui renferme la chaudière est placé devant le fourgon de queue.

Lorsque le train renferme plus de six voitures, la chaudière est placée au milieu du train.

Conduite des appareils des trains chauffés par une chaudière spéciale. — La chaudière spéciale doit être allumée de façon à pouvoir commencer l'envoi de la vapeur dans les appareils quarante-cinq minutes avant l'heure du départ du train.

La mise en pression de la chaudière demande environ

(1) Voitures à quatre compartiments de $7^{m},300$ de longueur et de 35^{m3} de capacité.

une heure et quart, et la consommation de houille pour cet allumage est de 22^{kg} en moyenne.

Le chauffage est réglé de manière à atteindre dans les voitures une température supérieure de + 18°,75 à celle de l'extérieur au moment du démarrage.

En marche, et dans les conditions atmosphériques ordinaires, les introductions de la vapeur durent un quart d'heure et sont séparées par des intervalles de dix minutes. Par cette manœuvre, on maintient dans les compartiments une température de + 12°,5 à 15°.

Les chaudières spéciales sont lavées tous les quinze jours, et on nettoie les tubes après chaque voyage.

Pour tous les détails de la conduite des appareils de chauffage pendant la marche et à l'arrivée, on suit des instructions semblables à celles qui sont en vigueur sur l'Est-Bavarois et que nous avons précédemment résumées.

Personnel employé au chauffage des trains. — Dans chaque train un chauffeur n'a d'autre occupation que la conduite et l'entretien de la chaudière spéciale et la manœuvre des robinets d'admission de vapeur dans les conduites de distribution.

La surveillance et la manœuvre de tous les appareils des voitures avant le départ, pendant la marche et à l'arrivée incombent au visiteur ambulant, auquel on adjoint un aide dans les trains composés d'un grand nombre de voitures.

Chauffage par la locomotive. — Sur les lignes de l'État, le chauffage des trains par la locomotive se fait identiquement comme sur celles de l'Est-Bavarois; nous n'y reviendrons donc pas.

Prix de revient du chauffage. — (1) « Le prix de revient « du chauffage, comprenant l'intérêt et l'amortissement « des dépenses de premier établissement, les dépenses de « combustible, d'entretien, de graisse et matières diverses, « et la solde du chauffeur des chaudières spéciales, s'élève « à 0f,0529 par compartiment et par heure, soit 0f,2116 « par voiture à quatre compartiments. »

Dans ce prix, la houille est comptée à 20f la tonne.

Dépenses d'entretien. — Les dépenses annuelles d'entretien sont évaluées à 60f par voiture et à 200f par chaudière spéciale.

CHEMINS DE FER DE L'EST-PRUSSIEN.

Longueur des lignes : 1,490 kilom. — Nombre des voitures à voyageurs : 668.

Le chemin de fer de l'Est-Prussien chauffe toutes ses voitures à voyageurs en employant *simultanément* plusieurs systèmes différents.

Les trains circulant sur les lignes principales sont chauffés à la vapeur, tandis que l'on a adopté des appareils à combustibles agglomérés pour les voitures de 1re, 2e et 3e classe (2), et des poêles à la houille pour celles de 4e classe (3) faisant le service des embranchements.

Les voitures-salons et celles de la poste sont munies de poêles que l'on alimente avec du charbon de bois.

(1) Renseignements fournis par la Direction des chemins de fer de l'État-Bavarois.

(2) Le chauffage par des appareils à combustibles agglomérés revient à 0f,0625 par compartiment et par heure. (Congrès de Dusseldorf.)

(3) Le chauffage au moyen de poêles revient de 0f,05208 à 0f,0625 par voiture et par heure. (Congrès de Dusseldorf.)

Chauffage à la vapeur prise soit à la locomotive, soit à une chaudière spéciale. — Les premiers essais du chauffage à la vapeur faits par l'Est-Prussien remontent à l'hiver 1864-1865; on chauffait alors au moyen d'une chaudière spéciale les trois voitures à voyageurs et les fourgons à bagages formant la composition des trains circulant sur la section de Bromberg à Thorn et à Alexandrowo. Actuellement le système à la vapeur est adopté sur les lignes principales pour les quatre classes de voitures.

Dans les trains de grande vitesse, la vapeur est prise à la locomotive, et, dans les trains ordinaires à voyageurs, à une chaudière spéciale installée dans un fourgon.

Pression de la vapeur employée pour le chauffage des voitures. — La vapeur employée au chauffage des voitures n'a qu'une pression effective de 2^{kg} par centimètre carré, quelle que soit la source d'où elle provienne.

« La pression est ainsi limitée afin de diminuer les « chances de fuites par les joints fixes ou démontables, et « de moins fatiguer les tuyaux en caoutchouc raccordant « les conduites des voitures; l'expérience a d'ailleurs « établi qu'elle suffit parfaitement. »

Régulateur de pression monté sur les locomotives. — Lorsque la vapeur est prise à la locomotive, sa pression est réduite au moyen du régulateur de pression système Grund, que représentent les figures 19 à 24 de la planche n° 9.

Cet appareil consiste en une cuvette en fonte, fermée par une plaque circulaire en acier non trempé de $0^{m},0028$ d'épaisseur. Au centre de la cuvette on a rapporté une tubulure coudée qui, d'un côté, sert de guide à une soupape, et, de l'autre, se raccorde avec le tuyau de prise de vapeur à la locomotive. La soupape est poussée sur son siége par un petit ressort à boudin, mais elle en est tenue écartée par un téton terminant ses ailettes et qui porte contre la plaque d'acier.

Quand on ouvre le robinet de prise de vapeur de la locomotive, la vapeur pénètre dans la cuvette par l'intervalle ménagé entre la soupape du régulateur de pression et son siége. La plaque d'acier se bombe sous l'action de la vapeur, et lorsque la pression de celle-ci atteint 2^{kg} effectifs dans la cuvette, par suite des dimensions de l'appareil, la levée de la soupape correspond au débit de vapeur nécessaire au chauffage d'un train ordinaire.

Si la pression s'accroît dans la cuvette, le bombement de la plaque augmente, la levée de la soupape diminue et le débit est réduit, ce qui détermine une réduction correspondante de la tension de la vapeur dans l'appareil. L'effet contraire se produit si la pression, agissant sur la plaque, devient inférieure à 2^{kg} effectifs.

Une petite soupape de sûreté est placée sur la cuvette en fonte du régulateur de pression (fig. 21 et 22 de la planche n° 9); elle est maintenue sur son siége par un ressort à boudin et se soulève dès que la pression dépasse 2^{kg} effectifs.

Chaudière spéciale montée dans un fourgon. — Les chaudières spéciales, employées pour le chauffage des trains omnibus, sont verticales et tubulaires (fig. 1 à 4 de la planche n° 9). On les installe sur les fourgons à bagages en les isolant dans un compartiment de $1^{m},883$ de longueur placé au bout du véhicule. Indépendamment des accessoires ordinaires, la chaudière de l'Est-Prussien est munie d'un robinet à soupape pour la prise de vapeur employée au chauffage et, pour l'alimentation, d'une pompe à main et d'un injecteur. Elle est montée sur la caisse à eau et placée entre deux coffres à combustibles.

On voit sur les figures 1 à 3 la disposition des entonnoirs fixes et mobiles servant au remplissage d'eau par l'extérieur du fourgon.

Les principales dimensions de cette chaudière sont les suivantes :

Surface de chauffe.	$4^{m^2},531$
Surface de grille.	$0^{m^2},175$
Volume d'eau.	$0^{m^3},1950$
Volume de vapeur.	$0^{m^3},0868$
Poids de la chaudière vide. .	525^{kg}

La capacité des caisses à eau est de $0^{m^3},873$, et celle des coffres à houille de $0^{m^3},309$. L'outillage pèse 29^{kg}.

Ces chaudières vaporisent 4^{kg} d'eau par kilogramme de houille.

Appareil de chauffage des voitures. — Conduite de distribution. — La conduite de distribution, placée sous chaque voiture, est faite en tuyaux de fer de $0^{m},033$ de diamètre intérieur et de $0^{m},0025$ d'épaisseur (fig. 15 de la planche n° 9). Elle présente une double inclinaison vers les traverses de tête pour l'écoulement de l'eau de condensation; à ses extrémités elle porte des robinets de fermeture et est contournée en ces points de telle sorte que les axes des deux robinets sont dans des plans inclinés parallèlement sur l'axe de traction (fig. 2, 8 et 19 de la planche n° 10).

De cette disposition il résulte que le tuyau en caoutchouc qui réunit les robinets de deux véhicules successifs passe obliquement en dessous du tendeur, et que, dans la formation des trains, on n'a pas à tourner les voitures d'après la position de la conduite de vapeur, comme on doit le faire sur les chemins bavarois.

Robinets de fermeture. — Les robinets de fermeture sont en bronze (fig. 27 à 30 de la planche n° 9). Ils sont montés aux extrémités des conduites au moyen de joints à brides entre lesquelles on interpose des rondelles en laiton (fig. 25 et 26 de la planche n° 9). Ces rondelles, comme les brides, sont tournées suivant des surfaces sphériques convexes. Le serrage de la clef du robinet dans son boisseau ne peut se faire que par l'intermédiaire d'un ressort en spirale : il est donc limité. — Une saillie du boisseau est engagée dans une entaille circulaire faite dans une rondelle fixée à la clef. L'entaille et la saillie sont telles qu'elles arrêtent la clef dans les positions d'ouverture et de fermeture complètes. Les robinets se manœuvrent avec la clef que représentent les figures 31 et 32 de la planche n° 9. A l'extrémité de chaque robinet est vissée, puis soudée à l'étain, une douille munie de deux oreilles saillantes semblables et présentant une surface hélicoïdale du côté de la voiture.

Tuyau de raccord entre les voitures. — Les raccords entre les véhicules sont formés de deux tuyaux en caoutchouc, réunis par un tuyau cintré en cuivre rouge et portant à leurs extrémités deux tubulures en bronze (fig. 19 de la planche n° 10). Au milieu de ce tuyau cintré (fig. 12 de la planche n° 9) est placé un robinet purgeur (fig. 13 et 14 de la planche n° 9) par lequel on fait écouler, à certains moments, l'eau de condensation.

Les tubulures des extrémités présentent des embases circulaires contre lesquelles appuient les clefs de serrage (fig. 33 et 34 de la planche n° 9), qui servent à fixer les raccords sur les robinets des extrémités des conduites.

La tubulure des raccords pénètre dans la douille des robinets, et ces pièces portent l'une sur l'autre par des surfaces coniques. Pour en assurer le joint, on fait pénétrer les griffes de la clef de serrage entre les saillies de la douille du robinet, puis on fait tourner la clef, dont les griffes glissent sur les plans inclinés des saillies, ce qui rapproche la tubulure du raccord de la douille et, finalement, détermine le contact parfait de leurs surfaces coniques.

Robinet de fermeture à l'extrémité de la conduite. — On monte, par le même procédé, sur le robinet d'arrière du dernier véhicule du train, une capsule munie d'un petit robinet destiné à laisser écouler constamment l'eau de condensation (fig. 16 à 18 de la planche n° 9).

Appareils des voitures de 1re et 2e classe. — Chaque compartiment de 1re ou de 2e classe est chauffé par deux tuyaux placés sous la même banquette (fig. 1 à 5 de la planche n° 10). Ces tuyaux sont en tôle de 0^m^,0025 d'épaisseur et sont fermés par des fonds soudés ; leur diamètre extérieur est de 0^m^,130, et leur longueur de 1^m^,800 dans les compartiments de 1re classe, et de 1^m^,725 dans ceux de 2e classe.

Les tuyaux de chauffe sont enveloppés, en arrière et en dessus, par un écran formé de deux tôles entre lesquelles l'air peut circuler et qui empêche un trop fort échauffement des siéges.

Clapets de réglage à la disposition des voyageurs. — Le dessous de la banquette, où sont montés les tuyaux de chauffe, est fermé en avant par deux volets en bois indépendants et mobiles autour de tourillons horizontaux. On fait mouvoir chacun de ces volets par un levier, assemblé à une tringle qui monte verticalement contre la paroi longitudinale de la voiture, et qui se termine par un bouton à la hauteur des fenêtres. Un index, monté sur la tringle en dessous du bouton, se déplace sur une plaque portant les mots « Chaud » et « Froid » ; suivant que l'index se trouve en face de l'un ou l'autre de ces mots, le volet est ouvert ou fermé.

Dans ce dernier cas, pour empêcher l'élévation de la température dans l'espace qui renferme les tuyaux de chauffe, on a placé, à chacune des extrémités de la banquette et dans l'angle de la cloison, un tuyau d'appel qui monte près du pavillon et aboutit à un aspirateur extérieur. — Ce tuyau d'appel communique avec la chambre des tuyaux de chauffe par une boîte dont l'orifice est muni d'un registre qui, par une disposition spéciale de leviers, s'ouvre dès que l'on commence à fermer le volet.

Prise de vapeur sur la conduite de distribution. — La vapeur nécessaire au chauffage de chaque compartiment est prise sur la conduite de distribution au moyen d'un tuyau vertical en cuivre rouge de $0^m,025$ de diamètre intérieur aboutissant à un robinet d'admission.

Robinet d'admission. — Ce robinet (fig. 5 à 11 de la planche n° 9) présente les mêmes dispositions générales que celui de fermeture de la conduite de distribution ; de plus, sa clef et son boisseau sont percés d'orifices, de façon que l'eau de condensation s'écoule quand on ferme le robinet pour ne plus introduire de vapeur.

Le robinet employé pour les compartiments de 1re et de 2e classe se termine, à sa partie supérieure, par une tubulure pourvue de deux orifices opposés. Un coude en bronze relie chaque orifice à l'un des tuyaux de chauffe (fig. 7 et 10 de la planche n° 9). Seuls les agents des trains peuvent manœuvrer ces robinets d'admission, au moyen de tringles qui sont reliées aux manivelles fixées sur les clefs et qui traversent l'âme de l'un des brancards du châssis (fig. 4, 5, 29 et 30 de la planche n° 10). Les tringles sont maintenues dans la position convenable par l'âme du brancard qui pénètre dans les entailles dont elles sont munies.

La surface de chauffe est de $1^{m^2},52$ par compartiment de 1re classe ayant intérieurement $2^m,380$ de longueur, $2^m,040$ de largeur et $2^m,035$ de hauteur, soit une capacité de $9^{m^3},900$. — La surface de chauffe est de $1^{m^2},46$ par compartiment de 2e classe ayant intérieurement $2^m,380$ de longueur, $1^m,885$ de largeur et $2^m,035$ de hauteur, soit une capacité de $9^{m^3},120$.

Appareils des voitures de 3e classe. — Chaque compartiment de 3e classe est chauffé par un tuyau de $0^m,152$ de diamètre extérieur et de 2^m de longueur. Le siége sous lequel il est placé est protégé contre un trop fort échauffement par un double écran en tôle (fig. 15 et 16 de la planche n° 10). Un grillage en fil de fer, fixé sur le devant de la banquette, empêche tout contact avec le tuyau de chauffe.

Le robinet d'admission ne présente plus qu'un seul orifice supérieur relié par une tubulure droite au tuyau placé sous la banquette (fig. 5 et 6 de la planche n° 9).

La surface de chauffe est de 1^{m^2} par compartiment ayant $2^m,380$ de longueur, $1^m,570$ de largeur, et $2^m,055$ de hauteur au milieu, soit une capacité de $7^{m^3},700$.

Appareils des voitures de 4e classe. — Les voitures de 4e classe, à plates-formes et à entrées par les extrémités, sont chauffées par des tuyaux placés dans l'angle du plancher et des parois longitudinales, sous une enveloppe en tôle perforée (fig. 6 à 10 de la planche n° 10).

Une pièce spéciale en bronze (fig. 17 et 18 de la planche n° 10) est montée au milieu de la conduite principale; des tubulures latérales de cette pièce partent des tuyaux de 0m,025 de diamètre intérieur, aboutissant chacun à un robinet d'admission placé à l'extérieur du brancard. Une tubulure en bronze, traversant le plancher de la voiture, raccorde ce robinet aux tuyaux de chauffe (fig. 23 à 26 de la planche n° 10).

De chaque tubulure partent deux tuyaux de chauffe en fer, de 0m,050 de diamètre extérieur et de 0m,0025 d'épaisseur, qui longent la paroi latérale jusqu'aux panneaux de fond, pour se replier sur eux-mêmes et revenir en sens inverse jusqu'au quart environ de la longueur du wagon (fig. 6 et 7 de la planche n° 10).

Ces tuyaux de chauffe sont montés avec une inclinaison moyenne de 0m,008 par mètre vers la conduite principale pour faciliter l'écoulement de l'eau de condensation. Sur la planche n° 10, les figures 33 et 34 représentent les coudes de ces tuyaux contre les panneaux de fond, et les figures 31 et 32 la fermeture de leurs extrémités.

En raison de la grande longueur de ces tuyaux, on monte, près de leurs fonds, des robinets (fig. 20 à 22 de la planche n° 10) que l'on ouvre pour laisser échapper l'air au commencement du chauffage, et pour faciliter l'écoulement complet de l'eau de condensation quand on cesse de chauffer.

Le développement total des tuyaux est d'environ 12m,600, ce qui donne une surface de chauffe de 3m²,86 pour une voiture ayant comme dimensions intérieures 2m,585 de largeur, 7m,390 de longueur et 2m,055 de hauteur au milieu, soit une capacité de 39m³.

Dépenses d'installation des appareils. — « Les dépen-

« ses d'installation des appareils à vapeur s'élèvent :

« Par	voiture	de 1re	classe	à quatre	compartiments	750f
«	d°	de 2e	d°	d°	d°	719f
«	d°	de 3e	d°	cinq	d°	687f
«	d°	de 4e	d°	un	d°	575f

Résultats calorifiques. — Il résulte d'expériences faites lorsque la température extérieure était comprise entre + 5° et + 10°, que l'on obtient dans les voitures, deux heures après le commencement du chauffage, une élévation de 12 à 15° au-dessus de la température extérieure, cet effet utile variant avec la position du véhicule par rapport à la source de vapeur et avec le type de la voiture.

Quantité de vapeur condensée. — Dans ces expériences, la quantité de vapeur condensée dans les appareils pendant les premières heures du chauffage fut, en moyenne, de $13^{kg},25$ par voiture et par heure.

Le train expérimenté se composait de dix voitures, et la pression de la vapeur, étant de $2^{kg},0468$ au robinet d'admission, était réduite à $0^{kg},780$ à l'extrémité de la conduite de distribution.

Consommation de combustible. — (1) « On n'a pas déter« miné la consommation de houille par voiture et par « heure quand on emploie les chaudières spéciales.

« Lorsque le train est chauffé par une locomotive, « celle-ci reçoit des allocations de 60^{kg} de houille pour le « chauffage avant le départ, et de $0^{kg},7$ par kilomètre de « parcours; ces allocations sont invariables, quelles que

(1) Renseignements fournis par la Direction de l'Est-Prussien.

« soient la composition du train et la température exté-
« rieure. »

Si l'on admet une vitesse de 43^{km} à l'heure, et la composition moyenne de quinze voitures qui nous est indiquée, la seconde allocation correspond à une consommation de 2^{kg} de houille par voiture et par heure.

Pour la même composition de train, la première allocation correspondrait à une dépense de 4^{kg} de houille pour le chauffage initial d'une voiture.

Nombre de voitures chauffées. — « Le nombre des voi-
« tures des trains chauffés par les machines est de
« quinze en moyenne, et de dix pour les trains chauffés
« par les chaudières spéciales. Lorsque le froid est rigou-
« reux, on ne peut pas chauffer plus de dix-sept voitures
« dans le premier cas, et plus de douze dans le second. »

Position des chaudières spéciales dans le train. — « Les
« chaudières spéciales sont toujours placées en tête du
« train ; quand les trains avaient une longueur exception-
« nelle, et que le chauffage obtenu soit par la locomotive
« seule, soit par une chaudière spéciale, était insuffisant,
« on plaçait au milieu du train un fourgon contenant une
« chaudière ; mais alors celle-ci ne chauffait plus que les
« voitures attelées derrière le fourgon. »

Conduite des appareils. — A. *Avant le départ.* — On commence le chauffage des trains deux heures avant le départ.

Après avoir fait les attelages et visité les appareils, tous les robinets d'admission de vapeur dans les tuyaux de chauffe sont fermés ainsi que les robinets de purge d'air, et on ouvre les clapets de réglage montés sous les siéges des compartiments de 1re et de 2e classe, les robinets d'écoulement des tuyaux de raccord entre les voitures et celui qui est monté à la queue du train, enfin les gros robinets de fermeture des conduites principales des voitures.

Alors on ouvre lentement le robinet de prise de vapeur; la conduite principale s'échauffe, et lorsque les robinets d'écoulement ne laissent plus échapper que de la vapeur sèche, on les ferme en commençant par celui de la voiture de tête.

Ensuite on ouvre les robinets d'admission de la dernière voiture et les robinets purgeurs, que l'on referme dès que l'air paraît complétement chassé des tuyaux de chauffe : même opération pour les autres voitures en se dirigeant vers la tête du train.

Enfin, l'ouverture du robinet d'écoulement monté à l'arrière du train est réglée de façon qu'il ne s'en échappe plus que de l'eau; mais, dans aucun cas, ce robinet ne doit être complétement fermé.

Pendant ces opérations, le robinet de prise de vapeur reste toujours ouvert.

B. *Pendant la marche.* — La vapeur est envoyée dans les appareils pendant toute la durée de la marche.

A chaque arrêt il faut ouvrir, en commençant par l'arrière du train, un nombre de robinets d'écoulement suffisant pour que l'eau de condensation soit complétement chassée des appareils; ces robinets sont refermés lorsqu'ils ne laissent plus échapper que de la vapeur sèche. Si l'on négligeait d'opérer ainsi et si le froid était rigoureux, la congélation de l'eau de condensation pourrait amener la rupture des tuyaux de raccord.

C. *Après la marche.* — Après l'arrêt dans la gare où le train meurt, on ferme la soupape de prise de vapeur, et on ouvre *tous les robinets* des appareils, afin que l'eau de condensation s'écoule librement.

Personnel chargé de la conduite du chauffage. — Lorsque l'on chauffe par la locomotive, chaque train est accompagné d'un manœuvre nommé *garde-chauffeur*, ayant pour fonctions la surveillance, l'entretien et la manœuvre des appareils des voitures.

Dans chaque train chauffé par une chaudière spéciale, un ouvrier, nommé *chauffeur du train*, est chargé de la surveillance, de l'entretien et de la conduite de la chaudière spéciale et de tous les appareils du train.

Dépenses du chauffage. — « Les dépenses du chauffage « à la vapeur se montent de 0f,25 à 0f,30 par voiture à « quatre compartiments et par heure. Ces chiffres com- « prennent les frais d'entrètien, les dépenses de matière « et de conduite, sans tenir compte de l'intérêt ni de « l'amortissement des frais d'installation. »

D'après la consommation de houille ci-dessus indiquée, on peut admettre que la dépense de combustible entre dans ces chiffres pour 0f,06.

CHEMINS DE FER RHÉNANS.

Longueur des lignes : 1,030 kilom. — Nombre des voitures à voyageurs : 671.

Emploi simultané de plusieurs systèmes de chauffage. — Sur les chemins de fer Rhénans, les voitures de 1re et de 2e classe sont chauffées soit au moyen de chaufferettes à eau chaude, soit au moyen d'appareils à combustibles agglomérés.

Les voitures de ces deux classes qui font le service

direct de Cologne à Vienne et qui doivent, par suite, circuler sur les lignes bavaroises, sont munies des appareils de chauffage à la vapeur et des appareils à combustibles agglomérés.

On ne chauffe pas les voitures de 3e et de 4e classe.

Une voiture-salon est munie d'un appareil à circulation d'eau chaude.

Les voitures de la poste, une voiture de service et les fourgons sont chauffés par des poêles dans lesquels on charge de la houille, du charbon de bois ou du bois.

Enfin, pendant l'hiver 1874-1875, on a mis en essai l'appareil à air chaud de M. Kiénast et celui de MM. Rothmüller et Thamm (1).

Les chemins Rhénans semblent maintenant disposés à adopter d'une manière générale un appareil à combustible aggloméré construit et disposé comme celui du Hanovre.

Appareils à combustibles agglomérés. — Appareil encastré dans le plancher. — Les premiers essais de chauffage au moyen d'appareils à combustibles agglomérés eurent lieu pendant l'hiver de 1870.

Profitant du mode de construction d'un certain nombre de voitures, dont les caisses étaient séparées du châssis par des traverses de $0^m,076$ de hauteur, on monta les appareils en dessous du plancher.

Les figures 6 à 8 de la planche n° 3 montrent les dispositions de ces appareils.

Une boîte en bois, doublée d'une tôle mince, est placée entre les siéges, de façon à affleurer le plancher ; sa face

(1) Voir pour la description détaillée de ces appareils le chapitre relatif aux chemins autrichiens.

supérieure, en tôle striée, est percée de deux rangées de trous parallèlement à ses longs côtés.

Dans la boîte en bois sont suspendues deux caisses métalliques dans lesquelles on introduit des tiroirs en tôle perforée contenant les briquettes.

L'air pénètre par de doubles manches à vent, parcourt la caisse, passe dans un tuyau horizontal recourbé à angle droit à son extrémité, et finalement s'échappe sous la voiture à travers un aspirateur.

Pour que la boue et la poussière ne tombent pas sur les caisses métalliques, on a disposé un écran en zinc entre celles-ci et la tôle striée formant chauffe-pieds.

Dépenses d'installation des appareils. — « L'installation « de ces appareils dans une voiture à quatre comparti- « ments s'élève à 712f,50 (1). »

Appareil monté sous les siéges. — Les appareils précédents exigeant un surhaussement de la caisse assez considérable, ceux qui avaient été montés en 1872 ont été placés sous les siéges (fig. 13 à 15 de la planche n° 3).

On a adopté la disposition générale de l'appareil du Berlin-Potsdam-Magdebourg; mais on a reconnu la nécessité de renverser le sens de la marche des produits de la combustion, ce que l'on a obtenu en faisant déboucher, en dessous de l'appareil et près de la porte de chargement, un tube vertical terminé à sa partie inférieure par une double manche à vent.

Prix de revient des appareils. — « Le prix de revient « des huit appareils nécessaires pour une voiture à quatre

(1) Renseignement fourni par la Direction.

« compartiments est de 600f, frais d'installation com-
« pris. »

Observations de la Compagnie sur l'usage des appareils à combustibles agglomérés. — « Les tiroirs des appareils « établis sous le plancher, n'étant pas bien assujettis, « ont quelquefois été projetés par les secousses au dehors « de la boîte en bois, *et ont mis le feu à la voiture.*

« Quand l'on introduit les briquettes allumées dans « les appareils placés sous les siéges, le vernis des pan- « neaux est souvent endommagé, et il faut prendre beau- « coup de soin pour éviter cet accident.

« *Le siége sous lequel les deux appareils sont cou- « chés est si fortement chauffé que la chaleur devient « insupportable pendant les grands trajets*, tandis « qu'avec les appareils engagés dans le plancher tous « les voyageurs ont également chaud.

« Il est impossible de régler la chaleur que fournissent « les appareils à combustibles agglomérés, qu'ils soient « d'ailleurs installés sous les siéges ou encastrés dans le « plancher (1). »

Prix des combustibles agglomérés. — « Le prix des com- « bustibles agglomérés a été de 21f,25 les 100kg pendant « l'hiver 1874-1875. »

Dépense de combustible pour le chauffage. — « La dé- « pense de combustible pour chauffer pendant une heure « une voiture à quatre compartiments est de 0f,1875. »

Appareils de chauffage à la vapeur. — Les appareils de

(1) Renseignements fournis par la Direction.

chauffage à la vapeur sont disposés comme ceux des lignes de la Bavière.

« L'aménagement d'une voiture à quatre compartiments « revient à 412^{f},50. »

Appareil à circulation d'eau chaude. — L'appareil à circulation d'eau chaude, monté sur une voiture-salon, consiste (fig. 5 à 8 de la planche n° 24) en une petite chaudière suspendue en dehors de la voiture, entre les tampons, en chaufferettes encastrées dans le plancher et en une canalisation qui relie ces pièces.

L'eau chaude sort de la partie supérieure de la chaudière, circule successivement dans les diverses chaufferettes, puis est ramenée au bas de la chaudière.

« La chaudière consomme environ 25^{kg} de houille par « vingt-quatre heures, stationnement compris.

« Les frais d'installation se sont montés à environ « 562^{f},50. »

Chauffage au moyen de poêles. — « Les poêles adoptés « par le Rhénan reviennent à environ 120^{f} la pièce.

« Ils brûlent en moyenne 1^{kg},560 de houille par heure. »

En supposant que le combustible coûte 30^{f} la tonne, la dépense ARGENT, pour la houille consommée, serait donc de 0^{f}0468 par voiture et par heure.

Appareils à air chaud Kiénast et Rothmüller. — « Les « essais des appareils à air chaud n'ont pas été suffi- « samment prolongés pour qu'il soit possible de les ju- « ger (1). »

(1) Renseignements fournis par la Direction des chemins de fer Rhénans.

CHEMINS DE FER DE L'ÉTAT DU GRAND-DUCHÉ DE BADE.

Longueur des lignes : 1,146 kilom. — Nombre des voitures à voyageurs : 994.

La Direction de l'État du grand-duché de Bade chauffe toutes ses voitures à voyageurs de diverses classes.

Dans les voitures de 1re et de 2e classe on emploie encore généralement les chaufferettes à eau chaude, tandis que l'on installe au commencement de l'hiver des poêles à la houille dans un nombre de voitures de 3e classe suffisant pour le service (deux cent soixante-dix voitures pendant l'hiver 1874-1875).

Les voitures-salons sont chauffées par des poêles alimentés au charbon de bois.

Cinquante-cinq voitures des trois classes, entrant dans la composition des trains express de nuit, sont munies d'appareils de chauffage à la vapeur.

Enfin on a appliqué, à titre d'essai, des appareils à combustibles agglomérés, l'appareil à air chaud de Kiénast et l'appareil à air chaud de Rothmüller et Thamm.

La Direction (1) « *a l'intention d'abandonner l'emploi* « *des chaufferettes à eau chaude, mais elle ne sait* « *pas encore par quel système de chauffage elle les* « *remplacera.* »

Poêles au charbon de bois des voitures-salons. — « Les « poêles au charbon de bois permettent de maintenir « dans les salons une température de + 12°,5.

« Ce chauffage revient à 0f,10 par voiture et par « heure. »

(1) Renseignements communiqués par la Direction.

Chauffage à la vapeur fournie par une chaudière spéciale. — « La vapeur nécessaire pour le chauffage des trains est « produite par une chaudière spéciale de 9^{m2} de surface de « chauffe et de 0^{m2},1760 de surface de grille.

« Les dispositions générales de cette chaudière et des « appareils montés sur les voitures sont semblables à « celles adoptées par les chemins de fer de l'État-Bava- « rois.

« La conduite de distribution sous les voitures est « enveloppée d'une caisse en bois et l'introduction de la « vapeur se fait par une des extrémités des tuyaux de « chauffe. »

Dépenses d'installation des appareils. — « Les prix de « revient des appareils installés en 1871-1872 ont été les « suivants :

« Appareil des voitures mixtes à quatre compartiments « de 1re et 2e classe avec robinet de distribution . . 570f

« Chaque robinet de distribution isolément. . . 25f

« Appareil des voitures de 3e classe à cinq comparti- « ments n'ayant pas de robinet de distribution. . 537f,50

« Tuyau de raccord en caoutchouc avec viroles et écrous « en bronze et soupape de purge 35f

« Aménagement, dans un fourgon, d'une chaudière « timbrée à 4 atmosphères avec tous ses accessoires, une « soupape à main, un injecteur et un réservoir d'eau de « 800 litres de capacité 2,319f

« En 1874, l'appareil pour des voitures mixtes de 1re et « 2e classe, avec cinq robinets de distribution, est re- « venu, en comprenant les frais d'installation, à . . 769f

Nombre des voitures chauffées. — « En moyenne le nom- « bre des voitures chauffées dans un train est de cinq,

« et ce nombre s'élève au maximum à sept. — Dès « que l'on a plus de quatre voitures à chauffer, on place « au milieu du train le fourgon contenant la chaudière « spéciale. »

Résultats calorifiques et consommation de combustible. — « Dans un train de sept voitures, on maintient aisément « dans les compartiments une température de + 15°.

« Pour chauffer un train, on brûle en moyenne dans la « chaudière 9kg de charbon par heure. »

Prix de revient du chauffage. — « Les dépenses du com« bustible et de la solde du chauffeur spécial que nécessite « ce service, mais non compris les frais d'entretien, sont « de 0f,197 par heure et par voiture chauffée. »

Appareils à combustibles agglomérés. — Il a été installé, sur dix-neuf voitures mixtes de 1re et 2e classe à quatre compartiments, des appareils à combustibles agglomérés offrant les dispositions générales de l'appareil des chemins de fer de l'État du Hanovre.

Sous chaque banquette est placé un seul appareil, tourné de façon que sur chacune des faces longitudinales de la voiture s'ouvrent quatre portes de chargement du combustible.

« Les briquettes, composées de charbon de bois pulvé« risé, de salpêtre et d'une matière agglutinante, ont une « durée de combustion de six heures ; on en charge, sui« vant le froid, de deux à quatre par appareil, et l'on « obtient ainsi, dans les compartiments, une température « de 15° à 18°,75 supérieure à celle de l'atmosphère.

« En 1872, les frais d'aménagement ont été de 600f par « voiture.

« Les dépenses de combustible sont de $0^f,53$ par voiture « et par heure. »

Appareil à air chaud Kiénast. — On a installé sur quatre voitures mixtes de 1re et 2e classe des appareils à air chaud du système Kiénast (1).

Sous chaque voiture on a monté deux appareils semblables composés chacun de deux serpentins.

« Les résultats calorifiques obtenus pendant l'hiver « 1874-1875 n'ont pas été satisfaisants.

« Le prix de revient des deux appareils nécessaires « par voiture s'est élevé à $1{,}000^f$, les frais d'installation « non compris. »

Le peu de durée des expériences n'a pas permis d'évaluer exactement les dépenses de combustible.

Appareil à air chaud de Thamm et Rothmüller. — On a monté sur trois voitures mixtes à quatre compartiments des appareils Thamm et Rothmüller semblables en tous points à celui qui a été expérimenté par le chemin de fer du Sud de l'Autriche.

« Avec ces appareils il a été obtenu dans les compartiments une température moyenne de 18°,75 qui s'est élevée jusqu'à 25°; mais on a constaté que la chaleur ne se « répartissait pas également entre tous les compartiments. »

Dans ces appareils, on brûlait un mélange de deux parties de coke et d'une partie de charbon de bois.

« Chaque appareil a coûté 715^f, cette somme ne comprenant ni les frais de montage ni ceux de construction

(1) On trouvera, dans la seconde partie de ce travail consacrée à nos expériences, la description de l'appareil Kiénast, que nous avons essayé.

« et de pose de la caisse en bois qui recouvre les conduits « d'air chaud. »

Les dépenses d'exploitation qu'entraîne ce système de chauffage en service courant n'ont pas été évaluées par la Direction des chemins de fer du grand-duché de Bade.

CHEMINS DE FER ROYAUX DU WURTEMBERG.

Longueur des lignes : 1,260 kilom. — Nombre des voitures à voyageurs : 677.

Les voitures à voyageurs des chemins de fer royaux du Wurtemberg, qui sont toutes chauffées, ont été, pour le plus grand nombre, construites suivant le système américain; quelques-unes seulement sont disposées d'après le type anglais à compartiments.

Les premières sont munies de poêles, tandis que les secondes sont chauffées à la vapeur.

On a essayé l'appareil Rothmüller et Thamm.

La Direction se propose de renoncer, pour les voitures que l'on construira à l'avenir, à l'emploi des poêles et d'appliquer des appareils à air chaud et à foyer extérieur.

Chauffage par des poêles. — Les poêles anciennement montés sont en fonte, et en fonte et tôle ceux que l'on a plus récemment construits; ils sont tous pourvus de manteaux en tôle pour en diminuer le rayonnement.

Le poêle est engagé dans la cloison transversale divisant la voiture en deux parties égales, ou contre la cloison longitudinale, et au milieu de celle-ci dans les voitures où la cloison transversale n'existe pas.

On brûle du bois dans les poêles des voitures de 1re et 2e classe, et de la houille dans ceux des voitures de 3e classe.

« Ces poêles chauffent rapidement et suffisamment les « voitures.

« Quand les feux sont entretenus avec soin par les « agents des trains qui sont chargés de ce service, on « maintient dans les voitures une température assez cons- « tante ; mais la chaleur se répartit mal : la température « est très-élevée sous le pavillon, tandis que les couches « d'air voisines du plancher restent froides.

« Enfin l'installation d'un poêle supprime quatre places; « et ce sont ces inconvénients réunis qui conduisent la « Direction à rechercher un autre système de chauffage « pour les nouvelles voitures. »

Chauffage à la vapeur. — Les voitures à compartiments sont chauffées par la vapeur que fournit une chaudière spéciale installée dans un fourgon à bagages.

Tous les appareils sont identiques à ceux que les chemins de fer de l'État-Bavarois ont adoptés.

Essai de l'appareil Rothmüller et Thamm. — Pendant l'hiver 1874-1875 on a expérimenté l'appareil à air chaud Rothmüller et Thamm que l'on avait appliqué à deux voitures.

« Il a été constaté que cet appareil chauffe très-lente- « ment les voitures; enfin, en marche, on a obtenu dans « les divers compartiments des températures très-diffé- « rentes et tout à fait insuffisantes. »

CHEMINS DE FER DU BRUNSWICK.

Longueur des lignes : 332 kilom. — Nombre des voitures à voyageurs : 226.

La Compagnie des chemins de fer du Brunswick chauffe

ses voitures de 1re et de 2e classe au moyen d'appareils à combustibles agglomérés et par des chaufferettes à eau chaude ordinaires.

On a essayé le chauffage au sable chaud, à l'eau chaude sous pression et à la vapeur.

Appareils à combustibles agglomérés. — « Les dépenses « d'installation se montent à environ 157f,50 par compar- « timent.

« Il a été constaté que pour obtenir dans un comparti- « ment la température de + 12°,5, regardée comme la plus « convenable, il faut brûler environ 0kg,660 de briquette par « heure.

« Le prix des briquettes est de 30f les 100kg.

« Les dépenses du chauffage, non compris les frais de « main-d'œuvre, varient de 0f,0025 à 0f,005 par compar- « timent et par kilomètre, » soit, approximativement, de 0f,40 à 0f,80 par voiture à quatre compartiments et par heure.

Inconvénients des appareils à combustibles agglomérés. — « Quoique l'on ait adopté d'une manière générale ce sys- « tème de chauffage, il n'est pas sans inconvénients. *Les « gaz de la combustion pénètrent dans la voiture dès que « la moindre fissure existe dans les appareils, et cet ac- « cident se produit quelquefois. — Pour obtenir un « chauffage uniforme, il faut continuellement manœu- « vrer le registre de départ d'air, ménagé dans la porte, « sinon la chaleur devient par moments trop forte et « incommode les voyageurs. Enfin, en cas de collision, « le danger d'incendie est à craindre.*»

Chaufferettes à eau chaude. — Les chaufferettes à eau

chaude ne sont employées qu'à défaut d'autres appareils de chauffage et doivent disparaître pour être remplacées par des appareils à combustibles agglomérés.

Emploi du sable chaud. — On a essayé de remplacer l'eau chaude des chaufferettes mobiles par du sable chaud, mais les mauvais résultats obtenus ont fait renoncer à cette substitution.

Chauffage par l'eau chaude à haute pression *(système Perkins)*. — Vers 1867, on a essayé sur une voiture mixte de 1re et 2e classe un appareil de chauffage par l'eau sous pression d'après le système Perkins.

L'appareil consistait en une petite chaudière suspendue à la voiture et en six tuyaux en fer de 0^m,023 de diamètre intérieur, qui communiquaient avec cette chaudière, et étaient placés à côté les uns des autres dans une caisse dont la face supérieure, affleurant le plancher, était percée de trous pour permettre à la chaleur de se répandre dans la voiture.

Il a été reconnu que cet appareil ne chauffait pas suffisamment, qu'il demandait trop de surveillance, enfin qu'il était trop coûteux, et les essais ont été assez promptement suspendus.

Ancien essai du chauffage à la vapeur. — Les essais du chauffage à la vapeur ont été faits en 1866.

La vapeur était prise directement à la locomotive.

« *Le chauffage à la vapeur a été définitivement aban-*
« *donné parce que la pose des raccords entre les voi-*
« *tures retarde la composition des trains et exige une*
« *main-d'œuvre coûteuse; d'un autre côté on diminue la*
« *puissance de traction de la locomotive, si l'on prend à*

« *la chaudière la vapeur nécessaire au chauffage des* « *trains* (1). »

CHEMINS DE FER ROYAUX DE L'ÉTAT-SAXON.

Longueur des lignes : 993 kilom. — Nombre des voitures à voyageurs : 988.

Emploi simultané de divers systèmes. — Sur les chemins de fer royaux de l'État-Saxon, chaque compartiment des voitures de 1re et 2e classe est chauffé au moyen de deux bouillottes à eau chaude. *A titre d'essai,* on chauffe plusieurs trains à la vapeur, et un certain nombre de voitures ont été munies d'appareils à combustibles agglomérés (2).

La période de chauffage est de six mois.

Les bouillottes à eau chaude sont assez semblables à celles qui sont employées sur les chemins de fer français.

Pour le chauffage des trains, la vapeur est prise à une chaudière spéciale installée dans un fourgon à bagages, et les divers appareils présentent les mêmes dispositions que ceux en usage sur les lignes de l'État-Bavarois.

La Direction générale nous a adressé les renseignements qui suivent sur les prix de revient des appareils et sur les dépenses du chauffage :

« Les dépenses d'installation des appareils sont, par « compartiment, de :

« 123f,75 pour le chauffage par combustibles agglom. ;

---

(1) Opinion de la Direction.

(2) D'après le Rapport de M. le baron de Weber, une voiture-salon est munie d'un appareil à eau chaude. Les tuyaux de chauffe, en cuivre, sont établis sous le plancher, et la chaudière, de petites dimensions, est placée à l'extérieur de la voiture, près de la plate-forme du garde. — Cet appareil était mentionné dans le Rapport sur le Congrès tenu à Munich, en septembre 1868.

« 202f,50 pour le chauffage par la vapeur.

« Chaque bouillotte à eau chaude, en tôle de fer, coûte « 22f,50.

« Les dépenses de chauffage, en comprenant les frais « d'entretien, l'intérêt et l'amortissement du premier éta- « blissement, sont représentées par les nombres propor- « tionnels suivants :

« Chauff. au moyen des combustibles agglom. . 100
« — de la vapeur. 83.3
« — des bouillottes à eau chaude 19.25

« Ces dépenses, rapportées à un compartiment, sont, « par kilomètre de parcours (à une vitesse moyenne de « 12km,700 par heure, arrêts compris), de :

« 0f,002 pour le chauff. au moyen de combustibles aggl.
« 0f,00166 — de la vapeur.
« 0f,00038 — des bouillottes à eau « chaude. »

D'après ces chiffres, le chauffage d'une voiture à quatre compartiments reviendrait par heure à :

0f,341 avec l'emploi des combustibles agglomérés.
0f,283 — de la vapeur.
0f,065 — des bouillottes à eau chaude.

CHEMINS DE FER DE BERLIN-HAMBOURG.

Longueur des lignes : 445 kilom. — Nombre des voitures à voyageurs : 361.

Deux systèmes de chauffage, appliqués aux voitures de toutes les classes, sont simultanément en usage sur les chemins de fer de Berlin-Hambourg.

On chauffe à la vapeur (1) les trains express, poste

(1) La première application du chauffage à la vapeur a été faite en 1868.

et mixtes, et au moyen de combustibles agglomérés tous les autres trains.

D'après la Direction du Berlin-Hambourg, ces deux systèmes donnent des résultats satisfaisants.

Les renseignements fournis par ce chemin ne présentent rien de spécial après ceux que nous avons précédemment fait connaître. Nous nous contenterons d'enregistrer les opinions et chiffres suivants donnés par la Direction :

Chauffage à la vapeur. — « Les dépenses d'installation « des appareils de chauffage à la vapeur s'élèvent à :

« 937f,50 par voiture de 1re ou de 2e classe (dix tuyaux « de chauffe).

« 750f,00, par voiture de 3e classe (six tuyaux).

« 637f,50 par voiture de 4e classe.

« Les frais de construction et d'installation du généra- « teur de vapeur avec son outillage, réservoirs d'eau et de « combustible, deux pompes alimentaires à main et les « conduites de distribution, sont de 3,125f. »

Dépenses du chauffage. — « Les dépenses du chauffage « sont de 0f,0025 par kilomètre d'essieu, » c'est-à-dire d'environ 0f,20 par voiture et par heure.

Appareils à combustibles agglomérés. — Les dépenses de construction et d'installation des appareils à combustibles agglomérés ont été de :

« 625f par voiture de 1re et 2e classe à cinq comparti- « ments (dix appareils).

« 337f,50 par voiture de 3e ou de 4e classe à trois com- « partiments (six appareils).

« Chaque fourneau à gaz, servant à l'allumage des bri- « quettes, coûte 437f,50, et le prix du brancard sur lequel

« on transporte les paniers en fil de fer, contenant les « briquettes allumées, est de 37f,50. »

Dépenses du chauffage. — « Le charbon préparé revient « à 37f,50 les 100kg.

« Ce prix fait ressortir les dépenses de chauffage à « 0f,0046 par kilomètre d'essieu. »

D'après ce chiffre nous évaluerons à 0f,368 la dépense par voiture et par heure.

CHEMINS DE FER DE LA HAUTE-SILÉSIE.

Longueur des lignes : 1,437 kilom. — Nombre des voitures à voyageurs : 594.

Emploi simultané de cinq systèmes différents. — Dans tous les trains, la Direction des chemins de fer de la Haute-Silésie chauffe les voitures des quatre classes en employant simultanément :

1° Des appareils de chauffage à la vapeur (dans les trains express et poste);

2° Des appareils à combustibles agglomérés ;

3° Des poêles alimentés les uns au charbon de bois et les autres à la houille ;

4° Des appareils à air chaud Thamm et Rothmüller ;

5° Enfin, des chaufferettes ordinaires à eau chaude.

Les chaufferettes à eau chaude ne sont employées que dans les compartiments de 1re et de 2e classe non encore pourvus d'installations spéciales.

Les dispositions adoptées par la Compagnie pour ces divers systèmes ne nous semblent présenter aucune particularité qui mérite d'être signalée après les descriptions précédentes. Nous relèverons seulement l'opinion de la

Direction sur ces divers modes de chauffage et les chiffres ci-dessous qu'elle a bien voulu nous transmettre :

« La Direction n'a de préférence pour aucun des sys-
« tèmes qu'elle a appliqués ; chacun d'eux, en particulier,
« lui semble présenter des inconvénients qu'on ne réussira
« peut-être jamais à éviter.

« Tous ces appareils, celui de Thamm et Rothmüller
« excepté, donnent des résultats calorifiques plus que
« suffisants.

« Les dépenses de construction et d'installation des
« appareils à vapeur se montent à :

« 750f par voiture à quatre compartiments.

« 862f » à cinq »

« Les frais d'aménagement des appareils à combustibles
« agglomérés sont de :

« 675f » par voiture à quatre compartiments.

« 843f,75 » à cinq »

« Les poêles au charbon de bois montés dans les voi-
« tures-salons reviennent à 375f, frais d'installation com-
« pris.

« Les dépenses d'installation des poêles adoptés pour
« chauffer les voitures de 4e classe sont de 300f par véhi-
« cule (1). »

---

(1) Renseignements donnés par la Direction.

CHAPITRE II

MODES DE CHAUFFAGE EMPLOYÉS SUR LES CHEMINS DE FER DE L'AUTRICHE, DE LA RUSSIE, DE LA SUÈDE ET DE LA NORWÈGE.

AUTRICHE.

CHEMINS DE FER DU SUD DE L'AUTRICHE.

Longueur des lignes : 2,320 kilom. — Nombre des voitures à voyageurs : 1,207.

Actuellement la Compagnie des chemins de fer du Sud de l'Autriche chauffe ses voitures de 1re et de 2e classe au moyen de chaufferettes à eau chaude ordinaires, et ses voitures de 3e et de 4e classe par des poêles. Les voitures spéciales et celles du train impérial sont munies de poêles alimentés par des combustibles agglomérés.

Elle a expérimenté l'appareil à air chaud du système Thamm et Rothmüller.

M. Gottschalk, Ingénieur en chef, à l'obligeance de qui nous devons tous les renseignements qui vont suivre, considère la question du chauffage des trains comme tout à fait résolue au moyen de poêles dans les voitures de 3e et 4e classe, — un seul appareil étant suffisant pour un véhicule entier contenant cinquante voyageurs, — et même dans les voitures de 2e classe en faisant communiquer les compartiments.

Le chauffage par des poêles lui semble le plus pratique et en même temps le plus économique.

M. Gottschalk pense que pour les voitures de 1re classe on remplacera les bouillottes par un appareil à air chaud dans le genre de celui de Thamm et Rothmüller.

1° Chaufferettes à eau chaude. — Les chaufferettes à eau, qui n'offrent d'ailleurs aucune disposition particulière, reviennent chacune à 22f,50.

Le prix de revient, par chaufferette en service, est évalué à 8f,75, de sorte que la dépense totale de premier établissement s'élève à 250f par voiture à quatre compartiments, en supposant que son chauffage n'exige que huit chaufferettes.

La dépense de combustible *seulement* est de 0f,15 par voiture à quatre compartiments et par heure.

2° Poêles des troisièmes classes. — Jusqu'à ces derniers temps, on installait dans les voitures de 3e classe des poêles du système Maüch et Brock ; mais les résultats des expériences du dernier hiver feront adopter désormais le poêle breveté du constructeur Blazicek.

Poêle de Maüch et Brock. — Description. — Le poêle de Maüch et Brock consiste en une colonne en fonte de 1m,028 de hauteur totale (fig. 4 à 8 de la planche n° 11).

Cette colonne est percée de trois ouvertures latérales superposées : celle du bas sert à l'introduction d'un cendrier en tôle ; par l'ouverture du haut du poêle on charge le combustible et on l'allume, et par la porte intermédiaire placée immédiatement au-dessus de la grille on nettoie l'appareil.

Cette porte est munie d'un registre par lequel l'accès de l'air est réglé ; entre elle et le combustible chargé dans le poêle se trouve une grille en fonte à barreaux inclinés qui, tout en laissant passer l'air, empêche que le feu ne chauffe trop fortement la porte, et que des charbons incandescents ne tombent sur le plancher si celle-ci s'ouvre accidentellement en marche.

Deux équerres, serrées par des écrous à oreilles et placées l'une en haut et l'autre en bas de la porte, en assurent la fermeture hermétique avec un loquet ordinaire. L'équerre inférieure maintient en même temps en place le cendrier.

La cheminée s'élève directement au-dessus du poêle et, pour diminuer le tirage, on a disposé, entre l'ouverture et la porte de chargement, une plaque horizontale en fonte soutenue par les saillies de la colonne.

Le poêle est complétement entouré d'une enveloppe en tôle, avec porte à charnière pour son chargement et son entretien, et il est fermé avec une clef spéciale. — Une seconde enveloppe, placée concentriquement à l'intérieur de la première, entoure toute la partie postérieure du poêle. — La cheminée est également enveloppée dans toute la partie qui se trouve dans la voiture.

L'air s'introduit par l'intervalle existant entre le plancher et le manteau de l'appareil, s'échauffe au contact du poêle et de ses enveloppes, puis, par les trous percés au haut de celles-ci, il s'échappe dans le véhicule.

La cheminée est isolée du pavillon par une couronne faite d'un mélange de terre glaise et de bourre, tassé entre des tôles ; elle est surmontée d'un chapeau mobile que l'on enlève lors des ramonages (fig. 9 de la planche n° 11), et qui est surtout destiné à empêcher la pluie de s'introduire dans la voiture.

Ce poêle peut contenir 13^{kg} de houille.

Installation dans les voitures. — L'appareil est placé dans les voitures contre l'une des parois longitudinales et dans l'axe de l'une des cloisons de séparation du compartiment du milieu (fig. 1, 2 et 3 de la planche n° 11).

Les siéges de deux places sont ainsi supprimés.

Pour protéger contre le rayonnement direct les voyageurs assis à côté de l'appareil, on a établi des écrans en bois qui s'élèvent de la banquette jusqu'au-dessus des appuie-tête.

Dans chacune des cloisons de séparation, et immédiatement au-dessus du plancher, on a pratiqué une ouverture rectangulaire de 0m,060 de hauteur sur 2m de longueur qui permet à la chaleur de se répandre dans toute la voiture; et il faut remarquer ici que tous les compartiments communiquent librement, les dossiers ne s'élevant qu'à 1m au-dessus du plancher.

Effet utile. — Des expériences faites pendant l'hiver 1874-1875, dans des conditions atmosphériques variant de — 8° à + 5°, ont permis de constater que le poêle Maüch et Brock permet d'obtenir, dans les voitures de 3e classe à cinq compartiments (1), des températures supérieures de 15°,432 en moyenne aux températures extérieures.

Les observations ont été faites au moyen de six thermomètres placés dans la voiture comme l'indiquent les croquis ci-dessous :

---

(1) Ces voitures ont les dimensions intérieures suivantes :
Longueur, 6m,880 ; largeur, 2m,420 ; hauteur, 1m,940.

L'étendue de leur surface de refroidissement se décompose comme suit :

Plancher, 15m2,5; Pavillon, 16m2,9; Parois latérales, 27m2,6; Vitrage, 6m2,3.

Le plancher et le pavillon sont simples.

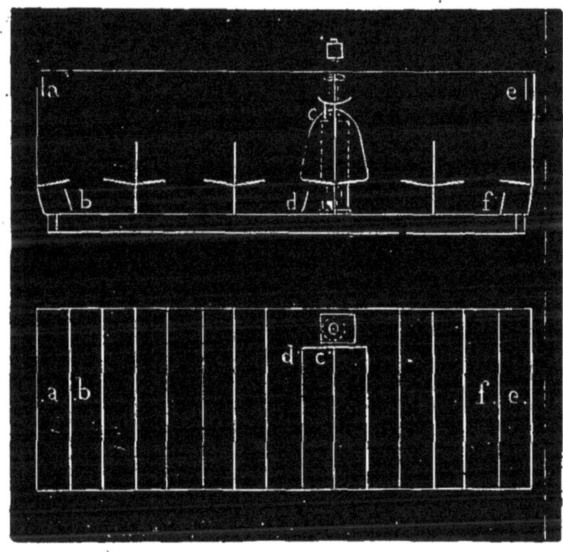

Les thermomètres *a* et *e* étaient fixés au-dessous des filets, contre les deux panneaux de fond de la voiture, et les thermomètres *b* et *f* suspendus aux banquettes, en dessous des premiers, de sorte que leurs réservoirs se trouvaient très-près du plancher. Ces quatre premiers thermomètres étaient placés dans l'axe de la voiture, et les deux derniers *c* et *d* près du poêle, dans l'angle de l'écran et de la cloison de séparation, l'un *(c)* en haut et l'autre *(d)* en bas de celle-ci.

Dans ces conditions, *les trois thermomètres supérieurs indiquaient en moyenne 12°,3 de plus que les trois autres.*

Consommation de combustible. — Pendant les expériences, la consommation de houille a été de 0[kg],992 en moyenne par heure.

Tableau des expériences. — On nous a communiqué le résumé d'expériences suivant :

Poèle Maüch et Brock.

LIGNE	MOMENT DU DÉPART	TEMPÉRATURES pour LA DIFFÉRENCE	TEMPÉRATURES EXTÉRIEURE	DANS LA VOITURE au plafond	DANS LA VOITURE au plancher	DANS LA VOITURE moyenne	DIFFÉRENCE de TEMPÉRAT[re]	DÉPENSE DE COMBUSTIBLE PENDANT LA MARCHE Durée	DÉPENSE DE COMBUSTIBLE PENDANT LA MARCHE Consomm[on] en kilog.	DÉPENSE DE COMBUSTIBLE en KILOGR[mes] par heure
			degrés	degrés	degrés	degrés	degrés	h. m.	kilogr.	kilogr.
Vienne	Vienne	Maximum de température	— 1.25	+ 23.75	+ 8.12	+ 16	+ 19.75			—
à	4 février	Minimum de température	+ 5	+ 11.87	+ 5.63	+ 8.75	+ 8.75	18.38	18.5	0.99
Trieste.	1[h],30′ (soir).	Moyenne de température	+ 0.625	+ 21.25	+ 9.12	+ 15.25	+ 14.625			
			Moyenne de toutes les observations.							
Trieste	Trieste	Maximum de température	— 8.75	+ 28.7	+ 4.65	+ 16.8	+ 22.5			
à	6 février	Minimum de température	— 3.125	+ 6 25	+ 1	+ 3.625	+ 8.5	23.03	23.	0.995
Vienne.	7[h],10′ (mat.).	Moyenne de température	— 2.5	+ 20	+ 7.5	+ 13.75	+ 16.25			
			Moyenne de toutes les observations.							

Dépenses d'installation des appareils. — Les frais d'achat d'un poêle et de son installation dans une voiture s'élèvent à 228f,65.

Dépense du chauffage. — La dépense du *combustible* pour le chauffage d'une voiture est évaluée à 0f,045 par heure.

Poêle Blazicek. — Le poêle Blazicek n'a été mis en service qu'au commencement de l'hiver 1874-1875.

Il offre cette disposition particulière (fig. 12 et 13 de la planche n° 2) que ses parois latérales consistent en barreaux verticaux formant une grille cylindrique, ce qui permet à l'air d'affluer librement sur la houille et rend ainsi la combustion assurée et complète.

Pour employer cet appareil au chauffage des voitures, on l'a simplement substitué au poêle de Maüch et Brock dans le manteau en tôle qui enveloppe ce dernier, l'installation restant identiquement la même.

Le poêle Blazicek contient 9kg de houille.

Expérimenté dans les mêmes conditions que l'appareil Maüch et Brock, il a donné un effet utile moyen de 17°,5. — *La température de l'air avait été de 11°,7 plus élevée à la hauteur des filets qu'au niveau du plancher.*

Consommation de combustible. — On a trouvé une consommation moyenne de 0kg,825 par heure de chauffage.

Tableau des expériences. — Le résumé d'expériences suivant nous a été communiqué :

Poêle de Blazicek.

LIGNE	MOMENT DU DÉPART	pour LA DIFFÉRENCE	TEMPÉRATURES				DIFFÉRENCE de TEMPÉRATURE	DÉPENSE DE COMBUSTIBLE		
			EXTÉRIEURE	DANS LA VOITURE				PENDANT LA MARCHE		en KILOGRAMMES par heure
				au plafond	au plancher	moyenne		Durée	Consommation en kilog.	
			degrés	degrés	degrés	degrés	degrés	h. m.	kilogr.	kilogr.
Vienne à Trieste.	Vienne 4 février 1h,30′ (soir).	Maximum de température.	− 1.25	+ 28.75	+ 15.875	+ 22.25	+ 23.5	18.38	14.05	0.75
		Minimum de température.	+ 5	+ 19.125	+ 9.125	+ 14.125	+ 9.125			
		Moyenne de température.	+ 0.625	+ 22.125	+ 11.625	+ 16.875	+ 16.25			
			Moyenne de toutes les observations.							
Trieste à Vienne.	Trieste 6 février 7h,10′ (mat.).	Maximum de température.	− 8.75	+ 28.125	+ 7.375	+ 18	+ 26.75	23.03	21	0.9
		Minimum de température.	− 3.125	+ 12.5	+ 6.25	+ 9.375	+ 12.5			
		Moyenne de température.	− 2.5	+ 22.75	+ 10.125	+ 16.25	+ 18.875			
			Moyenne de toutes les observations.							

Dépenses d'installation des appareils. — Le prix de revient de ce poêle est de 246f, cette somme comprenant les frais d'installation dans une voiture.

Dépense du chauffage. — On évalue à 0f,037 la dépense de houille par voiture et par heure.

Adoption du poêle Blazicek. — Dans les expériences faites comparativement, le poêle Blazicek a donné de meilleurs résultats que celui de Maüch et Brock ; aussi la Société du Sud de l'Autriche paraît-elle décidée à l'adopter pour les nouvelles applications.

Poêles alimentés par des combustibles agglomérés. — Les poêles installés dans les voitures spéciales et dans celles du train impérial sont à tirage renversé et se chargent de l'extérieur de la voiture.

On y brûle des briquettes en nombre plus ou moins considérable, suivant le degré de chaleur que l'on veut obtenir.

« Cet appareil semble le plus perfectionné, mais il est « aussi le plus coûteux et ne convient que dans des cas « spéciaux. »

Appareil à air chaud Thamm et Rothmüller. — Le chauffage à air chaud de Thamm et Rothmüller a été appliqué, comme essai, sur une voiture de 1re classe.

En principe, ce système consiste à envoyer dans la voiture de l'air chauffé au contact des parois d'un foyer placé sous le véhicule, et à prendre cet air en partie dans la voiture même et en partie dans l'atmosphère.

Le foyer (fig. 3 à 5 de la planche n° 12) est un cylindre horizontal en tôle fermé à l'une de ses extrémités par une porte, et terminé à l'autre par un fond plein d'où part la cheminée qui débouche sous la voiture et est munie d'un aspirateur.

Ce cylindre est ouvert à sa partie inférieure et communique avec un cendrier rectangulaire dont les deux faces verticales, que le vent frappe pendant la marche, sont percées d'ouvertures pour l'introduction de l'air nécessaire à la combustion.

Devant ces ouvertures coulissent des registres qui permettent de régler le tirage.

Avant le départ, il faut ouvrir le registre placé vers la machine et fermer celui qui se trouve du côté opposé.

Le foyer est disposé sous le châssis et transversalement à la voiture. On y introduit le combustible renfermé dans un tambour formé de barres de fer avec fonds fermés par des grilles dont l'une est mobile.

Deux écrans superposés, en tôle, entourent le dessus et les faces latérales du foyer.

De la partie supérieure de l'enveloppe extérieure partent des conduites *inclinées* en tôle, qui amènent l'air chaud dans les compartiments des bouts de la voiture. Ces conduites débouchent à quelques centimètres au-dessus du plancher.

Le châssis du véhicule est protégé contre le rayonnement du foyer par un écran formé d'une couche de terre réfractaire contenue entre deux tôles.

L'air, puisé dans l'atmosphère par de doubles manches à vent, est conduit au moyen d'un tuyau perforé entre les enveloppes du foyer et cet écran horizontal, et pénètre dans le compartiment du milieu de la voiture par les ouvertures ménagées à cet effet dans le plancher.

Tout cet ensemble est contenu dans une caisse en bois qui protége l'appareil contre le refroidissement et sert en même temps de conduite pour amener au contact du foyer de l'air froid pris dans la voiture.

Cet air s'introduit dans la caisse par des ouvertures pratiquées dans le plancher, sous les siéges des compartiments des bouts, est aspiré vers le foyer et pénètre entre les enveloppes du foyer par l'intervalle ménagé entre celles-ci et le fond de l'appareil.

Pour que l'appareil fonctionne bien, le coffrage doit être parfaitement étanche.

Ventilateurs. — Des ventilateurs (fig. 7 et 8 de la planche n° 12) adaptés sur le pavillon servent à renouveler l'air et à régler la température. — On fait varier l'effet de ces ventilateurs par les papillons circulaires dont ils sont munis.

Combustible employé. — Dans le tambour de cet appareil on charge un mélange de parties égales de coke et de charbon de bois. Ces deux combustibles doivent être très-secs ; il faut choisir un coke s'allumant facilement, en morceaux de la grosseur d'une noix, et un charbon de bois dur cassé à la grosseur d'un œuf. Si le temps est froid, si le coke est de médiocre qualité et que la durée de la charge de combustible doive être prolongée, on peut ajouter un dixième environ de briquettes de charbon de bois aggloméré cassées en petits morceaux.

Conduite du chauffage. — L'allumage doit se faire d'ordinaire au moins une heure avant le départ du train, et *de trois à quatre heures avant* par des froids rigoureux. Pour y procéder, le tambour est rempli du mélange indiqué, au-dessus duquel on place des charbons de bois bien allumés; et, le couvercle fermé, on laisse le tambour debout, exposé à l'air pendant quelques minutes, jusqu'à ce que toute la couche supérieure soit bien enflammée. Alors seulement le tambour est mis dans le foyer.

Pour chauffer rapidement les voitures, on ferme toutes les ouvertures, portières, fenêtres et ventilateurs.

En marche, les ventilateurs à coulisses placés au haut des portières doivent être tenus fermés, les expériences ayant démontré que la rentrée de l'air froid à travers ces ouvertures arrête la sortie de l'air chaud par les bouches de chaleur.

Durée de la combustion. — Pendant les essais, la durée de la combustion d'une charge de 11^{kg} de combustible que contient le tambour a été de huit heures en moyenne. Ce même chargement dure quelquefois de dix à douze heures.

Résultats calorifiques. — On a expérimenté un appareil Rothmüller et Thamm, monté sur une voiture de 1re classe comportant deux compartiments au milieu et deux coupés à ses extrémités (fig. 1 et 2 de la planche n° 12) (1).

Par une température extérieure moyenne de 0°, on a obtenu en marche un effet utile de + 13°,22.

Les thermomètres placés sur le plancher indiquaient 1°,3 de plus que ceux suspendus aux filets.

Pendant ces essais les températures n'étaient observées que dans le coupé placé en avant de la voiture et dans le compartiment qui le suivait, parce qu'il avait été préalablement reconnu que la chaleur se répartissait également vers les deux extrémités du véhicule.

On se servait de cinq thermomètres disposés dans la voiture conformément aux croquis ci-dessous :

---

(1) Les principales dimensions de cette voiture sont les suivantes :
Longueur intérieure, 6^{m},880 ; largeur intérieure, 2^{m},300 ; hauteur intérieure, 1^{m},940 ; surface du plancher, 15^{m2},50 ; surface du plafond, 15^{m},70 ; surface des parois latérales, 26^{m},30 ; surface vitrée, 7^{m},60.

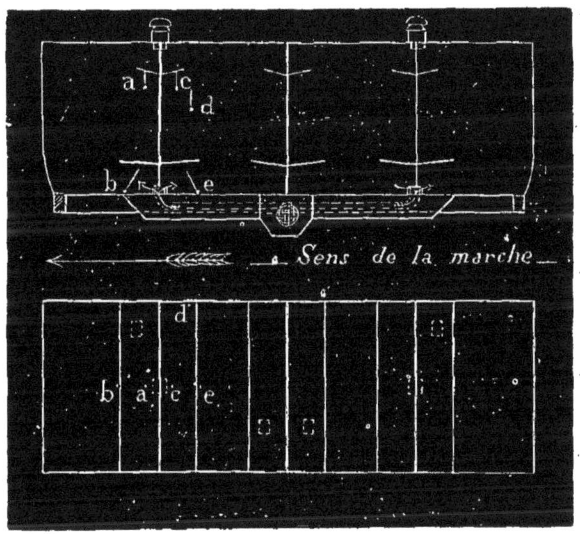

Les thermomètres *a* et *b* étaient placés dans le coupé, l'un (*a*) en dessous du filet et l'autre (*b*) sur le plancher. Dans le compartiment, les deux thermomètres *c* et *e* étaient disposés de même, et, de plus, le thermomètre *d* était suspendu contre une des fenêtres latérales. — Les quatre thermomètres *a*, *b*, *c* et *e* se trouvaient dans le plan médian de la voiture (1).

Consommation du combustible. — On a constaté une consommation moyenne de combustible de $1^{kg},860$ par appareil et par heure de marche.

Tableau des expériences. — Nous reproduisons ci-après le tableau des essais tel qu'il nous a été communiqué :

---

(1) Il nous semble que les thermomètres inférieurs se trouvaient, dans ces conditions, placés bien près des bouches de chaleur, et que les thermomètres suspendus aux filets étaient dans le courant d'air chaud déterminé par le ventilateur.

Appareil Thamm et Rothmüller.

LIGNES	MOMENT DU DÉPART	TEMPÉRATURES — pour LA DIFFÉRENCE	TEMPÉRATURES — EXTÉRIEURE	TEMPÉRATURES — DANS LA VOITURE — au plafond	TEMPÉRATURES — DANS LA VOITURE — au plancher	TEMPÉRATURES — DANS LA VOITURE — moyenne	DIFFÉRENCE de TEMPÉRATre	DÉPENSE DE COMBUSTIBLE — PENDANT LA MARCHE — Durée	DÉPENSE DE COMBUSTIBLE — PENDANT LA MARCHE — Consommon en kilog.	DÉPENSE DE COMBUSTIBLE — en KILOGRmes par heure
			degrés	degrés	degrés	degrés	degrés	h. m.	kilogr.	kilogr.
Vienne	Vienne	Maximum de température	— 25	+ 0.625	+ 1.625	+ 1.625	+ 26.125			
à	28 janvier	Minimum de température	— 6.25	+ 2.5	+ 3.125	+ 2.75	+ 9	10.33	15	1.4
Gratz.	9h,30′ (soir).	Moyenne de température	— 11.875	+ 1.25	+ 2	+ 1.625	+ 13.5			
			Moyenne de toutes les observations.							
Gratz	Gratz	Maximum de température	— 2.5	+ 16	+ 17.75	+ 16.885	+ 19.375			
à	29 janvier	Minimum de température	— 2.5	+ 12.5	+ 13.75	+ 13.125	+ 15.625	8.8	15	1.85
Vienne.	9h,30′ (soir).	Moyenne de température	— 0.25	+ 16.625	+ 18.625	+ 17.625	+ 17.875			
			Moyenne de toutes les observations.							
Vienne	Vienne	Maximum de température	+ 11.875	+ 22.625	+ 25	+ 23.75	+ 11.875			
à	2 décembre	Minimum de température	+ 10	+ 13.75	+ 15.875	+ 14.75	+ 4.75	16.20	17.5	1.05
Trieste.	7h (matin).	Moyenne de température	+ 11.375	+ 18.875	+ 20.375	+ 19.625	+ 8.25			
			Moyenne de toutes les observations.							
Trieste	Trieste	Maximum de température	+ 1.875	+ 20.5	+ 22.25	+ 21.375	+ 19.5			
à	5 décembre	Minimum de température	+ 3.75	+ 9.125	+ 10.875	+ 10	+ 6.25	17	20	1.15
Vienne.	6h,45′ (mat.).	Moyenne de température	+ 1.625	+ 14.375	+ 15.375	+ 14.875	+ 13.25			
			Moyenne de toutes les observations.							

Dépenses d'installation des appareils. — Le prix de revient de construction et d'installation de l'appareil Thamm et Rothmüller s'est élevé à environ 810f par voiture.

Dépenses du chauffage. — La dépense de *combustible* est de 0f,095 par voiture et par heure.

Conclusions des expériences. — D'après les résultats obtenus dans leurs expériences, les Ingénieurs du Sud de l'Autriche recommandent l'appareil Thamm et Rothmüller, quoiqu'il leur semble présenter le défaut d'avoir des surfaces de refroidissement assez considérables.

CHEMINS DE FER DE L'ÉTAT-AUTRICHIEN.

Longueur des lignes : 1,654 kilom. — Nombre des voitures à voyageurs : 810.

Après de nombreux essais, la Société des chemins de fer de l'État-Autrichien a adopté provisoirement, pour le chauffage de ses trains, les chaufferettes à eau chaude ordinaires dans les voitures de 1re et de 2e classe, et les poêles dans celles de 3e classe.

M. Polonceau (1), à qui nous devons les renseignements relatifs aux chemins de l'État-Autrichien, étudie, pour les voitures de 1re et 2e classe, un système de poêle placé en dessous du châssis; « *mais les divers incendies* « *occasionnés par les appareils de ce genre* ne lui per- « mettent pas de se lancer de suite dans des essais sur « une grande échelle. »

(1) Sous-Directeur de l'Exploitation, Chef du Service du Matériel et de la Traction.

Poêle des voitures de 3e classe. — Comme celle du Sud de l'Autriche, la Société des chemins de l'Etat a adopté le poêle de Maüch et Brock, et cet appareil « lui paraît avoir « résolu complétement, d'une manière pratique et économi- « que, la question du chauffage des voitures de 3e classe.

« Par suite de la solidité de la construction, de l'impos- « sibilité d'ouvrir le poêle sans une clef spéciale, et même, « lorsqu'il est ouvert, de retirer les charbons autrement « que par la porte placée au haut de l'appareil, on n'a pas « à craindre des cas d'incendie déterminés soit par la mal- « veillance ou la négligence, soit par des accidents pou- « vant entraîner la destruction de la voiture.

« Ces poêles sont en service depuis trois ou quatre ans « et l'on n'a pas eu un seul incendie.

« Jusqu'à présent, les deux cent trente et un appareils « montés dans des voitures n'ont donné lieu à aucune « réclamation. »

Dispositions particulières. — Pour assurer la ventilation quand toutes les fenêtres sont fermées, on a pratiqué dans le plancher et au-dessous du poêle un trou de $0^m,050$ de diamètre qui assure suffisamment le renouvellement de l'air.

Poids de l'appareil. — Le poids total du poêle est de 158^{kg}.

Conduite des appareils. — Les appareils doivent être allumés une demi-heure avant le départ du train.

On emploie de la houille choisie avec soin, en morceaux dont la grosseur varie de celle du poing à celle d'une noix, et ne contenant pas de poussier. De la dimension des morceaux dépend la marche du feu.

D'après la durée du trajet, on fait varier comme suit la quantité chargée dans le poêle :

Pour un trajet de 15 à 20^h de durée, on charge		13^{kg} de houille.
d° 12 à 15	d°	10^{kg} d°
d° 9 à 12	d°	8^{kg} d°
d° 6 à 9	d°	6^{kg} d°
d° 3 à 6	d°	4^{kg} d°
d° 3 et au-dessous,		3^{kg} d°

On allume le poêle en faisant au-dessus de la houille un feu de bois et de copeaux.

Avant le départ du train, on règle le clapet d'introduction d'air de la porte inférieure. Une ou deux heures après le charbon est en pleine ignition, et cet état dure jusqu'à ce que la combustion soit complète : un feu bien allumé s'éteint très-rarement.

Entretien. — « Tous les dix jours il faut ramoner les « cheminées.

« A la fin de chaque hiver, tous les poêles sont démon- « tés ; on les visite, on les répare et on les emmagasine. « Cette méthode a été adoptée malgré les frais de démon- « tage et de montage qu'elle entraîne, parce qu'elle assure « le parfait état des appareils pour le commencement de « l'hiver. »

Prix de revient des appareils. — Chaque poêle revient à 117^f,50.

Frais de réparation. — Les frais de réparation s'élèvent annuellement de 2^f,50 à 5^f par appareil, auxquels il faut ajouter ceux de montage et de démontage dans les voitures ; chacune de ces opérations occasionne une dépense de main-d'œuvre d'environ 3^f,75.

Dépenses du chauffage. — En rapprochant les charges

de houille de la durée des trajets, on peut évaluer à 0^{kg},800 la consommation de houille par heure de chauffage, ce qui, au prix de 30^{f} la tonne, donne une dépense de 0^{f}024 par voiture et par heure.

CHEMIN DE FER DE VARSOVIE A VIENNE ET A BROMBERG.

Longueur des lignes : 497.9 kilom. — Nombre des voitures à voyageurs : 223.

Sur le chemin de fer de Varsovie à Vienne et à Bromberg, les voitures de 1re et de 2e classe sont ordinairement chauffées au moyen des chaufferettes à eau chaude et les voitures-salons par des poêles.

On a appliqué, à titre d'essai, le système de chauffage à la vapeur, les appareils à combustibles agglomérés, et enfin l'appareil à air chaud de Thamm et Rothmüller.

La Direction du chemin de fer de Varsovie à Vienne est encore dans la période des expériences et elle « *espère* « que les essais poursuivis pendant l'hiver 1874-1875 lui « permettront de prendre une décision définitive. »

Chaufferettes à eau chaude. — « Le chauffage au moyen « de chaufferettes est coûteux, gênant et sans aucun effet. »

Poêles des voitures-salons. — « Les poêles montés dans les « voitures-salons donnent une chaleur suffisante, même « pendant les plus fortes gelées. »

Essai du chauffage à la vapeur prise à la locomotive. — Des appareils de chauffage à la vapeur ont été appliqués, depuis 1871, à quarante-trois voitures des quatre classes.

Leur disposition est à peu près celle des appareils de l'Est de Prusse que nous avons décrits.

Des robinets de purge d'air sont établis aux extrémités des tuyaux de chauffe, et quand on commence à chauffer un train, ces robinets sont tenus ouverts jusqu'à ce que les tuyaux soient suffisamment purgés d'air, ce dont on juge d'après leur température.

Les tuyaux de raccord en caoutchouc sont munis de soupapes de purge automatiques.

Un agent spécial, accompagnant tout train chauffé à la vapeur, est chargé du chauffage des voitures, qui *doit être commencé au moins une heure avant le départ,* puis du réglage et de l'entretien des appareils pendant la marche.

La vapeur est prise à la locomotive; sa pression est réduite à 2 atmosphères effectives.

Résultats des essais. — (1) « Depuis la mise en service de « ces appareils, les hivers n'ont pas été très-rigoureux; il « a cependant été constaté que par des froids de — 10° à « — 12°,5 on pouvait chauffer facilement dix voitures à cinq « compartiments; mais la température est plus élevée dans « les voitures voisines de la machine. On obtient de + 10° « à + 15° en moyenne dans les compartiments tenus fermés.

« L'expérience acquise jusqu'à ce jour permet d'affirmer « dès maintenant que les voitures peuvent être commo- « dément chauffées par de la vapeur prise directement à la « locomotive, et sans paralyser le service ordinaire des « trains. (Les mécaniciens qui remorquent des trains « poste ou express ne se plaignent jamais d'ailleurs d'avoir « à fournir une trop grande quantité de vapeur.) Si le « nombre des compartiments dépasse trente, si l'on chauffe

(1) Renseignements communiqués par la Direction.

« des trains omnibus, ou encore si la température est au-« dessous de — 12°,5, les dernières voitures, à partir de la « dixième, ne sont plus que très-imparfaitement chauffées.

« On n'a pas eu à constater des avaries provenant de la « gelée, ni d'autres difficultés de nature à entraver le « fonctionnement des appareils. »

Les Ingénieurs du chemin de fer de Varsovie à Vienne rejettent l'emploi d'une chaudière spéciale montée dans un fourgon, « parce que le train est alors exposé à manquer « quelquefois de vapeur, par exemple dans le cas de chauf-« fage de l'un des essieux de ce fourgon, puis parce qu'il « est très-difficile de maintenir une pression constante « dans une telle chaudière. »

Essai des appareils à combustibles agglomérés. — Depuis 1871 on a installé sur vingt-cinq voitures des appareils à combustibles agglomérés placés sous les siéges avec les dispositions généralement adoptées.

Les résultats obtenus font condamner ce système; on trouve qu'il est « gênant et très-coûteux, et que par des « froids de — 18° à — 22°,5 on s'aperçoit à peine que les « voitures sont chauffées. »

Essais de l'appareil à air chaud Thamm et Rothmüller. — Vers la fin de l'hiver 1874, on a fait les premiers essais de l'appareil Thamm et Rothmüller, successivement appliqué à huit voitures; chacune d'elles reçut deux appareils.

« D'après les Ingénieurs de la Compagnie, ce système « est celui qui convient le mieux au chauffage des voitures « à compartiments ; la conduite des appareils est facile, la « dépense de combustible n'est pas considérable et les « frais d'entretien sont peu élevés.

« Il ne présente pas les inconvénients des poêles ordi-

« naires, qui dégagent des odeurs insalubres dans les « voitures et chauffent trop les couches d'air voisines du « pavillon.

« Enfin il a l'avantage de ventiler les compartiments et « de permettre d'en régler facilement la température. »

CHEMIN DE FER DE CHARLES-LOUIS DE GALLICIE.

Longueur des lignes : 594 kilom. — Nombre des voitures à voyageurs : 295.

Chauffage à la vapeur. — La Compagnie du chemin de fer Charles-Louis de Gallicie a expérimenté le système de chauffage à la vapeur en en faisant une application assez importante.

D'après les résultats qu'elle a obtenus, la Direction déclare que « ce système est très-efficace, simple et sans « danger. Il permet de chauffer promptement et au degré « convenable, suivant la température extérieure. Elle est « disposée à l'adopter d'une manière générale. »

Les appareils sont pourvus de robinets permettant aux voyageurs de régler eux-mêmes l'admission de la vapeur dans les tuyaux de chauffe.

Dans les trains express, composés ordinairement de six voitures, la vapeur est prise directement à la locomotive; dans les trains omnibus et poste, elle est fournie par une chaudière installée dans un fourgon.

MM. les Directeurs de ce chemin de fer déclarent que « cette chaudière spéciale permet de chauffer vingt voitures; « elle brûle en moyenne 310^k de houille par vingt-quatre « heures. Quand la vapeur est fournie par la locomotive, « l'augmentation de consommation qui en résulte est trop « faible pour qu'on puisse la calculer. »

Les appareils ont été livrés par le constructeur Haag, d'Augsbourg, aux prix de 1,300f ceux des voitures de 1re et de 2e classe, et de 750f ceux des voitures de 3e classe.

RUSSIE.

—

CHEMIN DE FER NICOLAS.

(GRANDE SOCIÉTÉ DES CHEMINS DE FER RUSSES.)

Dispositions générales du matériel à voyageurs. — Les voitures à voyageurs de ce chemin sont pour le plus grand nombre construites suivant le système américain. Munies de doubles portes ménagées au milieu de chacun des panneaux des extrémités, elles sont généralement divisées par des cloisons pleines en trois compartiments inégaux, communiquant au moyen d'un passage commun.

Les voitures-salons et des voitures de 3e classe, établies d'après le système anglais, ont leurs portes sur les parois latérales.

Dans toutes les voitures, les planchers sont doubles ; les parois latérales et le plafond sont garnis à l'intérieur de drap ou de feutre et d'une toile cirée. Le plancher, dans les compartiments de 1re et de 2e classe, est également recouvert d'une toile cirée et d'un tapis.

Le système de chauffage par les poêles et par la vapeur sont simultanément employés ; mais, jusqu'à ce jour, les appareils à vapeur n'ont encore été montés que dans un petit nombre de voitures.

Chauffage au moyen de poêles. — Les poêles en usage sont

8

en fonte et de forme cylindrique (fig. 5 et 6 de la planche n° 13). — Une seule porte, placée dans le bas, sert à charger le combustible, à entretenir le feu et à retirer les cendres. Comme l'on brûle du bois ou du charbon de bois, ces poêles n'ont pas de grille, leur partie inférieure est seulement garnie de briques. La cheminée, également en fonte, s'élève au-dessus de l'appareil; elle traverse le pavillon de la voiture dont elle est isolée par une double couronne en tôle.

Le poêle est complétement entouré d'une enveloppe en tôle depuis le plancher jusqu'au pavillon. L'air pénètre sous cette enveloppe par les ouvertures ménagées à la base de celle-ci, s'échauffe au contact du poêle, puis s'échappe dans la voiture par d'autres ouvertures placées au haut de l'enveloppe de la cheminée.

Les diamètres extérieurs des trois types en service sont : 0m,372, 0m,400 et 0m,450. — Le poids total du poêle, de son enveloppe et de tous ses accessoires est de 270kg, 295kg ou 327kg, suivant le type.

Les frais de construction et d'installation sont les suivants :

Poêle des voitures-salons	. . . .	759f,80
—	1re classe et bureaux-poste.	544f,40
—	2e et 3e classe.	296f,40
—	fourgons à bagages. . .	185f,60

Nombre des poêles placés dans les voitures. — Suivant les dimensions et le type du véhicule, le nombre des poêles installés dans une voiture varie de un à trois, ainsi que l'indique le tableau suivant :

TYPE DE LA VOITURE	NOMBRE des VOYAGEURS	DIMENSIONS DE LA VOITURE			NOMBRE des COMPARTIMENTS par voiture	NOMBRE des POÊLES par voiture	OBSERVATIONS	
		LONGUEUR	LARGEUR	HAUTEUR				
		mèt. cent.	mèt. cent.	mèt. cent.				
Voitures-salons . . . . . 6 roues.	18	8 890	2 743	1 892	3 à 6	2	Poêles alimentés au charbon de bois.	Ces mêmes voitures sont aussi munies d'appareils à vapeur.
Voitures-lits, 1re classe (système américain). . 8 —	26	16 330	2 743	2 362	4	3	do	do
— — . . 8 —	34	15 240	2 743	2 362	4	3	do	do
Voitures-lits, 2e et 3e cl. (système américain). . 8 —	56 47	17 550 15 240	2 743	2 362	3	3	do	do
1res cl. (syst. américain). 8 —	36 à 39	15 070	2 768	1 900	3	1 ou 2	Poêles alimentés au bois.	
— (syst. anglais) . . 6 —	16 à 26	10 480	2 780	2 115				
2es cl. (syst. américain). 8 —	52	15 070	2 768	1 900	3	2	do	
— (syst. anglais) . . 6 —	34	10 740	2 780	2 115	2	2	do	
2es et 3es classes (système américain). . . . . . . 8 —	73	15 070	2 768	1 900	3	1 ou 2	do	
3es cl. (syst. américain) . 8 —	79	15 070	2 768	1 900	3	1	do	
Voitures pour détenus (système américain). . 8 —	79 à 90	16 910	2 890	2 082	3	2	do	

Installation des poêles. — Lorsqu'un seul poêle doit chauffer toute la voiture, on le place au milieu de celle-ci et contre l'une des parois latérales.

S'il y a deux appareils dans une voiture, ils sont montés dans les compartiments des bouts. (Voir les figures 7 à 10 de la planche n° 13.)

Les compartiments où ne se trouve pas de poêle sont chauffés soit en laissant ouverte la porte de communication, soit par les ouvertures ménagées dans la cloison de séparation, soit enfin au moyen de conduits spéciaux.

Ces conduits, en tôle et de section rectangulaire ($0^m,105$ sur $0^m,175$), sont posés à $1^m,380$ au-dessus du plancher. Partant de l'enveloppe du poêle, ils débouchent dans le compartiment à chauffer.

Cette disposition est employée quand un même appareil doit chauffer des compartiments de 2ᵉ et 3ᵉ classe, ou encore des compartiments réservés l'un à des fumeurs et l'autre aux voyageurs qui ne fument pas.

Effet utile des poêles. — Au moyen de ces poêles, on peut obtenir dans les voitures une température de $+17°,5$.

Poêle américain monté dans une voiture du train impérial. — On a installé dans une voiture du train impérial un poêle américain de MM. James Spear et Cie, de Philadelphie.

La disposition particulière de cet appareil (fig. 11 de la planche n° 13) consiste en ce que l'air extérieur pénètre, pendant la marche du train, dans un tuyau placé sur le toit de la voiture, est amené dans l'espace compris entre le poêle en fonte et son manteau en tôle, et, après son échauffement, est distribué dans la voiture par un conduit de $0^m,185$ de largeur sur $0^m,095$ de hauteur.

Pour que cette circulation se produise, quel que soit le

sens de la marche, le tuyau est disposé sur le toit parallèlement à l'axe du véhicule; il est ouvert à ses deux bouts et renferme un clapet qui, sous l'action du vent, ferme automatiquement l'orifice regardant l'arrière du train.

Le principal avantage de cet appareil est de renouveler l'air de la voiture.

Avantages et inconvénients des poêles. — Les avantages qui résultent de l'emploi des poêles adoptés se résument comme suit :

(1) « Modicité des dépenses de construction et d'installation; rapidité du chauffage permettant de n'allumer les poêles qu'une demi-heure avant le départ des trains; faible dépense de bois comparativement à la consommation des poêles d'autres systèmes; économie de la main-d'œuvre, un seul chauffeur suffisant à la conduite des appareils d'un train de huit à douze voitures sur un parcours de 644^{km}. »

Mais, d'un autre côté, l'usage de ces appareils présente les inconvénients qui suivent :

« Les poêles ne produisant pas de ventilation, l'air que renferme la voiture se vicie et n'est renouvelé que par l'air froid qui pénètre lorsqu'on ouvre les portes.

« *Des gaz délétères s'échappent du foyer.*

« La chaleur est trop forte à proximité du poêle; aussi les voyageurs évitent-ils son voisinage.

« La chaleur ne se répartit pas uniformément dans la voiture. Des expériences faites en 1869 et 1870 ont établi que dans une voiture chauffée par un seul poêle placé dans le compartiment du milieu, et dont les cloi-

(1) Opinion émise par l'Administration centrale de la Grande Société des chemins de fer Russes.

« sons sont à claire-voie, la température centrale est en « moyenne de 1°,25 à 6°,25 supérieure à celle des couches « d'air voisines des parois des bouts. Cette différence « s'élève à 12°,5 lorsque les cloisons sont pleines. Suivant « la hauteur, les écarts de température, sensiblement les « mêmes dans tous les compartiments, varient de 4° à 10°.

« Ces différences s'accroissent quand la température « extérieure diminue ou que la force du vent augmente. »

Voitures incendiées par des poêles. — Les suites des accidents sont considérablement aggravées lorsque des poêles allumés se trouvent dans les voitures avariées, et c'est là, sans contredit, l'objection la plus grave contre l'emploi de ces appareils et qui est malheureusement confirmée par des faits.

C'est ainsi que le 24 décembre 1875, sur la ligne d'Odessa, un train mixte comprenant dix voitures de 3e classe occupées par quatre cent vingt conscrits, a déraillé sur un remblai de 32m de hauteur et a été précipité au bas du talus. Les voitures ont été immédiatement mises en feu par les poêles qui les chauffaient et complétement détruites ; soixante-sept conscrits ont été brûlés ; quarante autres ont pu être retirés des flammes, mais non sans des brûlures plus ou moins graves.

Chauffage à la vapeur, système de M. le baron de Derschau (1). — On chauffe à la vapeur les voitures-salons et les voitures-lits d'ailleurs munies de poêles, et dont les dimensions principales sont indiquées sur le tableau cidessus.

(1) Les renseignements qui suivent nous ont été donnés par la Grande Société des chemins de fer Russes.

Les appareils sont établis d'après le système de M. le baron de Derschau (fig. 1 à 3 de la planche n° 14). Une conduite de vapeur, placée sous le plancher, avec pente vers les deux traverses extrêmes, communique avec deux tuyaux de chauffe de 0m,065 de diamètre disposés dans la voiture le long des parois longitudinales. La vapeur est introduite vers l'un des bouts de chaque tuyau de chauffe, et un petit robinet, placé à l'autre extrémité, permet de chasser l'air au commencement du chauffage, et, lorsqu'on cesse de chauffer, de faire rentrer l'air, ce qui facilite la sortie de l'eau de condensation.

Les conduites de distribution sont reliées entre les voitures par des tuyaux en caoutchouc munis de soupapes automatiques qui laissent écouler l'eau de condensation dès que la pression de la vapeur n'agit plus dans les tuyaux.

La vapeur employée pour le chauffage est produite dans des chaudières tubulaires verticales dont la pression ne doit pas dépasser 6 atmosphères.

Avant d'envoyer la vapeur dans les appareils, on abaisse la pression de façon que celle-ci soit comprise entre 2 et 3 atmosphères.

Primitivement on chauffait deux voitures avec la même chaudière placée dans un petit compartiment de l'une d'elles. Depuis quelque temps toutes les voitures d'un train sont chauffées par une seule chaudière montée dans un wagon spécial. Ce wagon est placé à l'arrière des trains qui ne sont pas composés de plus de huit voitures; si l'on doit chauffer un plus grand nombre de véhicules, le wagon est placé au milieu du train.

Avantages et inconvénients du chauffage à la vapeur de M. le baron de Derschau. — Les avantages de ce système de chauffage sont :

(1) « Répartition uniforme de la chaleur dans toutes « les parties des voitures ;

« Facilité de régler la température par de simples robi- « nets et dans les limites que l'on désire ;

« Aucune réduction des places disponibles ;

« Enfin, absence de fumée et de danger d'incendie. »

D'autre part, les inconvénients des appareils à vapeur sont :

« Élévation des dépenses d'installation ;

« Nécessité de construire des wagons spéciaux pour « l'installation des chaudières, ce qui augmente l'effectif « du matériel roulant et le poids du train (chaque wagon « avec la chaudière et ses approvisionnements pèse de « 12,285^{kg} à 13,100^{kg}) ;

« Nécessité d'avoir des wagons spéciaux de rechange ;

« Dépense élevée de main-d'œuvre : la conduite des « chaudières ne peut être confiée qu'à des ouvriers dont « le salaire est supérieur à celui des manœuvres qui en- « tretiennent les poêles ; il faut, dans chaque train, au « moins quatre ouvriers, et ordinairement deux équipes « de trois hommes chacune, dont l'une relève l'autre, afin « d'éviter les accidents qui résulteraient d'un manque de « surveillance ;

« Enfin, formation plus difficile des trains. »

Renseignements complémentaires sur le chauffage à la vapeur de M. le baron de Derschau. — M. le baron de Derschau a eu l'obligeance de nous adresser sur son système de chauffage divers renseignements qui nous permettent de compléter les indications précédentes.

---

(1) Opinion de l'Administration centrale de la Grande Société des chemins de fer Russes.

Chaudières spéciales. — Dans ce système, la vapeur est toujours fournie par une chaudière spéciale. La chaudière du type adopté peut produire au maximum, par heure, 240^{kg} de vapeur à une pression variant de 2 à 3 atmosphères 1/2 effectives, suivant la température extérieure et le nombre des voitures.

Dans ce générateur, on vaporise de 5^{kg},4 à 6^{kg} d'eau par kilogramme de houille, et de 2^{kg},4 à 2^{kg},9 par kilogramme de bois.

Appareils des voitures. — Les figures 4 à 6 de la planche n° 14 représentent l'appareil installé en 1874 sur vingt voitures de 1re classe faisant le service des trains express sur la ligne de Saint-Pétersbourg à Moscou.

La conduite de distribution est placée sous le châssis du véhicule.

Dans chacun des compartiments de la voiture sont disposés, le long des parois longitudinales, des tuyaux de chauffe mis en communication par des branchements avec la conduite de distribution. Des robinets, servant à régler l'admission de la vapeur, sont montés à l'entrée de ces tuyaux de chauffe qui sont munis à leur autre extrémité de soupapes automatiques de purge s'ouvrant dès que la pression, à l'intérieur des tuyaux, cesse d'être supérieure à celle de l'atmosphère ; ces soupapes sont supprimées lorsque la longueur des tuyaux de chauffe est inférieure à 1^{m},600.

Tuyau de raccord entre les voitures. — Les conduites de distribution des voitures sont reliées entre elles au moyen de tuyaux de raccord en caoutchouc munis, comme sur les chemins Bavarois, de petites soupapes automatiques de purge placées au milieu de leur longueur.

Dépenses d'installation des appareils. — La Compagnie du chemin de fer de Moscou-Kursk a payé 496,000f pour l'installation d'appareils sur trois cent quatorze voitures et pour la fourniture de trente-six chaudières.

De son côté, la Grande Société a payé 1,920f par voiture et 5,560f par chaudière munie d'un injecteur et d'un réservoir d'eau de 2^{m3}, ces sommes comprenant les droits de brevet.

Résultats calorifiques. — Les appareils permettent d'obtenir dans les voitures une température constante de +12° par un froid de — 32°.

Quantité de vapeur dépensée. — Dépense de combustible. — Pour obtenir cet effet utile, on dépense 18^{kg} de vapeur par voiture et par heure, soit de 3^{kg} à 3^{kg},240 de houille.

Nombre de voitures chauffées. — Les chaudières spéciales chauffent ordinairement des trains composés de huit voitures de 12^{m} de longueur ; mais elles suffisent encore pour des trains de douze voitures, lors même que la température atmosphérique s'abaisse à — 15°.

Conduite des appareils. — La vapeur est lancée par intermittences dans les appareils ; lorsque le froid ne dépasse pas — 3°, les admissions de vapeur ont une durée de quinze minutes et sont séparées par des intervalles d'une demi-heure.

CHEMIN DE FER DU SUD DE CONSTANTINOW.

Chauffage par des poêles. — Sur le chemin de fer du Sud de Constantinow on emploie des poêles à enveloppe, se chargeant au-dessus du toit de la voiture et qui sont, en résumé, la copie de ceux qui sont en usage sur certaines lignes allemandes et que nous avons fait connaître dans l'article relatif au chemin de fer de Saarbrück.

Ces poêles sont placés au milieu de la voiture, dans un petit compartiment spécial, dont les parois sont recouvertes intérieurement de fer-blanc et percées, en haut et en bas, d'ouvertures grillagées pour la circulation de l'air.

Ce poêle peut produire beaucoup de chaleur.

CHEMIN DE FER DE MITTAU.

Chauffage par des poêles. — Sur le chemin de fer de Mittau, on se sert également d'un poêle du type de celui de Saarbrück, mais de plus petites dimensions et se chargeant par l'intérieur de la voiture (fig. 12 de la planche n° 13).

Pour chauffer une voiture de 1re classe, on monte deux de ces appareils. L'un est placé dans un compartiment spécial dont les parois sont percées en haut de trois ouvertures de 0m,560 de largeur sur 0m,460 de hauteur, et en bas de trois ouvertures de même largeur sur 0m,240 de hauteur. Ces ouvertures sont munies de registres. Le second poêle se trouve dans un des angles du salon, et il est entouré d'une enveloppe en tôle. Le plan de cette installation est reproduit figure 13 de la planche n° 13.

CHEMIN DE FER DE LOSOWO-SÉBASTOPOL.

Chauffage par des poêles. — En 1873, le chemin de fer

de Losowo-Sébastopol a mis en service deux nouveaux types de poêles.

Les figures 18 et 19 de la planche n° 13 représentent l'ensemble de l'un de ces types employé pour chauffer une voiture de 3e classe.

On remplit ce poêle de l'intérieur de la voiture; il est en fonte, à trémie intérieure limitant la hauteur du feu, et il est entouré d'une enveloppe. Avant de s'échapper, la fumée parcourt une série de quatre tuyaux verticaux, dont le premier est en fonte, les deux suivants en tôle et le quatrième en cuivre. En faisant passer la fumée dans des tuyaux construits en métaux dont la conductibilité croît au fur et à mesure que la température de la fumée diminue, on espère mieux utiliser la chaleur que celle-ci contient.

Cet appareil et ses tuyaux sont renfermés dans un placard rectangulaire muni de quatre portes, et placé contre l'une des parois longitudinales de la voiture (fig. 20 de la planche n° 13).

Ce poêle contient environ 13kg de charbon de bois, et la durée de la combustion de cette charge est approximativement de douze heures.

Les figures 14 à 16 de la planche n° 13 représentent le second type de poêle adopté pour les voitures de 1re classe.

L'appareil se charge également de l'intérieur; la combustion se propage dans la charge de combustible de haut en bas, comme dans les poêles de l'État-Autrichien, de la Sudbahn, du Hanovre, etc.

Le poêle est en fonte; il porte des nervures verticales saillantes afin d'augmenter sa surface de chauffe, et est muni d'une première porte supérieure pour le chargement, et d'une seconde, voisine du plancher, qui donne accès dans le cendrier.

Ce poêle est entouré d'une enveloppe en tôle mince,

percée, en haut et en bas, de trous qui permettent la circulation de l'air, et dispensent de garnir de tôle les parois en bois de la voiture.

Cet appareil est placé au milieu de la voiture dans un petit compartiment (fig. 17 de la planche n° 13) dont les parois sont percées d'ouvertures grillagées et munies de registres.

Afin de ventiler la voiture, la tête de la cheminée a été disposée de façon à former un aspirateur que des registres permettent de faire communiquer avec l'intérieur de la voiture.

On brûle du charbon de bois dans ces poêles, mais la houille pourrait y être employée; la durée d'une charge est d'environ six heures.

CHEMINS DE FER DE KURSK, CHARKOW, ASOW ET ABO-TAMMERFORS-TAVASTEHUS.

Chauffage par des poêles. — Les chemins de fer de Kursk, Charkow, Asow et Abo-Tammerfors-Tavastehüs emploient pour le chauffage des voitures à voyageurs un poêle présentant les mêmes dispositions générales que celui des lignes de Losowo-Sébastopol. Cet appareil nous semblant très-étudié dans tous ses détails, nous en reproduisons (fig. 1 à 4 de la planche n° 13) les dessins que nous devons à l'obligeance de M. Polonceau, Sous-Directeur du Matériel et de la Traction des chemins de fer de l'État-Autrichien.

Le poêle proprement dit est en fonte, à nervures verticales; une porte supérieure sert pour le chargement; en dessous d'une grille se trouve un cendrier fermé par une porte. Des vis de pression, passant à travers les loquets, permettent de fermer hermétiquement ces deux ouvertures. La cheminée s'élève verticalement au-dessus du poêle.

L'appareil est entouré d'une enveloppe en tôle et en fonte.

L'air pénètre sous cette enveloppe par des trous percés tout autour d'un socle circulaire en fonte et commun au poêle et à son enveloppe. L'ouverture de ces trous peut être réglée à volonté au moyen d'une couronne en fonte percée de trous correspondant aux premiers, et qui se prête à un déplacement circulaire.

Toutes les pièces qui constituent l'appareil s'assemblent par emboîtement.

Pour ventiler la voiture, la cheminée se termine par un aspirateur. — Un registre circulaire permet de régler cette ventilation.

Afin que la pluie ou la neige ne puissent pas pénétrer dans le poêle, on a placé au-dessus de l'orifice de la cheminée une cuvette en fonte; l'eau qui s'accumule dans cette pièce est rejetée au dehors par un petit tube latéral.

Ventilateurs. — Les voitures chauffées par ce type de poêle sont en outre munies de ventilateurs système Kraemer que représentent les figures 26 à 29 de la planche n° 13.

Il nous a été impossible d'obtenir des chemins Russes des renseignements plus complets que ceux qui ont été donnés précédemment sur les dépenses de consommation et d'entretien de ces divers appareils. Au reste, en dehors des consommations et des dépenses pour le chauffage à la vapeur, les frais afférents aux poêles peuvent aisément se déduire des consommations et dépenses constatées en Allemagne.

SUÈDE ET NORWÉGE.

CHEMINS DE FER DE L'ÉTAT-SUÉDOIS.

Application du chauffage à la vapeur. — En Suède, les chemins de fer de l'État ont abandonné l'emploi des boîtes de sable chaud introduites sous les siéges, ce système étant aussi « *incommodant qu'insuffisant* (1), » et ont monté en 1873 des appareils à vapeur sur des voitures des trois classes.

Ces appareils, construits d'après les plans de M. Haag, d'Augsbourg, sont semblables à ceux qui sont en usage sur les chemins de l'État-Bavarois précédemment décrits. Dans les trains mixtes la vapeur est fournie par une chaudière spéciale, et dans les trains express par la locomotive.

(2) « *Pendant les deux derniers hivers, qui ont été* « *très-rigoureux, des accidents provenant de l'engorge-* « *ment des tuyaux* de conduite et de distribution par des « morceaux de glace ou par des fragments de caoutchouc « ont fréquemment interrompu le service des appareils. De « plus, des fuites de vapeur se sont souvent produites par « les raccords.

« On espère pouvoir éviter ces inconvénients en appro- « priant mieux les appareils aux conditions climatériques. »

CHEMINS DE FER NORWÉGIENS.

Indication des systèmes en usage sur les diverses lignes. —

(1-2) Renseignements fournis par la Direction générale des chemins de fer de l'État.

Le réseau des chemins de fer de la Norwége consiste actuellement en 187km de voies à l'écartement normal et en 313km de voies à l'écartement réduit à 1m,067.

Sur les chemins à voie normale qui ont des voitures des trois classes, on chauffe les compartiments de 1re et de 2e classe au moyen d'appareils à combustibles agglomérés. Les 3es classes ne sont pas encore chauffées et, d'après M. Hoff, Ingénieur en chef du Matériel de ces lignes, « quand « on sera forcé de faire cette dépense, il est bien probable « que l'on adoptera un appareil central placé sous la voi- « ture et la chauffant tout entière, parce que l'on suppose « qu'un tel appareil aura un effet suffisant et entraînera à « des dépenses d'exploitation et d'établissement inférieu- « res à celles qui résultent de l'application des appareils « à combustibles agglomérés. »

Les chemins de fer à voie étroite, sauf une ligne de 49km de longueur, n'ont que deux classes de voitures; celles de 1re classe sont seules chauffées au moyen de chaufferettes à eau chaude ordinaires, recouvertes de moquette, et qui sont renouvelées toutes les deux heures.

(1) « Ce mode de chauffage, quoique primitif, semble « encore satisfaire suffisamment le public; du moins les « Directions des lignes n'ont pas encore songé à introduire « un autre système. »

Pour une ligne à voie étroite en construction, qui traverse un pays où la température descend, en hiver, jusqu'à — 35° et même jusqu'à — 40°, on a l'intention de chauffer les 1res classes par des appareils à combustibles agglomérés semblables à ceux des lignes à grande voie, et les voitures de 2e classe par des poêles dont on n'a pas encore arrêté le type.

Le chauffage à la vapeur ne semble pas devoir être

(1) Renseignements fournis par M. le capitaine Wilse.

adopté sur les chemins de fer norwégiens parce qu'indépendamment des inconvénients sérieux que présente son application au matériel, il donne difficilement, d'une manière soutenue, une chaleur modérée.

Si ce système a de la faveur en Suède, cette divergence d'opinion s'explique « par la différence du naturel des deux « nations et par la différence des modes de chauffage « adoptés par les particuliers (*sic*). »

Chauffage au moyen de combustibles agglomérés. — Les appareils à combustibles agglomérés, montés dans les voitures de 1re et 2e classe des lignes à voie normale, sont construits et disposés comme ceux du chemin de fer de Berlin-Potsdam-Magdebourg qui ont été pris pour modèles; toutefois, pour plus de sûreté, la caisse de l'appareil est en cuivre rouge et non plus en tôle de fer.

Les frais d'aménagement sont de 460f par compartiment.

Les briquettes sont fabriquées en Norwége; elles ont $0^{m},300$ de longueur, $0^{m},100$ de largeur et de $0^{m},050$ à $0^{m},065$ d'épaisseur. Chacune d'elles pèse environ $0^{kg},875$. La durée de la combustion est d'environ six heures. Elles sont livrées au prix de 38 fr. les 100^{kg}.

Avec deux briquettes la température d'un compartiment d'une capacité moyenne de $7^{m3},250$ s'élève de 15° à 20°.

On cherche à obtenir dans les voitures une température de + 12°,5, et même, pendant les froids de — 25° à — 30°, on pense « qu'il est préférable de chauffer encore moins, « afin d'éviter aux voyageurs les accidents qui résulteraient « d'un contraste trop grand à leur sortie des voitures. »

Les trajets sont courts (68^{km} sur une ligne et 122^{km} sur l'autre); aussi ne s'occupe-t-on pas des appareils pendant la marche, et ce sont les agents ordinaires des gares qui allument les briquettes et les placent dans les appareils.

CHAPITRE III

MODES DE CHAUFFAGE EMPLOYÉS SUR LES CHEMINS DE FER DE LA SUISSE, DE LA BELGIQUE, DE LA HOLLANDE, DE L'ANGLETERRE ET DE L'ITALIE.

SUISSE.

CHEMINS DE FER DU CENTRAL-SUISSE.

Longueur des lignes : 257 kilom. — Nombre des voitures à voyageurs : 184.

La Compagnie des chemins de fer du Central-Suisse chauffe en hiver les voyageurs des trois classes.

Elle emploie des chaufferettes à eau chaude ordinaires dans les compartiments de 1re classe, des poêles dans les voitures de 2e et 3e classe et dans les compartiments de 2e classe des voitures mixtes ; enfin, des appareils à air chaud sont montés dans douze voitures mixtes de 1re et de 2e classe.

Toutes les voitures à voyageurs du Central-Suisse sont du type américain, avec portes en bout donnant sur des plates-formes et couloir longitudinal régnant dans toute la longueur du véhicule.

Chauffage au moyen de poêles. — Le poêle adopté est du

système Meidinger, modifié par la Compagnie qui le construit elle-même dans ses ateliers.

Il n'existe qu'un seul type d'appareil pour les voitures à voyageurs : nous l'avons représenté par les figures 14 à 17 de la planche n° 2.

Description. — Ce poêle est en tôle et fonte; il consiste en un cylindre en tôle dont la partie inférieure, garnie de terre réfractaire, est fermée par une grille; vers le tiers de la hauteur s'ouvre la porte de chargement du combustible; au-dessus de celle-ci s'élève un mur vertical en briques, divisant le cylindre en deux parties. Ce mur force les flammes et la fumée, qui s'élèvent jusqu'à la plaque en fonte fermant le haut du cylindre, à redescendre pour s'échapper par la cheminée, qui débouche à mi-hauteur de l'appareil.

En-dessous de la grille et dans le socle du poêle est placé un cendrier. Enfin une enveloppe cylindrique en tôle entoure complétement le premier cylindre. L'air peut circuler sous l'enveloppe qui, à cet effet, est percée de trous en haut et en bas.

La hauteur totale du poêle est de $1^{m},020$ et son diamètre extérieur de $0^{m},365$.

Dépenses d'installation. — « Ce poêle revient à 120^{f}, et la « dépense d'installation dans une voiture est d'environ 10^{f}. »

Résultats calorifiques. — Cet appareil, placé au milieu d'une voiture de 12^{m} de longueur, $2^{m},800$ de largeur et $2^{m},160$ de hauteur (dimensions intérieures), permet d'obtenir des températures de $+22°$ dans son voisinage et de $+16°$ près des portes d'entrée, la température extérieure étant de $-7°$.

Aux stations, l'ouverture, pendant toute la durée de

l'arrêt, des deux portes des bouts de la voiture et de la porte de communication des deux compartiments produit un abaissement très-sensible de température.

Combustible. — On brûle dans ces poêles un mélange de bois de hêtre et de coke de four; nous n'avons pas de renseignements sur la consommation qui d'ailleurs est très-variable.

Entretien du feu. — Ce sont les agents des trains qui entretiennent les feux; en raison de la faible capacité des foyers (6 décimètres cubes environ), ils doivent, à chacune de leurs tournées dans le train, c'est-à-dire à peu près tous les quarts d'heure, s'assurer de l'état des feux, régler le tirage et, s'il est nécessaire, ajouter du combustible, placé dans une petite caisse près du poêle.

Pendant la belle saison les poêles sont démontés; leur installation dans les voitures *supprime quatre places*.

Appareils à air chaud. — Premier appareil expérimenté. — Vers la fin de l'année 1872, on fit le premier essai d'un appareil à air chaud qui n'était autre qu'une imitation, avec de notables simplifications, de l'appareil Thamm et Rothmüller précédemment décrit.

Dans cet appareil (fig. 8 et 9 de la planche n° 15) les aspirateurs d'air froid étaient supprimés et la totalité de l'air chauffé provenait ainsi de la voiture.

L'appareil n'était pas complétement protégé par une enveloppe en bois, celle-ci n'enveloppant que les conduites d'air chaud. Une canalisation spéciale amenait l'air froid autour du foyer.

La cheminée traversait la voiture contre l'un des montants des côtés; enfin les bouches de chaleur étaient de simples caisses en bois dont un des côtés verticaux, formant registre, glissait dans des coulisses (fig. 10 de la planche n° 15).

Comme dans le système Thamm et Rothmüller, le foyer consistait en un cylindre formé de petits barreaux de fer; il contenait 10^{kg} de coke.

Dans une expérience, on obtint à l'intérieur de la voiture, trois quarts d'heure après l'allumage, une température supérieure de 18° à celle de l'air ambiant.

Cet appareil donna de mauvais résultats : *le plancher fut brûlé au-dessus du foyer et la fumée pénétra dans la voiture par les bouches de chaleur;* les cylindres en barreaux de fer furent rongés au bout de deux mois de service.

Deuxième appareil, actuellement appliqué. — A la suite de cet essai, on construisit les douze appareils qui existent actuellement. Dans cette nouvelle disposition, une tôle a été placée sous le plancher et au-dessus de l'appareil, en ménageant entre celui-ci et la tôle un espace d'environ $0^m,050$ dans lequel l'air peut circuler librement.

Le foyer est à grille horizontale, et ses parois verticales sont protégées par une garniture en briques; il peut contenir 12^{kg} de coke de four.

Dépenses d'installation. — On estime que l'installation d'un de ces appareils sur une voiture revient à 550^f.

Consommation de combustible. — La consommation moyenne par voiture et par heure s'élève à $2^{kg},500$ de coke de four.

Résultats calorifiques. — Dans une des voitures mixtes chauffées par ce système et ayant $12^m,400$ de longueur,

$2^m,710$ de largeur et $2^m,160$ de hauteur (dimensions intérieures), on a obtenu, deux heures après l'allumage, une température de + 15° à 2^m de la cheminée et à $1^m,400$ au-dessus du plancher; et de + 10° aux extrémités du véhicule, près des portes, la température extérieure étant de — 7°,5.

Dépenses du chauffage. — D'après la consommation indiquée, la dépense pour le combustible seulement serait par voiture et par heure de $0^f,10$.

Les Ingénieurs du Central-Suisse ne paraissent pas avoir encore d'opinion arrêtée sur ces appareils, qui n'ont d'ailleurs été essayés que pendant un seul hiver.

CHEMINS DE FER DE L'UNION-SUISSE.

Longueur des lignes : 275 kilom. — Nombre des voitures à voyageurs : 154.

Les voitures à voyageurs des chemins de fer de l'Union-Suisse sont chauffées par des poêles; mais cette Compagnie a monté quelques appareils à air chaud.

Toutes les voitures de l'Union-Suisse sont du type américain.

Types de poêles en service. — On emploie concurremment des poêles du système Meidinger, assez semblables à ceux du Central-Suisse, et des poêles construits par la Compagnie Ledru de Bournouville, de Genève.

Les premiers sont alimentés au coke; ils coûtent 90^f d'achat et leur installation revient à 10^f environ. Dans les seconds on brûle du bois.

Appareils à air chaud *(Appareil imité de celui de*

MM. Thamm et Rothmüller). — Sur trois voitures à quatre essieux, de 12^m environ de longueur, on a monté des appareils à air chaud disposés d'après le même principe que celui de Thamm et Rothmüller, mais à grille fixe. Les canalisations ont été supprimées, et l'air chaud se rend directement dans la voiture par les ouvertures ménagées dans le plancher au-dessus de l'appareil. La cheminée passe dans l'intérieur de la caisse.

On a placé deux foyers par voiture, et cette installation est revenue à 1,000^f environ.

Neuf autres voitures à deux essieux, de 7^m,300 de longueur, ont été munies chacune d'un seul appareil, disposé généralement de la même manière que ceux des voitures à quatre essieux.

Ces appareils paraissent donner les mêmes résultats calorifiques que les appareils à air chaud du Central-Suisse, mais avec une consommation de combustible un peu supérieure (1).

Appareil spécial à l'Union-Suisse. — Un appareil à air chaud a été étudié par l'Union-Suisse et appliqué à dix voitures de 5^m de longueur de caisse.

La figure 14 de la planche n° 15 représente cet appareil qui est fixé sous la voiture, à l'extérieur des brancards du châssis.

Le foyer est formé d'une cloche cylindrique en fonte, dans laquelle pénètre une trémie servant à emmagasiner du combustible et à limiter la hauteur de la couche en combustion. Sous la grille horizontale se trouve un cendrier, muni de deux clapets, dont l'un est fermé tandis que celui

(1) Soit un effet utile moyen de 20° et une consommation de 3^{kg} de coke de four par voiture et par heure.

qui regarde l'avant du train est tenu incliné afin d'activer le tirage. Ce foyer est placé dans une enveloppe en tôle percée d'orifices sur les faces perpendiculaires aux brancards. Ces orifices, fermés par de simples clapets battants, servent à l'introduction de l'air extérieur, qui s'échauffe entre le foyer et son enveloppe et au contact d'une tôle intermédiaire formant une deuxième enveloppe partielle.

L'air chauffé est distribué dans la voiture par une conduite qui longe un des brancards et dans laquelle passe le tuyau de fumée.

On alimente le feu avec un mélange d'un tiers de charbon de bois et de deux tiers de coke de four.

Nous ne connaissons pas les résultats exacts obtenus avec cet appareil, mais nous croyons savoir qu'il donne un chauffage tout à fait insuffisant.

CHEMINS DE FER DU NORD-EST DE LA SUISSE.

Longueur des lignes : 320 kilom. — Nombre des voitures à voyageurs : 531.

La Compagnie des chemins de fer du Nord-Est-Suisse chauffe ses voitures à voyageurs, qui sont toutes du type américain, soit par des poêles, soit par des appareils à air chaud.

Ces derniers, appliqués dès aujourd'hui à trois cent douze véhicules, semblent devoir remplacer complétement les poêles, « quoiqu'ils aient, comme ceux-ci, l'inconvé-« nient de produire une chaleur incommodante quand les « feux ne sont pas bien réglés. »

Poêles. — Les poêles du Nord-Est-Suisse, qui servent à chauffer actuellement cent trente-sept voitures, ne diffèrent que par des détails de construction de ceux qui sont employés par le Central. Le foyer est en fonte, sans garniture réfractaire.

Les appareils montés dans les voitures à quatre essieux ont $1^m,275$ de hauteur totale et $0^m,420$ de diamètre extérieur; ceux des voitures à deux essieux ont $1^m,230$ de hauteur et $0^m,348$ de diamètre.

Ces appareils sont alimentés de coke de four; on les retire des voitures pendant l'été.

Leur prix d'achat varie de 110 à 120^f; leur installation dans une voiture revient à environ 12^f.

Appareils à air chaud. — Appareil essayé. — Après divers essais, M. Maëy, chef de Traction de la Compagnie, fit construire en 1872 l'appareil à air chaud que représentent les figures 11 à 13 de la planche n° 15.

Cet appareil, suspendu sous un des brancards de caisse, consistait en un foyer rectangulaire en fonte, avec ouverture à la partie supérieure pour le chargement du combustible, grille horizontale en bas et cloison verticale descendant à $0^m,125$ de la grille, parallèlement à l'une des faces du foyer. La fumée ne pouvant s'échapper que par l'intervalle qui existe entre cette cloison et la paroi du foyer, la hauteur de la couche du charbon de bois en combustion était ainsi limitée.

Le conduit de fumée passait en travers, sous le véhicule, et la cheminée se trouvait dans la voiture. Ce conduit de fumée était entouré d'une enveloppe dans laquelle l'air froid s'introduisait au moyen d'une manche à vent qu'une girouette dirigeait convenablement. L'air échauffé pénétrait dans la voiture par plusieurs bouches de chaleur.

Cet appareil primitif ne donna que de médiocres résultats; mais c'est en le modifiant que l'on est arrivé à l'appareil actuellement employé et dont les figures 1 à 3 de la planche n° 15 reproduisent les premières dispositions.

Appareil adopté. — Première disposition. — Description. — Ce nouvel appareil est installé sous la voiture, comme le précédent; une trémie circulaire pénètre dans le foyer en fonte et limite la hauteur du coke en ignition.

La cheminée se compose d'une partie légèrement inclinée, placée en travers de la voiture, et d'une partie verticale passant dans la caisse même contre la paroi longitudinale opposée au foyer.

La portion inclinée de la cheminée consiste en un canal en fonte, fermé à sa partie supérieure par une tôle plissée afin d'augmenter la surface de chauffe.

Le foyer et le conduit de fumée sont entourés d'une première enveloppe en tôle qui limite une couche d'air chaud, dont la distribution dans les compartiments se fait par deux conduits en tôle de section méplate logés entre le double plancher de la voiture.

Ces conduits, se dirigeant vers les deux bouts de la caisse, ont une position un peu oblique qui facilite le mouvement de l'air. Ils se bifurquent transversalement à leurs extrémités et se terminent par des bouches de chaleur placées près des parois longitudinales.

Une deuxième enveloppe, construite en tôle pour les parties entourant le foyer, et en bois dans ses autres parties, limite une nouvelle couche d'air qui protége l'appareil contre le refroidissement, et contribue de plus au chauffage de la voiture par deux bouches de chaleur placées dans le couloir, près des portes d'entrée.

Deux petits tuyaux, partant verticalement de cette seconde enveloppe vers la partie supérieure de la trémie de chargement, amènent l'air chaud sous les deux banquettes placées au-dessus du foyer.

La prise d'air nécessaire au chauffage se fait au moyen d'une manche à vent, avec girouette automatique située à l'arrière du foyer.

Inconvénients des dispositions adoptées. — La mise en service de cet appareil pendant l'hiver 1873-1874 montra que dans beaucoup de cas la trompe de prise d'air ne fonctionnait pas automatiquement, et que, de plus, la neige soulevée par la marche du train pénétrait dans cette trompe placée trop près du niveau du rail.

Deuxième disposition, actuellement adoptée. — Dans l'appareil adopté aujourd'hui, et déjà monté sur trois cent douze voitures, les ouvertures, pour l'entrée de l'air à échauffer sous la première enveloppe, sont placées à la hauteur du foyer et sur les faces latérales de l'appareil. Avant le départ, on ferme par un registre l'ouverture qui regarde l'arrière du train.

D'ailleurs, ce dernier appareil ne diffère du précédent que par des détails de construction et par les dimensions des diverses parties, le principe et la disposition générale restant les mêmes.

Dépenses d'installation. — Dans ce système, l'installation d'une voiture revient à 480f.

Résultats calorifiques. — Une heure et quart après l'allumage de cet appareil, on constate dans la voiture (1) et à

(1) Les voitures chauffées par cet appareil ont 7m,350 de longueur, 2m,850 de largeur et 2m,160 de hauteur (dimensions intérieures, soit une capacité de 46m3 environ).

$1^{m},500$ du plancher une température de 15° au milieu du véhicule et de 11° aux extrémités, près des portes, alors que la température extérieure est de — 10°.

Consommation de combustible. — La consommation de combustible est d'environ 2^{kg} de coke de four par heure.

Dépenses du chauffage. — La dépense du chauffage, pour le combustible seulement, s'élève donc à $0^{f},08$ par voiture et par heure.

Cet appareil a le grave inconvénient d'exiger de fréquents chargements de combustible. Les intervalles ne doivent pas être de plus d'une heure et demie si l'on veut que la combustion et, par suite, le chauffage soient réguliers.

BELGIQUE.

CHEMINS DE FER DE L'ÉTAT-BELGE.

Indication générale des appareils expérimentés. — Actuellement, les voitures de 1re classe sont seules chauffées par des chaufferettes ordinaires à eau chaude, sur les lignes de l'État-Belge ; « aucun système n'a été trouvé jusqu'à ce « jour assez complet, assez pratique, pour s'imposer « comme application générale (1). »

Les principaux systèmes mis à l'essai sont ceux de MM. Grandjean, Berghausen et Philipps, Grandvallet et Kiénast, enfin celui du chauffage au gaz de M. Chaumont.

La commission chargée d'examiner ces divers appareils,

(1) Opinion de la Direction générale.

trouvant « *qu'aucun d'eux ne satisfait suffisamment aux « conditions à remplir*, et admettant que chaque voiture « doit avoir son appareil de chauffage complétement indé- « pendant, étudie de nouveau un appareil à eau chaude, « avec chaudière spéciale placée sur chaque voiture. »

Ne connaissant pas les résultats des essais de ce dernier appareil, nous ne pourrons que résumer les différents rapports de la commission sur les systèmes précédemment expérimentés (1).

Système à air chaud Grandjean. — En 1871, on essaya sur une voiture de 1re classe un appareil à air chaud et à chaufferettes construit par M. Grandjean. On obtint sur la surface extérieure des chaufferettes une température de 50 à 70°.

On estima qu'avec cet appareil la dépense de chauffage serait sensiblement la même qu'avec les chaufferettes ordinaires à eau chaude et que celle de l'installation serait de 300f environ par voiture ; mais l'allumage et l'entretien offraient certaines difficultés.

M. Grandjean ayant représenté son appareil en 1875, la commission, « tout en reconnaissant que l'inventeur « avait perfectionné son système, conclut au rejet de la « demande d'un nouvel essai, d'autres moyens de chauf- « fage, trouvés préférables, ayant été présentés. »

Appareil à combustibles agglomérés, système Berghausen et Philipps. — Le système de MM. Berghausen et Philipps a été appliqué à quatre voitures de 2e classe à quatre compartiments, et à quatre voitures de 3e à cinq compartiments.

(1) Nous devons à l'obligeance de M. Gobert, Directeur du Matériel et de la Traction de l'État-Belge, la communication de ces renseignements.

Les appareils placés entre les siéges pour former chauffe-pieds étaient semblables à ceux qui sont appliqués par le chemin Rhénan (1), avec cette différence que la plaque métallique du dessus était percée de trous d'échappement d'air sur toute sa surface.

« L'allumage de ces appareils exige beaucoup de temps : « trois hommes mettent environ une heure pour allumer et « placer les cent huit briquettes nécessaires aux trente-six « appareils de quatre voitures.

« Le chauffage des voitures est très-lent ; la chaleur « dégagée par l'appareil ne devient sensible que trois « heures après l'allumage. A ce moment, la température « dans les compartiments est de 3 à 4° supérieure à la « température extérieure, et alors elle se maintient généra-« lement constante. En outre, par suite de l'inégalité de « la combustion des briquettes, la chaleur ne se répartit « pas uniformément le long des chauffe-pieds.

« La marche du train est nécessaire pour activer la « combustion ; on a en effet constaté qu'en stationne-« ment des thermomètres placés dans les voitures n'in-« diquent aucune augmentation de température.

« Dans les appareils expérimentés, le nombre des « trous percés dans la plaque supérieure fait que l'air « s'échappe trop rapidement de la caisse du foyer. »

Appareil à air chaud, système Grandvallet et Kiénast. — On a essayé le système Grandvallet et Kiénast sur une voiture du chemin de fer de Berlin-Magdebourg à cinq compartiments, dont trois étaient chauffés par un appareil et les deux autres par un second appareil.

(1) Appareil dont nous avons reproduit le dessin (fig. 6 à 8 de la planche n° 3).

La construction des deux appareils était la même; mais le premier fut chauffé par des briquettes, tandis que, pour le second, on employa de la braise salpêtrée.

Nous reproduirons les résultats obtenus dans une des expériences.

VOYAGE DE BRUXELLES A PARIS PAR VALENCIENNES ET ARRAS.

« Allumage à 5 heures 30 du soir.
« Départ de Bruxelles-Nord à 6 heures 17' du soir.
« Arrivée à Paris à 5 heures 30' du matin.

HEURES de L'OBSERVATION	LOCALITÉS	TEMPÉRATURE EXTÉRIEURE	TEMPÉRATURE DES COMPARTIMENTS. APPAREIL ALIMENTÉ avec des briquettes			APPAREIL alimenté avec du charbon de bois nitraté	
			No 1	No 2	No 3	No 4	No 5
soir		degrés	degrés	degrés	degrés	degrés	degrés
6h.17'	Bruxelles, nord.	6.5	7.5	7	8	7	10
6h.35'	— midi (A).	4.5	7	7.5	7	11	11
7h.10'	— midi (D).	6 s/gare	6	6	7	8.5	8.5
7h.50'	Braine-le-Comte.	4	6	8	11	15	13
8h.45'	Mons.	4	8	10	7.5	15	14
9h.20'	Quiévrain.	3	9	7.5	10.5	10	12
10h.20'	Valenciennes	3	7	12	8	11.5	14
11h.25'	Douai.	2.5	5	5	7	11.5	15
12h.30'	Arras.	2	5	5	7	13	16
»	Achiet.	1	4	8	6	13	»
»	Longeau	1	»	5	8	14	»
»	Creil	1.5	4	6	4	13	11
5h.30' matin	Paris	1.5	4.5	6	4	12	13

« On voit que les résultats obtenus avec les briquettes

« ont été *tout à fait insignifiants*, et qu'avec la braise on « n'a obtenu qu'un effet utile moyen de 9°.

« Au départ de Bruxelles on avait mis dans le foyer « $1^{kg},700$ de braise et on en dut ajouter 1^{kg} à chacun des ar- « rêts de Mons, Valenciennes, Longeau et Creil. La con- « sommation totale pour le voyage fut donc de $5^{kg},700$.

« Il a été constaté que l'appareil Kiénast ne fonctionne « pas au repos, ce qui empêche de chauffer les voitures « pour le départ des trains.

« Le prix d'installation des deux appareils nécessaires « par voiture peut être évalué à $1,000^{f}$.

« La braise salpêtrée se vend $13^{f},50$ les 100^{kg} en Alle- « magne. »

Chauffage par le gaz, système Chaumont. — M. Chaumont a imaginé d'employer pour le chauffage des voitures, le gaz, dont on se sert déjà sur certaines lignes de l'État-Belge pour l'éclairage des trains à voyageurs (1).

La disposition adoptée consiste à placer dans le plan-

---

(1) L'Administration des chemins de fer de l'État-Belge fabrique elle-même le gaz en distillant des brais et des huiles. Le gaz, comprimé à 8 atmosphères, est emmagasiné dans deux réservoirs placés dans le fourgon de tête du train. Ces réservoirs ont chacun $1^{m3},250$ de capacité, ils sont construits en tôle d'acier de $0^{m},007$ d'épaisseur et sont essayés à 10 atmosphères. Un régulateur, placé à la sortie des réservoirs, réduit la pression du gaz à $0^{m},020$ d'eau avant son emploi.

La conduite principale de distribution, régnant tout le long du train, est formée, sur chaque véhicule, de tubes en fer de $0^{m},025$ de diamètre, placés sur le pavillon. Le tube de chaque voiture est muni, à ses extrémités, de robinets d'arrêt, et de tubulures en cuivre destinées à recevoir les raccords des tuyaux en caoutchouc qui relient les unes aux autres les conduites des véhicules successifs. — Une pince à ressort (fig. 12 à 14 de la planche n° 16) sert à fixer les raccords sur les douilles des conduites, et permet de faire très-promptement les opérations d'attelage et de découplement.

Le fourgon placé à la queue du train renferme un petit réservoir à

cher, entre les siéges, une boîte métallique contenant deux tubes dans lesquels passent en sens inverse les produits de la combustion de deux becs de gaz brûlant au dehors du compartiment.

Description de l'appareil. — Le bec de gaz destiné au chauffage est disposé contre le brancard du châssis et dans l'axe du compartiment; il est placé dans une boîte métallique suspendue sous le brancard de caisse. Une porte à charnière, s'ouvrant sur le devant de cette caisse, sert à allumer le bec; elle est munie d'un petit carreau placé à la hauteur de la flamme, ce qui permet de constater pendant les arrêts s'il n'y a pas eu d'extinction (fig. 6 à 9 de la planche n° 16).

La flamme du bec de gaz est engagée dans une sorte d'entonnoir se raccordant à un tuyau en cuivre rouge d'un demi-millimètre d'épaisseur, à section ovale ($0^m,065$ sur $0^m,040$). Ce tuyau, lorsqu'il a atteint le niveau du plancher, se recourbe horizontalement et gagne l'autre extrémité du compartiment. Après avoir passé dans ce tuyau, les produits de la combustion se dégagent dans l'atmosphère par une cheminée d'appel (de $0^m,040$ de diamètre) placée dans l'angle de la cloison de séparation et de la paroi latérale de la voiture.

L'air nécessaire à la combustion est pris à l'intérieur des compartiments par un tuyau de $0^m,025$ de diamètre, dont l'un des orifices se trouve sous une banquette et dont l'autre débouche à $0^m,050$ en dessous de l'enveloppe du bec.

---

capacité variable, contenant une réserve de gaz, ce qui assure l'éclairage de la seconde moitié du train, dans le cas où des manœuvres obligent à couper celui-ci.

Un second bec de gaz est disposé de l'autre côté du compartiment symétriquement au premier.

Le tuyau par lequel s'échappent les produits de la combustion est placé à côté du tuyau de chauffe du premier bec, et l'un et l'autre sont renfermés ensemble dans une caisse de $0^m,140$ de largeur sur $0^m,062$ de hauteur, dont les côtés et le fond sont en tôle mince, tandis que le dessus, légèrement bombé, est en tôle de $0^m,002$.

Cet ensemble constitue une chaufferette qui, pour être protégée contre le refroidissement, est enveloppée d'une caisse en bois garnie intérieurement de feutre.

A chaque extrémité de la voiture, un petit tuyau en cuivre part de la conduite générale de distribution, descend le long d'un montant d'angle et amène le gaz aux becs placés d'un même côté de la voiture. Un robinet, disposé sur ce petit tuyau, permet d'intercepter l'arrivée du gaz aux becs.

Résultats des essais. — « Les essais faits par la commis-
« sion, sur ce système, ont donné des résultats satisfai-
« sants.

« Environ vingt minutes après l'allumage, les tôles des
« chaufferettes prenaient la température d'une chauffe-
« rette à l'eau chaude et conservaient, pendant tout le
« temps du voyage, cette même température.

« La consommation de gaz n'a jamais atteint le chiffre de
« 50 litres par bec et par heure dans les différents voyages
« d'essai. Avec une consommation de 40 litres environ et
« une pression de $0^m,020$ au bec, la flamme était très-belle
« et le chauffage suffisant.

« Il s'ensuivrait donc que la dépense de gaz par heure
« pour un train de dix voitures (ce qui constitue sur les
« lignes de l'État-Belge la composition moyenne) pourrait

« être évaluée à 2f,20 environ en comptant le gaz à 0f,65
« le mètre cube. »

Dépenses de chauffage. — « Les dépenses de chauffage
« d'une voiture à quatre compartiments (huit becs) s'élève-
« raient donc par heure à :

« $8 \times 0^{m^3},04 \times 0^{f},65 = 0^{f},208.$ »

Dépenses d'installation des appareils. — « Le coût d'ins-
« tallation des appareils s'élèverait à environ 1000 fr. par
« voiture.

« Ce prix, très-élevé, provient en grande partie de la
« nécessité de transformer les marche-pieds. — Pour les
« voitures neuves, construites en vue de l'application de ce
« système de chauffage, la dépense serait donc susceptible
« d'une réduction assez notable. »

Nouvelle disposition proposée par M. Chaumont. — Pour ne pas avoir à modifier les voitures existantes, M. Chaumont propose de placer le chauffe-pieds en saillie sur le plancher.

Une feuille de cuivre rouge repliée forme les deux conduits traversés par les produits de la combustion ; elle est protégée par une tôle de fer de $0^{m},0015$ d'épaisseur. La hauteur totale de ce chauffe-pieds est réduite à $0^{m},050$ et sa longueur à $0^{m},190$; sa face supérieure est légèrement bombée. Dans cette nouvelle disposition, les cheminées d'appel sont supprimées et les produits de la combustion, arrivés à l'extrémité du chauffe-pieds, se dégagent dans l'atmosphère par de petits ajutages qui traversent le plancher.

Le bec de gaz est renfermé dans une caisse en fonte.

Chauffage au pétrole. — M. Chaumont propose également

de remplacer le bec de gaz par une lampe à l'huile de pétrole. — La consommation par heure et par lampe serait de $0^{kg},045$.

Dépenses de chauffage. — Le prix de l'huile de pétrole étant actuellement de 73^{f} les 100^{kg}, la dépense de combustible pour le chauffage d'une voiture à quatre compartiments serait par heure de :

$$0^{kg},045 \times 0^{f},73 \times 8 = 0^{f},2628.$$

HOLLANDE.

CHEMINS DE FER DE L'ÉTAT-NÉERLANDAIS.

Essais d'appareils à combustibles agglomérés. — La Compagnie des chemins de fer de l'État-Néerlandais a étudié exclusivement le système de chauffage au moyen d'appareils à combustibles agglomérés encastrés dans le plancher entre les banquettes de façon à former chauffe-pieds.

Elle a admis le rehaussement des caisses des voitures que nécessite l'introduction des paniers ou tiroirs contenant des briquettes dans les appareils ainsi disposés.

Tout d'abord elle appliqua un appareil assez semblable à celui qui fut expérimenté par le chemin de fer Rhénan et que nous avons précédemment décrit.

La chaufferette de M. Grandjean fut également essayée par les chemins de fer de l'État-Néerlandais qui en a actuellement en service un certain nombre.

Enfin cette Compagnie vient d'étudier un nouvel appareil dont la caisse intérieure, en cuivre rouge, est entourée de trois enveloppes successives en tôle. Dans la construction adoptée, on a eu pour but d'empêcher que les produits de la combustion ne pénètrent dans les compartiments et que les étincelles ou la chaleur des parois ne puissent mettre le feu à la voiture, *ce qui était à craindre avec les appareils précédemment essayés.*

On ne nous a pas indiqué exactement les dépenses de combustible ni les résultats calorifiques constatés pendant les essais de ces divers appareils; nous ne connaissons pas non plus les dépenses d'installation.

ANGLETERRE.

Emploi général des chaufferettes à eau chaude. — Les chaufferettes à eau chaude sont universellement employées en Angleterre pour le chauffage des voitures à voyageurs.

Sur certaines lignes ces chaufferettes sont placées gratuitement, soit seulement dans les voitures de 1re classe (1), soit même dans celles de 2e et de 3e classe (2) ; sur d'autres chemins on ne fournit les chaufferettes aux voyageurs que moyennant une taxe variable de 0f,30 à 0f,60 par chaufferette (3).

Certaines compagnies semblent même repousser en principe tout changement de système.

Pendant les deux hivers 1873 à 1875, la Compagnie du North-Eastern a fait monter sur un petit nombre de voitures un appareil à combustibles agglomérés désigné sous le nom d'appareil « Kiesling », placé sous la banquette, et

(1) Great-Eastern Railway.

(2) Midland Railway, London and North-Western Railway.

(3) London-Brighton Railway, London and South-Western Railway.

qui présente les dispositions générales de celui de Hanovre.

Les résultats obtenus auraient été assez satisfaisants, mais ils ne nous ont pas été précisés.

Le même appareil a été appliqué sur le London and North-Western; toutefois il a été immédiatement abandonné parce qu'il donnait trop de chaleur.

Chauffage de l'eau. — L'eau nécessaire pour les bouillottes est généralement chauffée dans des chaudières à air libre ne présentant pas de formes spéciales.

Dans la gare de Kings'Cross (Great-Northern), de la vapeur fournie par une petite chaudière, circule dans un serpentin placé au fond d'un réservoir et échauffe ainsi l'eau qu'il contient.

Pour maintenir les chaufferettes chaudes après leur remplissage, dans la gare de Londres du Great-Western on les renferme dans une caisse en bois munie de portes à coulisses, au fond de laquelle sont disposés des tuyaux mis en communication avec la chaudière et ainsi remplis d'eau chaude.

Au Charing'Cross (South-Eastern) on se sert d'une caisse à doubles parois métalliques entre lesquelles circule de l'eau chaude.

En résumé, le chauffage à l'aide de chaufferettes est le seul usité en Angleterre; ce mode semble satisfaire complètement, sinon le public, du moins les Compagnies qui généralement n'ont pas essayé d'autres systèmes, ou n'attachent aucune importance aux quelques essais qu'elles ont entrepris.

ITALIE.

CHEMINS DE FER DE LA HAUTE-ITALIE.

Chaufferettes à eau chaude. — La douceur du climat de l'Italie diminue considérablement l'importance de la question du chauffage des trains sur les chemins de fer de ce pays. Aussi la Direction générale des lignes de la Haute-Italie n'a-t-elle jamais essayé, jusqu'à ce jour, de système particulier de chauffage des voitures et emploie-t-elle pendant la courte durée de l'hiver, et dans les compartiments de 1re classe seulement, des chaufferettes à eau chaude ordinaires recouvertes de tapis.

Aucun des différents systèmes proposés depuis quelques années ne lui a semblé de nature à justifier un essai, eu égard à la situation climatérique de ses lignes.

Il en est de même, à plus forte raison, des autres Compagnies chargées d'exploiter les lignes situées dans des régions plus méridionales.

CHAPITRE IV

MODES DE CHAUFFAGE EMPLOYÉS OU ESSAYÉS PAR CERTAINES COMPAGNIES SECONDAIRES DE CHEMINS DE FER EN FRANCE.

CHEMIN DE FER DES DOMBES.

Chauffage à l'air chaud. — La Compagnie du chemin de fer des Dombes paraît décidée à chauffer les voitures des trois classes au moyen d'un appareil à air chaud dont les premiers essais remontent à 1870. Nous n'en décrirons que les dernières dispositions qui datent de janvier 1873.

D'après la Direction du chemin des Dombes, « les voyageurs ne se plaignent nullement de ce système de chauffage, de beaucoup préférable aux chaufferettes. »

Description de l'appareil. — Le principe de cet appareil consiste à faire passer de l'air pris dans l'atmosphère entre la paroi extérieure d'un foyer et son enveloppe, puis de là dans une conduite métallique placée, soit sous les pieds des voyageurs, soit contre l'une des parois longitudinales du véhicule. Enfin, l'air s'échappe dans la voiture par l'extrémité de cette conduite et par un certain nombre d'ouvertures latérales intermédiaires.

Le foyer est formé d'un cylindre vertical en tôle (fig. 4 à

7 de la planche n° 15) muni d'une grille à sa partie inférieure et, en dessous de celle-ci, d'une lanterne en tôle avec manches à vent dirigées vers les deux extrémités de la voiture et destinées à activer le tirage. Par un assemblage à baïonnette, ce foyer est suspendu à une cloche en fonte qu'une tubulure raccorde avec la cheminée qui est verticale.

Autour du foyer, l'enveloppe est formée de deux cylindres en tôle dont l'intervalle est rempli de sable ; elle est réduite à une simple feuille de tôle autour de la cloche.

L'air froid s'introduit dans l'enveloppe par une trompe *que l'on doit orienter* d'après le sens de la marche de la voiture.

L'appareil est monté contre l'une des parois longitudinales et est à moitié engagé dans la voiture, de façon que sa partie inférieure se trouve entre le brancard de la caisse et celui du châssis.

Comprise ainsi dans la voiture, la cheminée est placée dans une enveloppe percée de trous en haut et en bas, afin d'utiliser, en partie, la chaleur de la fumée au chauffage de la voiture.

Disposition de l'appareil dans les voitures. — La Compagnie des Dombes a adopté pour son matériel la disposition du couloir central avec entrées aux deux bouts de la voiture. Il n'y a d'autre cloison pleine que celle qui sépare, dans les voitures mixtes, les compartiments de 1re classe de ceux de 2e.

Dans ces voitures mixtes contenant trente-quatre voyageurs, l'appareil est placé contre la cloison de séparation et dans le compartiment de 2e classe. — *Deux places sont ainsi supprimées* (fig. 7 de la planche n° 15).

Un tuyau rectangulaire de 0m,090 sur 0m,100, courant le long de la paroi longitudinale, conduit l'air chaud dans les compartiments de 2e classe où il le déverse par son extrémité et par une ouverture intermédiaire.

L'air chaud est amené dans le compartiment de 1re classe par une conduite en cuivre jaune poli, placée en saillie sur le plancher, entre les siéges, de façon que les voyageurs puissent s'y chauffer les pieds.

Dans les voitures de 3e classe, à cinquante voyageurs, l'appareil est monté à l'un des angles du véhicule, ce qui supprime une place (fig. 6 de la planche n° 15).

L'air chaud est distribué par un tuyau de 0m,090 sur 0m,100 de section, placé dans l'angle du plancher et de la paroi latérale, et qui se termine dans l'avant-dernier compartiment.

Ce tuyau est ouvert à son extrémité et est, en outre, muni de deux bouches de chaleur intermédiaires.

Dépenses d'installation. — « Les dépenses d'installation « s'élèvent à environ 180f par voiture (1). »

Combustible employé. — Dans cet appareil on brûle du charbon de Paris. On a renoncé au coke parce qu'il brûlait rapidement les foyers.

Conduite de l'appareil. — Pour chauffer une voiture, on remplit le foyer de charbons allumés, puis on le fixe à la cloche. Cette mise en place doit être faite une demi-heure avant le départ du train.

La charge de combustible pèse environ 9kg,500; deux heures et demie ou trois heures après avoir mis le premier foyer, on doit le remplacer par un autre également garni de combustible allumé.

---

(1) Renseignement fourni par la Direction.

Résultats calorifiques. — Avec cet appareil (1), « on « peut obtenir pendant la première période de la com« bustion une différence de près de 30° entre la tempéra« ture de l'air extérieur et celle de la voiture.

« La température des chauffe-pieds dans les compartie« ments de 1re classe s'élève jusqu'à 70°. »

Consommation de combustible. — « La consommation de « combustible s'élève à 2kg,850 environ par heure de « marche. »

Dépenses du chauffage. — Le prix actuel du charbon de Paris étant de 16f les 100kg, la dépense pour le combustible seulement serait donc de 0f,457 par voiture et par heure.

CHEMINS DE FER DES CHARENTES.

Chauffage par la vapeur de chaufferettes à eau fixées dans les voitures. — La Compagnie des chemins de fer des Charentes a chauffé, pendant les hivers 1873 à 1875, un certain nombre de ses trains au moyen d'un système spécial étudié par ses Ingénieurs.

Quoique ce système soit aujourd'hui abandonné par la Compagnie des Charentes pour les motifs que nous indiquerons, l'étendue de l'application qui en a été faite, la publicité qui lui a été donnée et les avantages qu'il semble présenter au premier abord nous obligent à le décrire avec quelques détails.

---

(1) Renseignements fournis par la Direction.

D'ailleurs nous ne ferons ici que reproduire des renseignements fournis par les Ingénieurs de cette Compagnie, soit à un de nos agents envoyé en mission sur son réseau, soit en réponse à nos lettres.

Le principe du système de chauffage des Charentes est tout indiqué dans le programme suivant qui a servi de base aux études :

« 1° Employer, comme système de chauffage, des réser-
« voirs à eau chaude placés sous les pieds des voya-
« geurs.

« 2° Rendre ces réservoirs fixes, et les installer de telle
« façon que leur surface supérieure soit de niveau avec
« les planchers, pour qu'ils ne gênent en rien les voya-
« geurs. En mettre dans les voitures de toutes classes et
« dans tous les compartiments.

« 3° Enfin, réchauffer l'eau en temps voulu pour que sa
« température minima soit de 60°, et cela sans ouvrir les
« portières. »

C'est à l'emploi de la vapeur que l'on eut recours pour réchauffer l'eau des chaufferettes.

Les Ingénieurs ont adopté le chauffage intermittent parce qu'ils ont pensé que « si l'on voulait restituer au fur
« et à mesure à l'eau la chaleur perdue, soit au moyen
« d'un combustible, soit par de la vapeur, il se perdrait
« par les conduites beaucoup plus de chaleur qu'on n'en
« utiliserait ; le système deviendrait alors très-cher ; il
« exigerait, d'ailleurs, une source de chaleur dans le train
« même, ainsi que cela a été jugé nécessaire avec tous
« les autres systèmes déjà essayés et repoussés (1). »

(1) Mémoire de M. Plainemaison, alors Ingénieur en chef du Matériel de la Compagnie des Charentes.

DESCRIPTION DES APPAREILS MONTÉS SUR LES VOITURES.

Disposition de 1873. — Dans la première disposition, adoptée et expérimentée dès l'année 1873, les chaufferettes sont en tôle galvanisée de $0^m,002$ d'épaisseur dans les 1res classes et de $0^m,0015$ dans les 2es et les 3es classes; elles sont rivées et soudées à des fonds en fonte malléable.

Ces chaufferettes sont encastrées dans le plancher et préservées du froid à leur partie inférieure par une enveloppe isolante.

Chacune d'elles est percée de trois trous : l'un sert à la remplir d'eau et l'autre à la vider; du troisième part un siphon en fer d'un diamètre intérieur de $0^m,012$ qui, aboutissant contre la paroi supérieure de la bouillotte et débouchant à l'air libre, maintient la pression de l'eau égale à la pression extérieure et, lors du remplissage, laisse échapper l'air emprisonné. Ce siphon est installé sous les banquettes, contre les cloisons de séparation.

Un serpentin en fer de $0^m,021$ de diamètre intérieur est placé dans la bouillotte dont il traverse les fonds, et communique à ses extrémités, d'un côté avec la conduite d'arrivée de vapeur, et de l'autre avec une conduite servant à l'évacuation de l'eau de condensation.

Les chaufferettes, quelle que soit la classe de la voiture, ont même largeur ($0^m,300$) et même longueur ($2^m,00$); mais les hauteurs sont différentes : 1re classe ($0^m,09$), 2e classe ($0^m,07$), 3e classe ($0^m,06$); on obtient ainsi dans les compartiments des surfaces de chauffe égales, et la capacité de l'ensemble des bouillottes est toujours de 120 litres pour chacune des classes, afin de chauffer les voitures à des températures sensiblement égales.

D'après ces dimensions, la chaufferette des 1res classes contient 40 litres, celle des 2es classes 30 litres et celle des 3es classes 24 litres.

La surface de chauffe du serpentin est proportionnelle à la capacité de la chaufferette : aussi a-t-on donné aux tubes intérieurs 8^m de longueur dans les 1res classes, 6^m dans les 2es classes et enfin 4^m,80 dans les 3es classes.

Chaque bouillotte, y compris le serpentin, pèse :

1re classe.	44^{kg}
2e d°	30^{kg}
3e d°	28^{kg}

Conduite extérieure. — Dans l'axe de chaque voiture, sous la caisse, se trouve un tube droit en fer dont le diamètre intérieur est de 0^m,050 ; ce tube forme une partie de la conduite qui court d'un bout à l'autre du train ; il est relié par un tube transversal de 0^m,027 de diamètre intérieur avec un troisième tube latéral de 0^m,021 de diamètre intérieur qui communique avec les chaufferettes.

Une valve graduée règle l'admission de la vapeur dans le troisième tube. Cette valve, véritable papillon, se compose essentiellement de deux secteurs pleins, mobiles, qui découvrent les orifices de deux secteurs fixes : la somme des sections des secteurs vides est égale à la section du tuyau muni de la valve.

La conduite servant à l'évacuation de l'eau qui s'est condensée dans les serpentins consiste en un tube de 0^m,015 de diamètre intérieur ouvert à l'air libre à l'une de ses extrémités.

Les fourgons et tenders ne sont munis que du tube droit de 0^m,050 formant la conduite générale de distribution le long du train.

Disposition de 1874. — Cette première disposition subit diverses modifications lorsqu'on construisit de nouveaux appareils en 1874.

Le serpentin fut remplacé par un tube droit en laiton de 0m,040 de diamètre intérieur et de 0m,001 d'épaisseur; percé, à l'extrémité opposée à celle de l'introduction de la vapeur, d'un trou de très-petit diamètre pour l'écoulement de l'eau de condensation. Le tuyau collecteur de cette eau de condensation était ainsi supprimé.

Le siphon de sûreté a été remplacé par un vase cylindrique de trop plein de 2 litres de capacité, placé sous une des banquettes (fig. 1 et 2 de la planche n° 17).

Le liquide contenu dans ce vase assure le complet remplissage de la chaufferette, quand son eau se contracte en se refroidissant.

La surface supérieure de la chaufferette n'était plus bombée, mais plate et en tôle striée de 0m,002 d'épaisseur.

Le diamètre intérieur de la conduite de distribution fut réduit de 0m,050 à 0m,038; enfin, on remplaça les valves réglant l'introduction de la vapeur par des robinets ordinaires.

Disposition de 1875. — La disposition de 1875, adoptée en dernier lieu, consiste à envoyer la vapeur dans un tube droit toujours placé dans la chaufferette ; mais ce tube est bouché à son extrémité, et est percé, à sa partie inférieure, de cent cinquante trous d'un diamètre variant de 0m,00025 à 0m,0005, de telle sorte que la vapeur, en arrivant, se mélange avec l'eau contenue dans la chaufferette (fig. 4, 5 et 8 à 10 de la planche n° 17).

La canalisation extérieure est montée comme dans les appareils de 1874.

C'est cette dernière disposition que représentent les figures 6 et 7 de la planche n°17.

Elle a été adoptée comme étant plus simple et plus économique que les précédentes; de plus, l'eau des bouillottes est chauffée uniformément, « tandis que dans les « appareils de 1873 et 1874 elle était à 100° à la surface, « pendant que la partie inférieure n'indiquait que 70° ou « 80 °(1). »

Tuyau de raccordement entre les voitures. — Les tuyaux de conduite des appareils construits en 1873 étaient réunis entre les voitures au moyen des dispositions suivantes :

A chaque extrémité du tube central est boulonnée une pièce de fonte ayant la forme d'un col de cygne sur lequel est maintenu, par un collier en fonte, un tuyau en caoutchouc. Ce tuyau, qui a 0m,042 de diamètre intérieur, est renforcé par une spirale en fil de fer noyée dans le caoutchouc.

Le collier, dont les mâchoires se rapprochent au moyen d'une vis et d'un écrou à manivelle, vient presser l'extrémité du tuyau sur le raccord en fonte, dont l'entrée est légèrement évasée afin de rendre l'emmanchement plus facile : une petite paillette en acier comble le vide des deux mâchoires et permet de pincer le caoutchouc sur tout son pourtour afin de rendre le joint parfait (fig. 13 à 16 de la planche n° 17).

Dans les appareils types 1874 et 1875 on supprima le col de cygne en fonte, et les extrémités des conduites furent reliées par un tuyau en caoutchouc muni de raccords à vis, du modèle ordinairement employé entre les locomotives et leurs tenders (fig. 11 et 12 de la planche n° 17).

---

(1) Mémoire de M. Plainemaison.

Prix de revient des appareils. — Les dépenses de construction et d'installation se sont élevées approximativement aux sommes suivantes (1) :

« Appareil	des voitures	de 1re	classe. . . .	471f,30
« d°	d°	de 2e	d°	540f,45
« d°	d°	de 3e	d°	636f,90

Conduite du chauffage. — Chauffage avant le départ. — Pour chauffer un train avant son départ, toutes les voitures étaient raccordées entre elles; on fermait, par un bouton à vis, une des extrémités de la conduite centrale, tandis que la vapeur était admise par l'autre extrémité.

Les valves étant convenablement ouvertes, la vapeur réchauffait également l'eau de toutes les chaufferettes, et la vapeur sortait sèche en même temps de chacun des tubes d'évacuation. On cessait l'admission de la vapeur quand la température de l'eau était voisine de 100°, ce qui se reconnaissait au dégagement de vapeur par le siphon ou par le tube du vase de trop plein.

Si primitivement les valves étaient complétement ouvertes, elles devaient être fermées successivement et au fur et à mesure de la sortie de la vapeur sèche des conduites.

Réchauffage du train. — Les voitures étant chauffées environ une heure avant le départ, étaient réchauffées après une heure de marche; puis les autres réchauffages avaient lieu à des intervalles d'une heure et demie à deux heures.

Les appareils des voitures étant restés en communication, pour réchauffer le train, on fermait une des extrémités de la conduite par un bouchon et on lançait la vapeur par l'autre, en opérant comme pour le chauffage.

(1) D'après les renseignements de M. Plainemaison.

Emploi de la machine du train comme source de vapeur. — Pendant les expériences de 1873 et de l'hiver 1873-1874, la vapeur était fournie par la machine même du train, ce qui permettait de chauffer, soit dans les gares, soit en marche.

Cette méthode exige (1) « beaucoup d'attention de la « part du mécanicien pour n'ouvrir le robinet de vapeur « que pendant le temps exactement voulu, afin de ne pas « faire volatiliser l'eau des bouillottes en pure perte ; enfin « elle ne peut pas s'appliquer d'une manière générale. »

Emploi des machines de réserve. — Lorsqu'en 1874 on appliqua aux trains mixtes le chauffage à la vapeur, l'interposition des wagons à marchandises ne permettait plus d'employer la machine du train. On utilisa alors les machines de réserve, soit en les amenant sur une voie latérale près du train, soit en établissant une conduite souterraine allant de la voie de garage de la réserve à celle du stationnement du train.

Conduites souterraines. — A Saintes et à Angoulême, deux conduites souterraines ont été établies : on les mettait en communication par des tubes en caoutchouc de 4m à 5m de longueur, d'une part avec la machine, et, de l'autre, avec les tuyaux des appareils de chauffage. Ces deux conduites ont été construites à Angoulême avec d'anciens tubes de machines en laiton soudés les uns au bout des autres, à Saintes avec de vieux tubes en fer venant des appareils démolis : ces tubes, filetés à leurs extrémités et réunis par des manchons à vis, ont été posés

(1) Rapport de M. Plainemaison sur le chauffage de l'hiver 1874-1875.

dans une tranchée creusée à $0^m,30$ de profondeur et simplement recouverts de terre.

Temps nécessaire pour le chauffage. — Dans les gares où il n'y avait pas de conduites souterraines, à Coutras, à la Roche-sur-Yon, à Jarnac, il fallait de huit à dix minutes pour chauffer les trois voitures. En tenant compte de la manœuvre que devait exécuter la machine pour venir près du train et du temps perdu, quinze minutes étaient nécessaires pour le chauffage.

La pression, dans la chaudière, étant comprise entre $7^{kg},50$ et 8^{kg}, il fallait cinq minutes pour réchauffer la conduite souterraine de Saintes, d'une longueur de 60^m; au bout de ce temps, on observait une pression de 3^{kg} à l'extrémité de la conduite; dix minutes suffisaient ensuite pour chauffer les trois voitures, la pression à la sortie du dernier tube étant de $1^{kg},500$.

Temps nécessaire pour le réchauffage. — Le réchauffage d'un train ordinaire, composé de trois à quatre voitures, se faisait en six à huit minutes, la vapeur étant admise pendant deux minutes environ.

Résultats des expériences. — Nous reproduirons les résultats des essais qui nous ont été communiqués.

Les appareils du type de 1873 ont seuls été expérimentés, mais les modifications dans la construction des appareils n'ont pas influé sur les résultats calorifiques.

Le plus grand nombre des expériences ont été faites sur des trains ne comprenant que trois ou quatre voitures, composition normale sur le réseau des Charentes.

Un thermomètre placé en dehors de la voiture donnait la température extérieure; on lisait la température intérieure sur un seul thermomètre, posé dans un filet ; enfin, un troisième thermomètre, plongeant dans une chaufferette par le trou de remplissage, indiquait la température de l'eau.

Expérience du 22 octobre 1873, faite en stationnement à Saintes. — Dans l'expérience faite en stationnement à Saintes le 22 octobre 1873, le train se composait de trois voitures ainsi disposées : une de 1re classe, une de 2e classe et enfin une voiture de 1re classe. On commença l'expérience à 9h 11'. — La température de l'eau et celle de l'air extérieur étaient de + 10°. La pression de la vapeur dans la chaudière était de 7kg,500.

NUMÉROS D'ORDRE DES VOITURES	HEURES DE SORTIE de LA VAPEUR SÈCHE	TEMPÉRATURE DE L'EAU dans LES BOUILLOTTES
	heures min.	degrés
1re voiture	9 16	87
2e d°	9 19	88
3e d°	9 18	87

La valve de la deuxième voiture n'étant pas suffisamment ouverte, on cessa d'introduire de la vapeur seulement à 9h 21'.

A ce moment, la température de l'eau dans la première voiture était de 97°.

Le chauffage des trois voitures demanda donc dix minutes.

Cette expérience est une de celles qui permirent de déterminer la quantité de vapeur condensée ; on trouva

45kg pour les trois voitures, soit 15kg (1) pour chacune d'elles.

Expérience en marche du 30 octobre 1873. — Une expérience fut faite en marche le 30 octobre 1873. Le train se composait de neuf voitures, avec machine et fourgon en tête.

La température de l'eau des bouillottes avant le chauffage et celle de l'air extérieur pendant toute la durée de l'essai étaient de + 5°.

La pression de la chaudière était de 7kg,500.

ORDRE DES VOITURES	DÉSIGNATION de LA CLASSE	GRANDEUR des OUVERTURES des valves	HEURES DE SORTIE de la vapeur sèche	TEMPÉRATURES 5 HEURES APRÈS L'EXPÉRIENCE	
				dans les voitures	dans les bouillottes
			matin	degrés	degrés
1	3e	1/4	9h.53′	13	30
2	3e	1/4	9h.52′	»	»
3	3e	1/2	9h.48′	13	35
4	2e	1/2	9h.50′	»	30
5	1re	3/4	9h.51′	12	40
6	1re	3/4	9h.51′	»	»
7	2e	1	9h.53′	»	30
8	1re	1	» »	»	»
9	1re	1	9h.55′	11	20

On n'a pas noté la température de l'eau dans les bouil-

(1) Ce nombre est beaucoup trop faible. Si, ne tenant pas compte du refroidissement dû aux tuyaux, l'on ne considère que l'élévation de température de l'eau de 10° à 87°, on trouve, à l'aide des tables de M. Régnault, qu'il faudrait 16kg de vapeur par voiture. Il est probable que l'expérience a été mal faite.

lottes au moment de la sortie de la vapeur sèche. — Dans cette expérience la vapeur a été admise pendant treize minutes.

Expérience en marche du 9 décembre 1873. — Le train expérimenté en marche, le 9 décembre 1873, se composait de trois voitures disposées dans l'ordre suivant : 1re, 2e et 3e classe.

Les observations ont été faites dans la première voiture, d'Angoulême à Saintes.

Avant le chauffage, la température de l'eau et celle de l'air dans les voitures étaient de + 10°.

STATIONS	HEURES des OBSERVATns	TEMPÉRATURE DE L'EAU DANS LES BOUILLOTTES		TEMPÉRATURES dans LES VOITURES	TEMPÉRATURE EXTÉRIEURE
		après le chauffage	après le réchauffage		
	matin	degrés	degrés	degrés	degrés
Angoulême	9h.20′	83	»	»	— 1
Saint-Michel . . .	9h.48′	72	»	9	»
Châteauneuf . . .	10h.20′	66	»	9	»
Jarnac	10h.49′	»	75	9.5	»
Cognac.	11h.10′	»	72	9.5	»
Beillant.	11h.47′	»	64	10	»
Saintes.	12h.00′	»	60	10	0

Expérience en marche du 10 décembre 1873. — — Dans l'expérience faite en marche le 10 décembre 1873, le train se composait de quatre voitures.

Au départ, le chauffage a exigé dix minutes de plus qu'à l'ordinaire pour fondre la glace qui s'était formée pendant le stationnement dans le tuyau latéral de distribution.

La température de l'eau avant le chauffage était de + 4°.

STATIONS	HEURES des OBSERVATIONS	TEMPÉRATURE DE L'EAU DANS LES BOUILLOTTES		TEMPÉRATURES dans LES VOITURES	TEMPÉRATURE EXTÉRIEURE
		après le chauffage	après le réchauffage		
	matin	degrés	degrés	degrés	degrés
Angoulême.	4h.50′	80	»	5.5	— 5.5
Norsac.	5h.10′	75	»	7.5	»
Châteauneuf . . .	2h.30′	68	»	8.5	— 6
Jarnac.	6h.01′	62	83	10	»
Cognac.	6h.25′	»	74	11	— 4
Beillant.	7h.06′	»	68	12	»
Saintes.	7h.23′	»	62	12	— 3

Résultats calorifiques. — En résumé, on voit que la température à l'intérieur des voitures, près des filets, était de 10° à 15° supérieure à celle de l'air extérieur, et que la température de l'eau, dans les chaufferettes, variait de 95° à 62°, les réchauffages se faisant à des intervalles d'une heure et demie à deux heures.

Remarquons que toutes les expériences ont été faites par des températures extérieures qui n'ont jamais été inférieures à — 2°.

Dépense de vapeur. — D'après les renseignements qui nous ont été fournis, la dépense de vapeur a été évaluée en ne mesurant que l'eau condensée dans la tuyauterie et dans les serpentins, et on ne semble pas avoir tenu compte de la vapeur qui s'échappe sans se condenser pendant la période d'échauffement de l'eau des bouillottes.

Chauffage. — Le poids de l'eau condensée dans les serpentins a varié de 14kg à 17kg pour le chauffage initial d'une voiture ; le poids de la vapeur condensée dans la tuyauterie d'une voiture a été de 3^{kg}.

M. Plainemaison indique une dépense totale de 24^{kg} de vapeur.

Réchauffage. — Il n'a pas été fait d'expérience pour déterminer la quantité de vapeur condensée pour le réchauffage.

D'après M. Plainemaison, elle serait de 11^{kg} par voiture, en comprenant la condensation dans la tuyauterie.

Condensation dans les conduites souterraines. — Diverses expériences ont établi que, pendant le chauffage d'un train ordinaire, il se condensait environ 3^{kg} de vapeur dans la conduite de Saintes, mesurant 60^{m} de longueur et $0^{m},50$ de diamètre intérieur.

Dépenses de combustible. — D'après ces bases, le chauffage d'une voiture entrant dans la composition d'un train dont le trajet durerait dix heures exigerait :

Pour le chauffage avant le départ.	24^{kg}
et pour les quatre réchauffages, 11 × 4 = . . .	44^{kg}
Total. . . .	68^{kg}

Soit $6^{kg},8$ par heure.

« Comme 1^{kg} de briquettes, dit M. Plainemaison, valant « $0^{f},0335$ peut vaporiser 8^{kg} d'eau, la dépense sera de « $0^{f},0284$ par heure et par voiture (1). »

(1) Dans cette évaluation on ne tient pas compte de la vapeur qui s'échappe sans s'être condensée, de la condensation dans les conduites souterraines quand on les emploie, de la houille brûlée pour maintenir en pression les machines de réserve ; enfin les chiffres admis sont trop voisins des chiffres théoriques : aussi ne saurions-nous admettre la dé-

Dépenses de main-d'œuvre. — Les diverses manœuvres nécessaires pour le chauffage des voitures ont toujours été faites par les agents des gares, et l'on n'a pas tenu compte du temps ainsi employé.

Dépenses d'entretien. — Il n'y a pas eu de compte établi pour les dépenses d'entretien qui ont été cependant très-importantes, les ouvriers du petit matériel de Saintes ayant travaillé constamment aux appareils pendant les hivers 1873, 1874 et 1875.

Inconvénients résultant des dispositions de construction des appareils. — Les appareils établis successivement présentaient par leurs dispositions plusieurs inconvénients :

Appareils de 1873. — 1° On ne vidait pas les appareils, car le remplissage de chacune des chaufferettes, devant se faire avec un entonnoir, durait trop longtemps ; par suite, l'eau des bouillottes gelait et causait des fuites aux joints et aux soudures.

2° Sous l'influence de la chaleur le caoutchouc des tuyaux de raccord se désagrégeait ; les colliers le détérioraient ; aussi devait-on remplacer au moins un de ces tuyaux à chaque voyage.

3° Le caoutchouc entraîné bouchait le serpentin en fer.

4° L'eau de condensation gelait dans les conduites extérieures, ce qui produisait de nombreuses ruptures et rendait le chauffage plus lent.

5° Il arrivait assez fréquemment que le siphon placé

---

pense indiquée, et croyons-nous que la dépense vraie est très-notablement supérieure.

sous les banquettes contenait de la glace; la température de l'eau des appareils pouvait alors s'élever au delà de 100° et les bouillottes se boursouflaient.

6° Les conduites souterraines, n'étant pas préservées du refroidissement, produisaient une chute de pression considérable (soit 4kg,500 à Saintes).

7° Les tuyaux en serpentin ne pouvaient se nettoyer.

8° La condensation de la vapeur était imparfaite; le dégagement de vapeur était désagréable et pouvait occasionner des accidents.

Appareils de 1874. — Les appareils de 1874 ne furent pas construits assez solidement : la tôle de 0m,001 des chaufferettes se déformait, les soudures des joints ne résistaient pas; aussi les appareils étaient-ils constamment en réparation.

Le remplissage n'était pas plus rapide qu'avec les appareils de 1873.

Le tuyau en zinc de 0m,012 de diamètre placé à l'orifice du tube en laiton intérieur, et destiné à rejeter en dehors du châssis l'eau de condensation, était fréquemment obstrué par des débris de caoutchouc.

Le tube en laiton, ne pouvant se dilater librement, exerçait une forte pression sur les fonds des chaufferettes qui étaient ainsi très-souvent dessoudés.

Les robinets adoptés en remplacement des valves étaient plus difficiles à régler que ces dernières.

Enfin (1), « si l'admission de la vapeur est bien réglée, « il ne sort que de l'eau par l'extrémité du tube de laiton ; « mais il est difficile d'arriver à ce résultat; le petit trou « se bouche, et dès lors cette disposition présente les

(1) Mémoire de M. Plainemaison.

« mêmes inconvénients que la précédente. » (Celle de 1873.)

Appareils de 1875. — Dans les appareils construits en 1875 la condensation de la vapeur dans l'eau des chaufferettes produisait un sifflement qui effrayait les voyageurs.

L'eau des chaufferettes pouvant se rendre dans une partie de la canalisation extérieure, on avait plus à craindre les effets de la gelée que dans les deux premières dispositions.

Inconvénients que présentait la conduite des opérations de chauffage et de réchauffage. — 1° L'emploi d'une machine de réserve n'était pas pratique; à Saintes, elle restait en pression jour et nuit pour chauffer les trains. La dépense de combustible était donc loin d'être négligeable. Il arrivait aussi assez fréquemment que la machine de réserve n'était pas dans la gare; dans ce cas, si la machine du train faisait des manœuvres, les voitures n'étaient pas réchauffées. Ce fait s'est présenté maintes fois.

2° A défaut d'une longue conduite souterraine, l'emploi d'une machine de réserve exigeait une voie disponible près du train à chauffer, ce qui gênait les manœuvres.

3° Le train devait s'arrêter à une distance convenable de la machine de réserve ou de l'extrémité de la conduite, à cause des tubes en caoutchouc qui avaient 4m ou 5m de longueur; le service de l'exploitation était entravé et les agents se montraient peu disposés à assurer le chauffage.

4° A un signal déterminé, le mécanicien devait cesser d'envoyer de la vapeur dans les conduites; la nuit ou par des temps de brouillard, les signaux n'étaient pas toujours compris, et la pression s'élevant rapidement dans les appareils déchirait les tuyaux en caoutchouc.

Durée de l'application du système de chauffage à la vapeur sur le réseau des Charentes. — Depuis le 24 novembre 1873 jusqu'au 1er avril 1875, il a été chauffé chaque jour sept trains composés chacun de trois ou quatre voitures, lesquels ont fait un parcours total de 114,600km correspondant à 352,261km faits par une voiture.

Trente-quatre voitures ont reçu les divers appareils.

Motifs de l'abandon de ce système de chauffage. — M. Falquerolles, Ingénieur en chef du Matériel et de la Traction de la Compagnie des Charentes, successeur de M. Plainemaison, n'a pas cru devoir continuer les expériences de chauffage pour les raisons suivantes, que nous avons déjà signalées :

1° Il a jugé trop coûteuse l'application du système étendue à tout son matériel.

2° Les appareils en usage étant mal construits, et présentant des dispositions vicieuses, exigeaient des réparations continuelles (tôle des bouillottes trop mince, fusion et désagrégation du caoutchouc, etc.).

3° Les trains mixtes, si fréquents dans le service de la Compagnie, rendaient le chauffage très-difficile, et, dans la plupart des cas, il était impossible d'employer la machine du train ou la machine de réserve.

4° Enfin la consommation de combustible était loin d'être négligeable, puisqu'à Saintes une machine restait constamment en pression pour le chauffage des trains.

La Compagnie a complétement abandonné ces essais.

DEUXIÈME PARTIE

EXPÉRIENCES ET ESSAIS DE LA COMPAGNIE DES CHEMINS DE FER DE L'EST PENDANT LES HIVERS DE 1874, 1875 & 1876

Cette partie se divise en six chapitres :

Chapitre V. — *Essais et expériences sur le chauffage des voitures au moyen de poêles.*

Chapitre VI. — *Essais et expériences sur le chauffage des voitures au moyen d'appareils à air chaud.*

Chapitre VII. — *Essais et expériences sur le chauffage des voitures à l'aide de charbons agglomérés (briquettes, charbon nouveau, charbon de Paris).*

Chapitre VIII. — *Essais et expériences sur le chauffage des voitures au moyen d'un courant d'eau chaude circulant dans des appareils fixes.*

Chapitre IX. — *Expériences sur le chauffage par bouillottes mobiles à eau chaude et étude des améliorations à y apporter.*

Chapitre X. — *Examen des propositions diverses, des idées originales émises par un grand nombre d'inventeurs dont les projets n'ont point reçu d'applications.*

CHAPITRE V

ESSAIS ET EXPÉRIENCES SUR LE CHAUFFAGE DES VOITURES AU MOYEN DE POÊLES.

CHAUFFAGE AU MOYEN D'UN POELE.

La solution du chauffage des voitures qui semble la plus simple consiste à placer un poêle dans l'intérieur du véhicule. C'est, comme nous l'avons vu dans le précédent chapitre, ce que l'on fait assez généralement en Allemagne, en Suisse et en Russie ; mais les voitures que l'on munit de poêles dans ces pays sont le plus souvent du type américain, tandis qu'en France, en raison de l'isolement complet des compartiments des voitures de 1re et 2e classe, ce système de chauffage paraît, de prime abord, à peine applicable aux seules voitures de 3e classe.

Quoi qu'il en soit, pour déterminer les avantages et les inconvénients des poêles, nous avons monté un de ces appareils dans une de nos voitures de 3e classe dont les compartiments communiquent entre eux au-dessus des appuie-tête.

Type du poêle expérimenté. — Nous avons fait choix du poêle-calorifère au coke type D, n° 5, de la Compagnie Parisienne du gaz; les figures 1 à 6 de la planche n° 2 le représentent, ainsi que la disposition de son montage dans la voiture. Cet appareil agissait de deux manières : par rayonnement direct d'une part, et par l'introduction d'un courant d'air pris au dehors et chauffé au contact de l'appareil, d'autre part.

Description du poêle. — Ce poêle se compose d'un foyer, d'un réservoir à combustible, d'un cendrier en fonte et de deux enveloppes concentriques en tôle et fonte.

Foyer. — Le foyer, dont la forme est sensiblement celle d'une demi-sphère, présente trois ouvertures :

À la partie inférieure, un orifice circulaire est placé au-dessus de la grille; sur le côté, une ouverture rectangulaire sert à piquer le feu; à la partie supérieure, le foyer est ouvert sur toute sa section.

L'ouverture latérale est fermée par une porte munie d'un papillon servant de regard.

Réservoir. — Un cône en fonte surmonte le foyer, et les bossages qu'il porte reposent sur des pattes venues de fonte avec le foyer.

Ce cône sert de réservoir à combustible et rend l'alimentation continue.

Pour faciliter la descente du combustible, on a placé la petite base du cône à la partie supérieure, et pour la commodité du remplissage, on l'a terminée par une pièce en forme d'entonnoir.

Un couvercle en tôle, à charnières, ferme le réservoir.

Cendrier. — Le cendrier porte le foyer et sert de socle au poêle. Il est rectangulaire, et sa paroi supérieure est percée d'un orifice circulaire au point où se trouve la grille.

Sur le côté, il présente une autre ouverture rectangulaire fermée par une porte. Celle-ci est munie d'une valve demi-circulaire pour permettre de régler l'introduction de l'air sous le foyer.

Pendant les expériences, les portes du foyer et du cendrier étaient cadenassées, afin d'empêcher les voyageurs de les ouvrir.

Le cendrier contient un tiroir mobile en tôle pour recevoir les cendres.

Grille. — La grille, d'une surface totale de $0^{m^2},0079$, est placée dans ce cendrier. On peut la déplacer horizontalement, de façon à faire tomber le feu.

Enveloppe intérieure. — Le réservoir à combustible est entouré d'une enveloppe en tôle, ajustée sur la partie supérieure du foyer et se terminant contre l'entonnoir de remplissage.

Les produits de la combustion se répandent entre le réservoir et cette enveloppe, puis s'échappent par un tuyau horizontal placé sur le derrière de l'appareil et vers le milieu de la hauteur de l'enveloppe.

Cheminée. — La cheminée, en tôle, se raccorde par un coude à emboîtement avec ce tuyau horizontal.

Elle s'élève verticalement, traverse le pavillon et le dépasse d'environ $0^m,20$; pour faciliter le tirage on l'a surmontée d'un chapeau.

Enveloppe extérieure. — L'ensemble du cendrier, du foyer, du réservoir à combustible et de son enveloppe est entouré d'une deuxième enveloppe composée de viroles en tôle assemblées par des anneaux en fonte.

Cette enveloppe descend jusqu'au plancher de la voiture, et est percée sur tout le pourtour de sa partie supérieure.

Prise d'air pour la combustion. — L'air nécessaire à la combustion était fourni par un tuyau de $0^m,050$ de diamètre intérieur, qui partait du cendrier, traversait l'enveloppe du poêle, se recourbait à angle droit pour traverser le plancher et aboutissait à l'extérieur, à quelques centimètres au-dessous du châssis.

Aucun appareil spécial ne forçait, d'ailleurs, l'air à entrer dans ce tuyau.

Prise d'air pour le chauffage. — Un autre tuyau de $0^m,120$ de diamètre intérieur amenait l'air extérieur entre les deux enveloppes du poêle, à la hauteur du cendrier.

Cette prise d'air, après avoir traversé le plancher, se terminait à l'extérieur par deux trompes garnies de toile métallique et orientées suivant le grand axe de la voiture.

L'air introduit par le mouvement même du véhicule s'échauffait au contact du foyer et de l'enveloppe intérieure, et s'échappait dans la voiture par les orifices ménagés dans l'enveloppe extérieure.

On avait établi dans le tuyau de prise d'air un papillon dont l'axe aboutissait au dehors du brancard, ce qui permettait, au moyen d'un secteur denté, de régler la quantité d'air introduite.

Installation du poêle dans la voiture. — Le poêle fut établi dans la voiture à la place de la stalle du milieu d'une des banquettes du compartiment central.

Il fut placé de façon à affleurer la traverse de banquette pour laisser libre le passage dans le compartiment.

Des cloisons (fig. 1 à 3 de la planche n° 2) plus élevées que le poêle devaient protéger les voyageurs qui occupaient les places contiguës à l'appareil.

Ces deux cloisons latérales, ainsi que la cloison de séparation du compartiment, formaient ainsi une sorte de niche.

Pour prévenir tout danger d'incendie, les faces de cette niche étaient garnies de tôles maintenues à une petite distance, et qui ménageaient ainsi une couche d'air isolante.

Deux colliers en fer embrassaient l'enveloppe extérieure et fixaient le poêle à la cloison de séparation.

Résultats calorifiques. — En faisant fonctionner le poêle comme calorifère à air chaud, nous avons obtenu un effet utile moyen de 15°, c'est-à-dire que la moyenne des températures constatées dans la voiture a été supérieure de 15° à celle de l'air extérieur, et ce chiffre eût été certainement dépassé s'il n'avait fallu ouvrir fréquemment les fenêtres, en raison de la chaleur excessive qui se produisait dans le voisinage de l'appareil.

Le compartiment central, où le poêle était monté, atteignait en moyenne une température supérieure de 20° à celle des compartiments extrêmes.

La voiture étant entièrement fermée, nous avons constaté *des températures de 58°* sur la banquette faisant face au poêle, et, au même moment, la température sous les banquettes des compartiments extrêmes *était seulement de 13°*, les thermomètres extérieurs marquant +8° pendant cette expérience.

La température était en moyenne de 15° plus élevée près du pavillon qu'à 0m,20 au-dessus du plancher.

L'air chaud se répartissait également entre les deux extrémités de la voiture et le long des deux parois latérales.

La suppression de l'introduction de l'air extérieur entre les deux enveloppes du poêle réduisait l'effet utile à 13°,2, mais la répartition de la chaleur n'était pas sensiblement meilleure.

La température maxima, atteinte dans la voiture, fut encore de 39° pour une température extérieure de + 11°.

L'écart moyen entre le point le plus chaud, situé sur le dossier du siége en face du poêle, et le point le plus froid, placé sous les banquettes des compartiments extrêmes, s'élevait à 25°.

Résumé des expériences. — Les résultats principaux de quatre expériences sont groupés dans le tableau suivant :

Poêle de la Compagnie Parisienne appliqué à la voiture de 3e classe, C 4302.

DATE de l'EXPÉRIENCE	NUMÉRO DU TRAIN	CONSOMMATION PAR HEURE		ÉTAT DU TEMPS	TEMPÉRATURE MOYENNE		EFFET UTILE	ÉCART MAXIMUM entre la plus haute et la plus basse température de l'intérieur de la voiture	OBSERVATIONS	
		de marche	de stationnt à Nancy		extérieure	intérieure				
1874		kilogr.	kilogr.		deg.	deg.	deg.	degrés	(Dans toutes les expériences on a employé le coke de gaz pour l'alimentation du foyer.)	
15 janv.	32	1.080	»	couvert	6.4	24	17.6	46	Poêle fonctionnant comme calorifère.	Pendt une grande partie de la route, les châssis de glaces ont été ouverts.
16 —	35	»	0.646	»	8.7	22.6	13.9	45	do	Quelques châssis ont été ouverts pendant le parcours.
17 —	32	1.500	»	»	»	»	»	»	do	La prise d'air du foyer était complétement fermée.
19 —	32	0.668	0.600	pluie	8.3	21.5	13.2	25	Poêle fonctionnant par rayonnement	La prise d'air du foyer était réduite de moitié. Voiture entièremt fermée.

Expérience en marche du 15 janvier 1874. — Pour bien faire ressortir la mauvaise distribution de chaleur que donne le poêle, il nous paraît nécessaire de reproduire le procès-verbal d'une des expériences faites dans un train en marche.

La voiture n'était occupée que par l'expérimentateur.

DISPOSITION DES THERMOMÈTRES

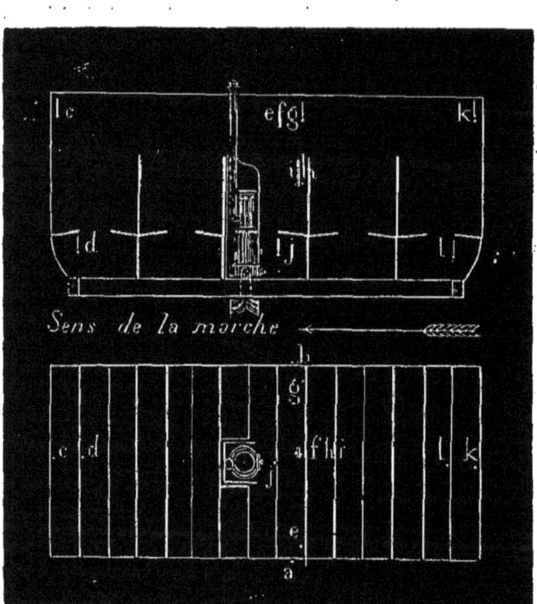

(*Voir* à la page suivante le tableau des Températures.)

OBSERVATIONS.

« Le thermomètre *h* avait son réservoir tourné vers la « cloison, le thermomètre *i* faisait face au poêle.

« Le poêle fut allumé à Nancy quinze minutes avant « le départ du train ; la température de la voiture était « alors égale à la température extérieure; le registre d'in-

Tableau des températures.

STATIONS	HEURES	THERMOMÈTRES EXTÉRIEURS		INDICATION DES THERMOMÈTRES INTÉRIEURS										ÉTAT DU TEMPS
		a	b	c	d	e	f	g	h	i	j	k	l	CHARGEMENTS ET OBSERVATIONS
	matin	deg.	deg.	deg.	deg.	deg.	deg.	deg.	deg	deg.	deg.	deg.	deg.	
Nancy (*départ*) . . .	6^h	6	6	6	6	6	6	6	6	6	6	6	6	Temps couvert, châssis fermés, registre complètement ouvert.
Toul	$7^h.07'$	5.5	5	18.5	9	29	32.5	30.5	25	33	34	19.5	8.5	
Commercy	$7^h.56'$	6	6	22.5	10	37	41	38	30	39.5	42	24	9	
Bar-le-Duc	$9^h.14'$	6	6	28	11	47	53	48.5	45.5	54	57	30	11	Chargement de combustible, châssis ouverts, registre fermé.
Sermaize.	10^h	6	4.5	7	7	12	13	9	22	23	29	5.5	6	Châssis fermés du côté du vent, registre ouvert à moitié.
Blesme.	$10^h.30'$	6.5	5	12.5	9	17	22	17.5	23	29.5	39.5	9	6	
Châlons	$11^h.55'$	6.5	5	12.5	9	20	24	21	26.5	32	38	12	7	Châssis fermés du côté du vent, registre complètement ouvert, chargement de combustible.
Épernay	$1^h.15'$	6.5	6	15	10	18.5	23.5	19	22	25.5	29.5	10	9	Le registre et tous les châssis fermés.
Château-Thierry. . .	$2^h.35'$	7.5	7	24	11	43	49.5	44	44	53	52.5	26	9	Registre fermé, tous les châssis de portières ouverts du côté opposé au vent, chargement de combustible.
La Ferté.	$3^h.25'$	8	7	19.5	12.5	31	36.5	32	39	44	45.5	14	11	
Meaux.	$3^h.55'$	8.5	7.5	19.5	12	30	35	30.5	37	42	42	13	11	
Paris (*arrivée*) . . .	$5^h.15'$ soir	8.5	6	21	12	30	35.5	29	37	43	44	13	11	

« troduction de l'air extérieur entre les enveloppes du « poêle fut entièrement ouvert, et tous les châssis furent « fermés. Entre Longeville et Bar-le-Duc, la température « devint insupportable, et, la peinture de la traverse de la « banquette faisant face au poêle se boursouflant, on fut « obligé de l'arroser plusieurs fois et d'ouvrir tous les « châssis.

« Dans le parcours d'Epernay à Château-Thierry, on « a de nouveau fermé complètement la voiture. — La « banquette faisant face au poêle était exposée à une cha- « leur si élevée qu'il devint nécessaire de l'arroser plu- « sieurs fois. A l'arrivée à Château-Thierry, la température « intérieure était suffocante ; on dut ouvrir les châssis de « portières d'un côté de la voiture afin de faire tomber la « température. »

Nous reproduisons sur le graphique de la planche n° 2 les courbes des températures indiquées par les thermomètres *c*, *d*, *f*, *j*, *k*, *l*, placés à l'intérieur de la voiture, et par le thermomètre *b*, placé à l'extérieur.

Influence du sens de la marche et des chargements de combustible. — Par la position qu'elle occupe au centre de la voiture, la cheminée du poêle se trouve toujours dans les mêmes conditions de tirage ; aussi constate-t-on que le fonctionnement de l'appareil n'est pas influencé par le sens de la marche.

Les chargements de combustible n'ont pas non plus d'influence caractérisée sur la température intérieure de la voiture, à condition toutefois qu'on ne laisse pas la cloche d'alimentation se vider complètement.

Dans nos expériences, on chargeait du combustible toutes les trois heures. Il était en même temps nécessaire de piquer la grille pour la débarrasser du mâchefer qui se formait abondamment.

Les foyers devaient être entretenus de l'intérieur de la voiture, ce qui rendait le service difficile pour les agents et gênant pour les voyageurs.

Consommation de combustible et prix de revient du chauffage. — La consommation de combustible, résultant de l'ensemble de nos expériences, s'est élevée à :

1^{kg},100 par heure de marche,
0^{kg},650 — de stationnement.

Ce qui donne, pour prix de revient du chauffage, le coke employé étant à 40^{f} la tonne :

0^{f},044 par heure de marche,
0^{f},026 — de stationnement.

Dépenses d'installation de l'appareil. — Le prix de revient du poêle complet, y compris les dépenses d'installation, dans une voiture de troisième classe serait d'environ 250^{f}.

Conclusions des expériences. — Malgré les résultats calorifiques élevés constatés dans nos essais, nous pensons que l'on ne peut chauffer par des poêles les voitures françaises de troisième classe.

Nos expériences établissent en effet :

Que ce mode de chauffage est malsain et, à la longue, dangereux pour la santé publique, puisque la tête des voyageurs se trouve exposée à une température beaucoup plus élevée que la partie inférieure du corps ;

Que le compartiment du milieu de la voiture ne peut être occupé sans inconvénients graves, à cause des hautes températures qui s'y produisent ;

Enfin, que les compartiments extrêmes sont peu ou point chauffés.

De plus, l'installation du poêle dans l'intérieur de la voiture nécessite la suppression d'une stalle et réduit ainsi le nombre des voyageurs transportés par véhicule.

Quant à l'application d'un pareil système de chauffage à chaque compartiment de 1re et de 2e classe, il n'y fallait évidemment pas songer.

Les expériences sur les poêles ont été de peu de durée, les voyageurs ayant unanimement manifesté la plus vive répugnance pour ce mode de chauffage qu'ils cherchaient à combattre en ouvrant complétement toutes les fenêtres.

CHAPITRE VI

ESSAIS ET EXPÉRIENCES SUR LE CHAUFFAGE DES VOITURES AU MOYEN D'APPAREILS A AIR CHAUD.

APPAREIL A AIR CHAUD, SYSTÈME GRANDVALLET ET KIÉNAST.

Principe. — L'appareil proposé par MM. Grandvallet et Kiénast, reproduit planche n° 18, figures 1 à 6, est un calorifère à air chaud, dont le foyer est alimenté soit par un combustible spécial, aggloméré sous forme de briquettes de grandes dimensions, soit par de la braise nitratée. Les briquettes sont spécialement employées dans les longs parcours.

L'air s'échauffe en passant dans un serpentin en cuivre rouge au centre duquel est placé le foyer de l'appareil; l'air est chassé dans ce serpentin et, de là, dans le véhicule par le mouvement même de ce dernier.

Nous avons fait l'application de ce système sur une de nos voitures de 3e classe.

Description. — L'appareil consiste en une caisse en fonte, servant d'enveloppe au foyer et aux conduits d'air chaud, et placée en dessous du châssis vers le milieu de la longueur de la voiture.

Une enveloppe en tôle protége l'appareil contre le refroidissement.

Foyer. — Un cadre en fer, établi dans la partie centrale de la caisse en fonte, supporte le foyer. Celui-ci se compose d'un tiroir mobile, muni d'une poignée à une de ses extrémités. Les côtés de ce tiroir sont en tôle perforée et le dessous est formé d'un grillage en fil de fer, construction qui facilite l'accès de l'air autour du combustible. Ce tiroir reçoit directement le combustible lorsqu'on emploie les briquettes de grandes dimensions fabriquées spécialement pour cet appareil ; mais si l'on fait usage de la braise nitratée, celle-ci est placée préalablement dans un panier en fil de fer, à larges mailles, servant à l'allumage et au transport du combustible incandescent.

Portes de chargement et de nettoyage. — La face extérieure de l'appareil est percée de deux ouvertures fermées par des portes en tôle et à charnières munies de loquets. L'ouverture supérieure, pratiquée à la hauteur du cadre en fer qui supporte le panier à combustibles, sert au chargement du foyer.

La porte du bas sert à enlever les cendres que font tomber du tiroir les trépidations de la marche.

Prises d'air pour la combustion. — L'air nécessaire à la combustion s'introduit autour du foyer par de petites ouvertures pratiquées à la partie inférieure de la caisse en fonte.

Orifices de sortie des produits de la combustion. — La sortie des gaz de la combustion a lieu par deux rangées d'ouvertures placées de chaque côté de la plaque rapportée qui forme le dessus de la caisse en fonte.

La section de ces ouvertures et, par suite, l'activité de la combustion se règlent au moyen de petits registres manœuvrés par une tringle à poignée traversant le brancard du châssis.

Conduites d'air chaud, serpentins. — Autour du foyer central et à l'intérieur de la caisse en fonte s'enroulent en ellipse trois serpentins en cuivre rouge décrivant chacun trois spires et demie autour du foyer et servant au passage de l'air destiné au chauffage (fig. 5 et 6 de la planche n° 18).

Prise d'air pour le chauffage, manches à vent. — Chacun de ces serpentins débouche à sa partie inférieure dans une tubulure fixée contre le dessous de l'enveloppe du foyer. L'air pénètre dans cette tubulure par deux manches à vent s'ouvrant en sens inverse et dirigées vers les deux extrémités de la voiture.

Dans les tubulures s'accumulent les corps étrangers qui, pendant la marche, peuvent s'introduire par les orifices des manches à vent, et que l'on fait tomber au moyen d'un registre mobile horizontal et commun à toutes les tubulures.

Clapets des manches à vent. — Les manches à vent des prises d'air sont fermées par des clapets mobiles qui permettent de régler le volume d'air introduit dans la voiture.

Sur chaque côté de l'appareil est disposé un axe qui commande simultanément les clapets des trois manches à vent. Un cliquet, qui s'engage dans une roue dentée et calée sur l'axe des clapets, maintient ceux-ci dans la position voulue.

L'introduction de l'air se fait par le côté exposé au choc de l'air pendant la marche du train, et les clapets des manches à vent, tournés du côté opposé, doivent être fermés afin que l'air soit obligé de s'engager dans les serpentins.

Tuyaux de distribution. — A la partie supérieure de la caisse en fonte, les serpentins communiquent avec les tuyaux de distribution. Ceux-ci, courant en dessous du plancher de la voiture, viennent aboutir à trois bouches de chaleur placées sous les banquettes contre les cloisons de séparation (fig. 1 à 3 de la planche n° 18).

Bouches de chaleur. — Les bouches de chaleur sont formées d'une boîte en bois, présentant sur ses deux faces longitudinales des ouvertures garnies d'une toile métallique à mailles très-serrées.

Aucun appareil de réglage n'est mis à la disposition des voyageurs. Seuls les agents peuvent modifier le chauffage en faisant varier l'ouverture des clapets des manches à vent.

Combustible. — Dans nos essais, nous avons employé la braise nitratée fournie par les inventeurs et le combustible aggloméré dit *charbon nouveau.*

Les charbons nouveaux étaient successivement allumés sur une forge, puis placés dans le panier.

Résultats calorifiques obtenus sur la voiture de 3e classe occupée par les expérimentateurs seuls. — Les résultats calorifiques que nous avons obtenus ont été presque nuls.

Effet utile. — Avec la braise nitratée, la température moyenne de l'intérieur de la voiture ne s'est élevée que de 4° au-dessus de la température extérieure.

Dans les essais faits avec le charbon nouveau, l'effet utile n'a été que de 3°.

Distribution de la chaleur. — La répartition de la température était assez bonne; mais ce fait est de peu d'importance si l'on considère les quantités minimes de chaleur émises par l'appareil.

Dans la voiture, les températures la plus haute et la plus basse obtenues dans nos expériences n'ont dépassé que de 7°,5 et de 2° la température extérieure.

Un thermomètre, placé au contact de la toile métallique de la bouche de chaleur du milieu de la voiture, ne s'est pas élevé à plus de 19°.

Pour préciser ces résultats, nous reproduisons le procès-verbal de l'expérience faite pendant la nuit du 6 au 7 décembre 1873 dans un voyage d'aller et retour, entre Paris et Châlons.

Trois autres essais nous ont donné d'ailleurs les mêmes résultats.

« APPAREIL KIÉNAST

« APPLIQUÉ A LA VOITURE DE 3e CLASSE C 1018.

« *Expérience des 6 et 7 décembre 1873, par trains 41 et 42, de Paris*
« *à Châlons et retour.*

« Le combustible employé a été la braise nitratée
« fournie par M. Kiénast.

« Le panier en fil de fer étant complétement rempli de
« braise (charge de $1^{kg},700$), on procède à l'allumage
« (8^h 52') qui, fait sur un feu de forge, prend dix minutes.

« A 9^h 02' du soir, on met le panier dans l'appareil.

« Avant le départ, les valves d'entrée d'air, placées en « avant dans le sens de la marche, sont ouvertes de façon « à se trouver dans le prolongement de la paroi supé- « rieure de la bouche. Les registres du haut de l'appareil « sont complétement ouverts, afin que la combustion soit « aussi active que possible.

« Au moment du départ, on recharge le panier d'une « pelletée de braise (0^{kg},266), l'allumage ayant été peut- « être trop complet.

« De Paris à Châlons, on charge à Meaux deux pelle- « tées, à Château-Thierry trois, à Épernay trois, à l'arri- « vée à Châlons trois.

« Au départ de Châlons (après cinquante et une mi- « nutes de stationnement) on charge une pelletée.

« Dès l'arrivée à Châlons, on ferme les registres du « haut de l'appareil et on les tient en cet état tout le « temps du retour, pendant lequel on charge à Épernay « une pelletée de braise, et à Château-Thierry deux ; à « Meaux, le feu est éteint, la braise étant complétement « brûlée.

« La consommation totale est de 7^{kg},200 se décom- « posant comme suit :

Charge initiale.	1^{kg},700
Charges en route (15 pelletées à 0^{kg},266). .	5^{kg},500
	7^{kg},200

« Ou bien :

« Avant le départ de Paris, 0^{kg},366.

« De Paris à Châlons, 4^{kg},026 en 4^h 10', soit 0^{kg},966 « par heure.

« Pendant le stationnement à Châlons, 0^{kg},366 en 0^h 51', « soit 0^{kg},430 par heure.

« De Châlons à Meaux, $2^{kg},442$ en $2^{h}\ 52'$, soit $0^{kg},851$
« par heure.

« Au départ de Châlons, la grille ne se trouvant pas
« complétement garnie, la consommation en stationne-
« ment a été plus forte que celle qui est indiquée ci-dessus,
« et, par contre, plus faible la consommation en route,
« pendant le retour.

« État du temps pendant toute la durée de l'essai :
« gelée, air sec et ciel découvert.

DISPOSITION DES THERMOMÈTRES DANS LA VOITURE C 1018.

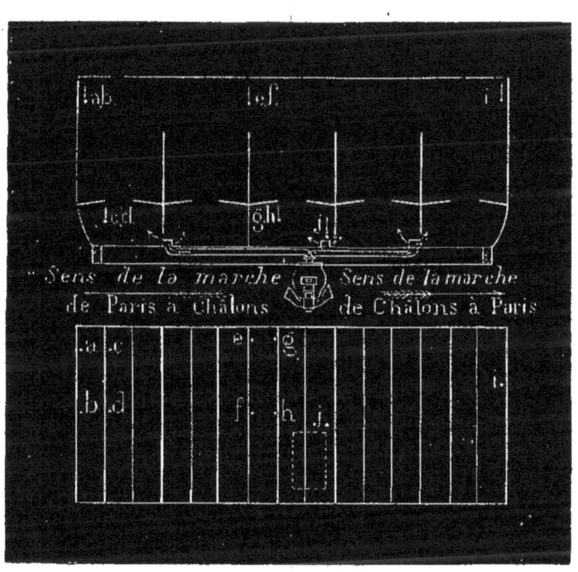

« Les thermomètres *a* et *c* sont à $0^{m},50$ de la paroi
« latérale de la caisse, et à $0^{m},20$ ceux qui sont désignés
« par les lettres *e* et *g*. Le réservoir du thermomètre *j* est
« placé contre la grille de la bouche d'air centrale. »

Tableau des températures observées.

STATIONS	HEURES	TEMPÉRATURE EXTÉRIEURE	INDICATIONS DES THERMOMÈTRES INTÉRIEURS										OBSERVATIONS
			a	b	c	d	e	f	g	h	i	j	
	soir	degrés	degrés	degrés	degrés	degrés	degrés	degrés	degrés	degrés	degrés	degrés	
Paris (*mise en place du panier*).	9h	+ 4	4.5	4.5	4.5	4.5	4.5	4.5	4.5	4.5	4.5	4.5	
Paris (*départ*). .	9h.27′	+ 3.5	4.5	5	5	5	5.25	5.5	5	6	5	8	Charge de braise.
	10h.35′	0	4,5	5	5	5	5.75	6	5	6.25	5	14	d°
	11h.30′	+ 0.25	3.5	4	3	3.5	5	5.5	4.5	6	4.5	17	d°
	12h.30′	+ 2	3	4	3.5	4	4	5	4	5	4	19	
Châlons (*arrivée*)	1h.37′	0	3	4	3	3.25	3.5	4	3.5	4	2.75	18	d°
Châlons (*départ*).	2h.30′	0	2	2	2.5	2.5	3	3.5	3	5	2	15	d°
	3h.30′	0	2.5	3	2.5	3	3.75	4.25	4	5	2.5	17	
	4h.35′	— 1	2	2	2	2	3	3.5	3	4	2	16	
	5h.20′	— 2	1.5	2	1	2	2.5	3	2.25	3	1.5	10	Le feu est éteint.
Paris (*arrivée*). .	6h.38′ matin	— 1	1	1	1	1	1.75	2	1.5	2.5	1	9	

Consommation de combustible. — Les consommations moyennes de combustible, pendant nos diverses expériences, ont été les suivantes :

Braise nitratée, 1^{kg} par heure de marche.

Charbon nouveau, 0^{kg},450 d°.

La braise nitratée se consumant vite, et le panier ne pouvant en contenir qu'environ 1^{kg},700, il était nécessaire de visiter et de recharger le foyer au moins *une fois toutes les heures si l'on voulait éviter les extinctions.*

Lorsqu'on employait le charbon nouveau, le foyer n'exigeait aucun soin pendant toute la durée de la combustion de la charge ; le panier pouvait contenir environ 7^{kg},500 de ce combustible.

Prix de revient du chauffage. — D'après les consommations citées plus haut, le prix de revient du chauffage s'élevait, pour notre voiture de 3e classe et par heure, à 0^f,15 en employant la braise nitratée, à 15^f les 100^{kg}, et 0^f,072 en employant le charbon nouveau, au prix de 16^f les 100^{kg}.

Dépenses d'installation de l'appareil. — Le prix de revient de l'appareil du type monté sur notre voiture de 3e classe s'est élevé à 800^f environ, en y comprenant les frais de montage et les droits de brevet dus aux inventeurs.

Conclusion des expériences. — En présence de ces résultats négatifs, nous n'avons pas poursuivi l'expérimentation de cet appareil, évidemment insuffisant pour chauffer une de nos voitures de 3e classe.

D'après M. Kiénast, il eût été nécessaire, eu égard à la capacité à chauffer, de porter le nombre de serpentins de trois à cinq, de disposer une bouche de chaleur sous chaque banquette et d'augmenter la longueur du foyer.

Ces modifications, ayant pour conséquence d'accroître le prix de revient de l'installation et la consommation du combustible, n'ont pas été exécutées.

Comme tout chauffage à air chaud, ce système donne une mauvaise distribution de la chaleur ; il ne chauffe pas pendant le stationnement ; enfin il ne serait efficace qu'au prix d'une grande consommation d'un combustible coûteux ; ces motifs nous ont décidés à rejeter définitivement cet appareil.

APPAREIL A AIR CHAUD, SYSTÈME MOUSSERON.

Principe de l'appareil à air chaud, système Mousseron. — L'appareil système Mousseron consiste en un calorifère à air chaud appliqué à l'extérieur de chaque voiture. Son fonctionnement est basé sur l'introduction, par le mouvement même du véhicule, de l'air extérieur qui vient s'échauffer autour du foyer, et de là passe dans la voiture.

APPAREIL PRIMITIF PRÉSENTÉ PAR M. MOUSSERON.

Appareil primitif monté sur une voiture de 3e classe. — Le premier appareil, essayé et monté sur une voiture de 3e classe à cinq compartiments, avait été construit par l'inventeur et se composait d'un foyer en tôle à trois enveloppes destinées à fournir deux couches d'air s'échauffant autour du foyer.

Les dispositions d'ensemble de cet appareil sont représentées par les figures 10 et 11 de la planche n° 19.

Le foyer était fixé à l'extérieur de la voiture vers le milieu de l'un des brancards.

L'air chaud s'introduisait dans la voiture par des canalisations établies sous le plancher et aboutissant à trois bouches de chaleur avec clefs de réglage placées au milieu et aux deux extrémités de la caisse.

La cheminée du foyer passait au milieu d'une des cloisons de séparation et devait contribuer, par son rayonnement, au chauffage de l'air intérieur.

Effet utile. — D'après l'ensemble des résultats obtenus, l'air contenu dans la voiture acquérait, en marche, une température moyenne supérieure de 7° à celle de l'atmosphère.

Distribution de la chaleur. — Les thermomètres placés contre le pavillon ont indiqué 3° de plus que ceux qui étaient fixés près du plancher.

La température la plus élevée a été de 21° près et au milieu du pavillon, et, à ce même moment, on constatait que la température la plus basse contre le plancher et à l'une des extrémités de la voiture était de 11°, soit un écart de 9°,5.

Consommation de combustible. — Pour obtenir ces températures, on a consommé en moyenne par heure 1^{kg},800 en marche, et 1^{kg},200 en stationnement; le combustible employé était du coke de gaz.

Résumé des expériences. — Les expériences que nous avons entreprises sur ce type de calorifère en tôle, au commencement de l'hiver 1873-1874, sont résumées dans le tableau ci-contre :

Résumé des expériences faites sur l'appareil à air chaud, système Mousseron, monté sur la voiture de 3e classe C 1029.

DATE de L'EXPÉRIENCE	NUMÉRO DU TRAIN	CONSOMMATION PAR HEURE		ÉTAT du TEMPS	TEMPÉRATURE MOYENNE		EFFET UTILE	ÉCART MAXIMUM entre la plus haute et la plus basse température de l'intérieur de la voiture	OBSERVATIONS
		de marche	de stationnt à Nancy		extérieure	intérieure			
1874		kilogr.	kilogr.		degrés	degrés	degrés	degrés	
22 janv.	35	1.848	»	beau couvt	+7.9	17.3	9.4	11	Coke de gaz, voiture close, registre fermé.
23 —	32	1.800	1.200	couvt	+8	15	7	7.5	do do
15 févr.	35	1.800	1.200	pluie	+8.2	13.7	5.5	3	Coke de gaz, voiture occupée par les voyageurs, registre fermé.
16 —	32	1.800	1.200	couvt pluie	+8.5	14	5.5	1.5	do do (Toutes les bouches de chaleur étaient ouvertes.)

Expérience en marche du 23 janvier 1874. — Pour que l'on puisse étudier la marche de l'appareil et la distribution de la chaleur, nous reproduisons toutes les constatations faites pendant l'expérience du 23 janvier 1874, entre Paris et Nancy.

Le dessin ci-après (*voir* page 198) indique comment les thermomètres étaient disposés dans la voiture. Sur la planche (n° 28) nous avons reproduit graphiquement les températures indiquées par les thermomètres placés dans les compartiments du milieu et des extrémités de la voiture, et par celui qui était à l'extérieur.

DISPOSITION DES THERMOMÈTRES

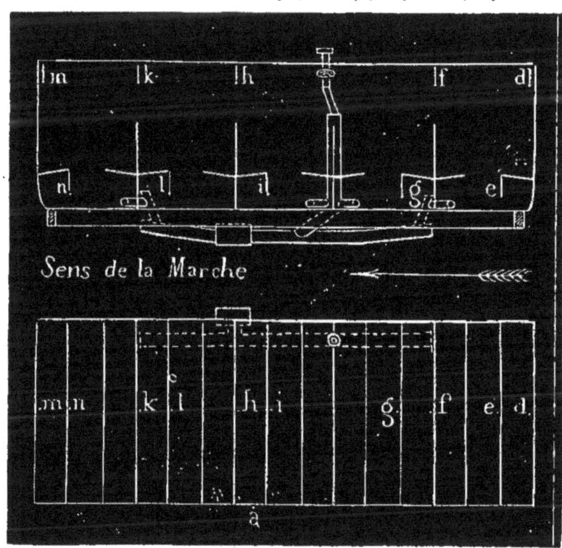

(*Voir* à la page suivante le tableau des Températures.)

Inconvénients des dispositions de l'appareil. — L'appareil ainsi établi présentait de nombreux inconvénients : la visite et le nettoyage des conduits étaient très-difficiles ; le foyer ne contenant que 6^{kg},500 de coke de gaz, exigeait de fréquents chargements, et la couche réfractaire dont il était garni pour protéger sa paroi intérieure en tôle devait être très-souvent réparée.

La cheminée incommodait les voyageurs placés dans son voisinage et pouvait devenir une cause d'incendie ; de plus, l'installation en était difficile, coûteuse et inadmissible, même dans les voitures de 1re et de 2e classe, en raison des garnitures.

Tableau des températures.

STATIONS	HEURES	THERMOMÈTRE extérieur	INDICATIONS DES THERMOMÈTRES-INTÉRIEURS										ÉTAT DU TEMPS CHARGEMENT DE COMBUSTIBLE et observations
		a	d	e	f	g	h	i	k	l	m	n	
	matin	deg.	deg.	deg.	deg.	deg.	deg.	deg.	deg.	deg.	deg.	deg.	
Nancy (*départ*). .	6h	+ 6	16.5	11.5	18.5	15.5	20.5	18	21	17	21	17	Temps couvert.
Commercy . . .	7h.56′	6.5	15	10.5	17.5	15	19.5	17	16.5	13	14.5	13	Chargement de combustible.
Bar-le-Duc . . .	10h	7	15	10.5	17	14.5	18.5	16.5	16	12.5	14	12	do Brouillard.
Blesme.	11h.05′	8	15	11.5	17.5	15	19.5	17	16.5	13	14	12	
Châlons.	12h.05′	8.5	15	12.5	17	15	18.5	17	16.5	13	14.5	12.5	Chargement de combustible. { Temps couvt pendant tout le reste du parcours.
Épernay.	1h.15′	9	16	13	17.5	16	18.5	16.5	16.5	13	14.5	12.5	
Château-Thierry.	2h.40′	9	14.5	12	16	15	17.5	16	15.5	12.5	13.5	12	Chargement de combustible.
La Ferté. . . .	3h.35′	9	13.5	11.5	15.5	14	17	15	14.5	12	13	12	do
Meaux	4h	8.5	14	12	16.5	14	18	16	16	12	13.5	11.5	(Le papillon de la *cheminée* a été tenu fermé aux trois quarts pendant tout le parcours.)
Paris (*arrivée*). .	5h.15′ soir	8.5	14	12.5	17	14.5	18.5	16	16	13	14	12	

Première Modification des appareils à air chaud, système Mousseron.

Pour remédier aux nombreuses imperfections constatées dans l'appareil précédent, nous avons étudié une nouvelle disposition de ce système de chauffage, en nous proposant d'obtenir une température intérieure aussi uniforme que possible, de faciliter le montage et l'entretien, et enfin d'éviter la fréquence des chargements de combustible en cours de route.

Sur ce programme, nous avons construit l'appareil figuré sur les planches n°s 19 et 20, et nous l'avons monté sur une voiture de chacune des trois classes (1).

Description de l'appareil monté sur une voiture de 3e classe. — Foyer. (fig. 8 et 9 de la planche n° 19.) — L'appareil se compose d'un calorifère en fonte à trois parois. La paroi intérieure, d'une seule pièce, sert de foyer et se termine par le raccord du tuyau de fumée.

Enveloppes à air. — Les deux enveloppes extérieures, chacune en deux pièces, contiennent et échauffent deux couches d'air superposées.

La partie inférieure des trois enveloppes se termine par des pavillons dans lesquels l'air s'engouffre pendant la marche du train.

Ce calorifère est suspendu à l'extérieur et vers le milieu de l'un des brancards du châssis (fig. 2 et 4 de la planche n° 20).

---

(1) Les divers appareils expérimentés par la Compagnie ont été construits dans ses ateliers, à La Villette, sous la direction de M. Dietz, Ingénieur du Matériel roulant.

Conduits de chaleur. — Les conduits d'air chaud sont en tôle, de section circulaire, et posés parallèlement au brancard, sous la saillie de la caisse, de telle sorte que toutes les parties en sont apparentes et facilement accessibles pour le montage et les réparations.

Tuyau de fumée. — Le tuyau de fumée est placé dans un des conduits d'air chaud et vient se relever obliquement sur un des bouts de la voiture.

Introduction de l'air autour du foyer. — Pour que l'introduction de l'air se produise sans exiger la manœuvre d'aucun appareil spécial, quel que soit le sens de la marche du véhicule, chacun des deux espaces remplis par l'air chaud est coupé transversalement par des nervures qui s'élèvent jusqu'à la hauteur de la grille, et forcent l'air à monter dans le calorifère en l'empêchant de s'échapper par les ouvertures des aubes opposées au côté de son introduction.

Chacun des deux intervalles formés par les enveloppes du foyer est mis en communication avec l'une des extrémités de la voiture au moyen d'une conduite spéciale. De chacune de ces deux conduites partent les branchements des bouches de chaleur placées sous les banquettes de chaque compartiment.

Sur toute leur partie extérieure les conduits d'air chaud sont protégés contre le refroidissement par une enveloppe en tôle ménageant une couche d'air isolante.

Inégalités de température des deux couches d'air autour du foyer. — Les deux couches d'air qui enveloppent le foyer sont inégalement chauffées, puisque l'une reçoit le rayonnement direct du foyer et que la seconde n'est échauffée qu'au contact de la première.

Il résulte de cette disposition qu'un des côtés de la voiture reçoit de l'air très-chaud, et l'autre de l'air relativement tiède.

Pour arriver, autant que possible, à l'égalité de température, et pour réchauffer l'air provenant de l'espace extérieur, on a utilisé comme surface de chauffe le tuyau de fumée dans toute sa partie horizontale, depuis la sortie du foyer jusqu'à la traverse extrême.

Registre. — La partie inférieure du foyer est munie d'un registre destiné à régler la marche de la combustion.

Grilles. — Les grilles des foyers sont en fonte, d'une section totale de $0^{m^2},015$, dont moitié de parties vides.

Les grilles sont posées sur un siége venu de fonte avec le foyer (fig. 8 et 9 de la planche n° 19); elles sont placées à l'intérieur des aubes d'entrée d'air et à $0^m,190$ de leur plan inférieur, de façon qu'elles se trouvent protégées contre le courant d'air direct produit par la marche du train. Les grilles sont munies de pattes en fer qui, tout en permettant de les enlever verticalement, s'opposent à leur déplacement par les secousses qui se produisent en marche ou pendant les nettoyages.

Bouches de chaleur. — Les conduits d'air chaud communiquent avec l'intérieur de la voiture par des tuyaux verticaux en tôle aboutissant à des bouches de chaleur.

Dans chaque compartiment on a établi une bouche de chaleur placée sous l'une des deux banquettes. Ces bouches sont en fonte, de forme cylindrique et en deux pièces concentriques; la partie intérieure est mobile et présente une ouverture qui vient correspondre à une ouverture semblable de la partie extérieure fixée sur le plancher.

Une petite manivelle à ressort, agissant sur la pièce intérieure, sert à régler l'ouverture de ces bouches. La manœuvre en était laissée à la disposition des voyageurs.

Disposition permettant la réparation du véhicule. — Lorsque l'on fait le levage de la voiture, le foyer et la canalisation restent montés sur le châssis, et la séparation de la partie de l'appareil appartenant à la caisse a lieu dans les conduites verticales des bouches de chaleur et dans le raccord disposé à la base de la cheminée.

Le remontage consiste donc dans le simple remboîtement de ces tuyaux.

Résultats calorifiques. — Nous indiquerons séparément les résultats donnés par l'appareil Mousseron à foyer de 11^{kg} pour chacune de nos voitures de nos trois classes.

APPAREIL MONTÉ SUR UNE VOITURE DE 3e CLASSE.

Résultats des expériences faites avec une voiture spéciale non livrée aux voyageurs. — Lorsque la voiture de 3e classe ne contient pas de voyageurs, les portières et les châssis étant tenus fermés, on obtient à l'intérieur une température moyenne supérieure de 10° à celle de l'air extérieur.

Les températures constatées dans la voiture, à un même moment, présentent des écarts notables, quoique nous nous soyons attachés à soustraire nos thermomètres à l'influence des rentrées d'air.

Mode de distribution de l'air chaud à l'intérieur de la voiture. — L'air chaud ne se distribue pas uniformément dans tous les points de la voiture. Nous avons, en effet, constaté : 1° Que les points les plus chauds se trouvent sous le pavillon, au centre du véhicule, et que les plus froids correspondent au-dessous des banquettes des compartiments des bouts, l'écart entre ces points étant d'environ 9° ; 2° que dans un même compartiment l'air est *toujours plus chaud* sous le pavillon que près du plancher, l'écart entre la température s'élevant *fréquemment de 6° à 8°*.

Influence du sens de la marche. — Nous n'avons pas constaté que le sens de la marche de la voiture ait une influence sensible sur la température moyenne intérieure.

La répartition seule est influencée par les rentrées d'air, mais dans de faibles limites et sans loi déterminée.

Influence des chargements. — Les chargements de combustible ont une influence notable et constante. Le coke froid introduit dans le foyer refroidit suffisamment les surfaces de chauffe pour amener, dans la température intérieure de la voiture, un abaissement dont le maximum est en moyenne de 1° une heure environ après un chargement de 5^{kg} à 6^{kg}.

Influence de l'ouverture des portières. — L'ouverture des portières entraîne subitement une perte considérable de chaleur; l'expérience du 6 janvier 1874 (reproduite sur un graphique de la planche n° 28) fait ressortir cette perte qui détermine *une baisse presque instantanée d'environ 5°.* — Ce n'est qu'après *une heure* de marche que l'appareil fournit la chaleur nécessaire pour relever la température à son degré primitif.

Résultats des expériences faites avec une voiture livrée

aux voyageurs. — Lorsque la voiture est mise à la disposition des voyageurs, le fonctionnement de l'appareil est modifié par la fréquence de l'ouverture des portières et des châssis, par le calorique que dégagent les voyageurs eux-mêmes et par l'obstacle qu'ils opposent aux mouvements de l'air dans la voiture.

D'après les résultats constatés, et d'ailleurs très-variables, de nos expériences, on doit admettre que l'effet calorifique général est diminué de 2° à 3°. — Cet abaissement est produit en partie par la manœuvre normale des portières lors des arrêts, mais il est principalement déterminé dans les voitures à air chaud, par le besoin invincible qu'éprouvent tous les voyageurs d'ouvrir, par moments, les châssis pendant la marche du train, même durant les jours les plus froids.

Résumé des expériences. — Le tableau ci-après résume les conditions et les principaux résultats des expériences faites sur la voiture de 3e classe munie de l'appareil à bouches de chaleur. (*Voir* à la page suivante le Tableau des expériences faites sur l'appareil à air chaud, système Mousseron.)

Expérience en marche du 6 janvier 1874. — Nous reproduisons en outre *in extenso* l'expérience du 6 janvier 1874 qui permettra d'apprécier la lenteur du chauffage, la distribution de la chaleur et l'influence de l'ouverture de toutes les portières d'un côté de la voiture pendant dix minutes.

Pour mieux faire saisir les résultats de cette expérience qui, par la diversité de ses éléments, nous semble caractéristique, nous avons reproduit, sous forme de tracé graphique (*voir* planche n° 28), les températures indiquées par

Résumé des expériences faites sur l'appareil à air chaud, système Mousseron (modifié par la Compagnie de l'Est), **monté sur la voiture de 3e classe C 4232.**

DATE de L'EXPÉRIENCE	NUMÉRO du train	CONSOMMATION PAR HEURE		ÉTAT du TEMPS	TEMPÉRATURES MOYENNES		EFFET UTILE	ÉCART MAXIMUM entre la plus haute et la plus basse température de l'intérieur de la voiture	OBSERVATIONS
		de marche	de stationnt à Nancy		extérieure	intérieure			
		kilog.	kilog.		degrés	degrés	degrés	degrés	
30 déc. 1873.	34	1.580	»	beau	+ 0.9	10.4	9.5	7.5	Coke de four, voiture fermée, registre fermé.
6 janv. 1874.	35	»	»	brouillard	+ 1.2	10	8.8	8	Coke de four. Voiture fermée, registre à moitié ouvert. Toutes les portières ont été ouvertes à Epernay pendant quatorze minutes.
7 —	32	1.840	0.900	couvert	+ 0.8	11	10.2	8.5	do Voiture fermée, registre à moitié ouvert. Toutes les portières ont été ouvertes à Epernay pendant douze minutes.
8 —	35	1.665	»	beau	+ 2.8	10	7.2	11.5	Coke de gaz, voiture fermée, registre à moitié ouvert.
3 fév. 1874.	35	»	»	couvert	+ 4.9	14.5	9.6		Coke de gaz. Constatations de températures faites sur un des compartiments extrêmes, les autres étant à la disposition des voyageurs. Registre fermé.
4 —	32	1.555	1.365	beau	+ 5.6	15.6	10	3	
15 —	35	»	»	pluie	+ 8.2	14.4	6.2	»	do Voiture à la disposition des voyageurs, registre fermé. Les constatations de température ne portent que sur trois thermomètres placés à la partie supérieure de la voiture.
16 —	32	»	»	couvert	+ 8.5	17	8.5	»	

(Pendant toutes les expériences, les bouches de chaleur ont été entièrement ouvertes.)

les six thermomètres *f, d, m, o, s, u,* placés dans la voiture, et par le thermomètre extérieur *b*.

DISPOSITION DES THERMOMÈTRES.

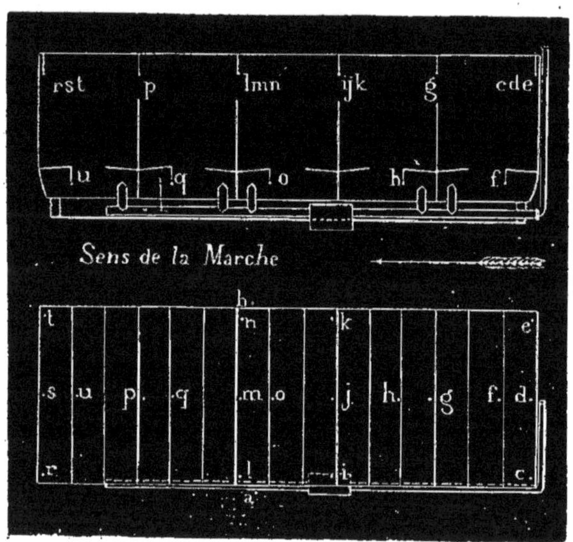

(*Voir* à la page suivante le tableau des Températures.)

APPAREIL MONTÉ SUR UNE VOITURE DE 2e CLASSE.

Effet utile. — Nous avons obtenu un effet calorifique de 10° avec l'appareil monté sur la voiture de 2e classe, celle-ci ne contenant pas de voyageurs et les châssis étant tenus fermés.

Distribution de la chaleur. — La température du côté des bouches de chaleur n'est pas supérieure de plus de 1°,5 à celle des points symétriques situés de l'autre côté de la voiture.

Tableau des températures.

STATIONS	HEURES	THERMOMÈTRES EXTÉRIEURS a	b	INDICATIONS DES THERMOMÈTRES INTÉRIEURS c	d	e	f	g	h		j	k	l	m	n	o	p	q	r	s	t	u	ÉTAT DU TEMPS CHARGEMENTS DE COMBUSTIBLE et observations
Allumage à 10h	matin.	deg.	deg.	deg.	deg.	deg.	deg.	deg.	deg.	deg.	deg.	deg.	deg.	deg.	deg.	deg.	deg.	deg.	deg.	deg.	deg.	deg.	
	10h.30	»	0	»	+ 2	»	+ 1	»	»	»	»	»	»	+ 3	»	+ 1	»	»	»	+ 1	»	+ 1	
	11h	»	+ 1	»	3	»	2	»	»	»	»	»	»	4	»	2	»	»	»	2	»	1	
	11h.30	»	+ 1.5	»	4	»	2	»	»	»	»	»	»	5	»	3	»	»	»	3	»	2	
Paris (*départ*) .	midi	+ 7	+ 7.5	+ 6	6	+ 5	4.5	+ 6.5	+ 5	+ 7	+ 7.5	+ 6.5	+ 7.5	7	+ 6.5	+ 5.5	+ 6.5	+ 6	+ 5	5	+ 4.5	4	Brouillard épais.
Meaux.	1h.14	+ 5	+ 5	12	12.5	11	10	13	9	12.5	12.5	12	12.5	12.5	12	9.5	11	10	8	8	8	7	Chargemt de combustible.
La Ferté. . . .	1h.54	+ 3.5	+ 5	14	14	13.5	11.5	14.5	11	14	14.5	14	14.5	14.5	13.5	11.5	12.5	11	9.5	10	9.5	8.5	
Chât.-Thierry .	2h.47	+ 0.5	0	15.5	16	14	12	16	11.5	15.5	15.5	15	15	15.5	14	12.5	12.5	11	9.5	9.5	9.5	8	Brouillard épais.
Épernay. . . .	4h.08	+ 1	+ 0.5	14	14.5	12.5	11.5	15	11.5	15	15	14	15	14.5	14	13	12	11	9.5	9.5	9.5	7.5	Tempres à l'arriv.
—	4h.18	+ 0.5	+ 0.5	9.5	9.5	9	8	9	8	8	8,5	8	7.5	6.5	7	8	4	6.5	6	5	4	4	do au départ, chargt de combust.
Châlons	5h.06	+ 0.5	0	12.5	13.5	10.5	10.5	13.5	10	13	13.5	12.5	12.5	13	12	10	10	8.5	7	7	6.5	5.5	Chargemt de combustible, brouilld.
Blesme	6h.32	0	0	12	13	10.5	10	13	10	13	13.5	12	12.5	13	12	11	10	9	7	7	7	5.5	
Bar-le-Duc . .	8h	— 1	— 1	11.5	12.5	10	10	13	10	12.5	13	12	12	12.5	11.5	10	9.5	8.5	7	7	6.5	5	Chargemt de combustible.
Commercy. . .	9h.27	— 1.5	— 2	9.5	10	8	8	11	8.5	11	11	10.5	10	10.5	10	8.5	8	7	5.5	5.5	5	4	
Nancy (*arrivée*).	11h.20 soir	— 2.5	— 2	8	8	7	7	10	8.5	10	10.5	10	9.5	9.5	9	9	7	6.5	5	4.5	4.5	3.5	Temps couvert.

Dans un même compartiment, les thermomètres placés sur les filets ont marqué *6° de plus* que ceux qui étaient couchés sur le plancher.

Le compartiment le plus chaud était celui du milieu de la voiture qui recevait l'air échauffé par le contact direct du foyer. Les deux compartiments des bouts étaient également chauffés en stationnement; en marche, le plus froid était alors celui qui se trouvait à l'avant de la voiture.

Dans une constatation faite par une température extérieure de + 12°, les thermomètres placés sur les filets ont indiqué :

Compartiment du milieu, recevant l'air chauffé par le foyer . . . . 23°.5

Compartiment du bout, recevant l'air chauffé par le foyer et placé à l'arrière. . . . . 19°.5

Compartiment du milieu, recevant l'air chauffé par la première enveloppe et la cheminée . . . . 21°.5

Compartiment du bout, recevant l'air chauffé par la première enveloppe et placé à l'avant. . . . . 18°

Résumé des expériences. — Le tableau suivant (*voir page 210*) résume les conditions des expériences faites sur cette voiture et les résultats que nous avons obtenus.

APPAREIL MONTÉ SUR UNE VOITURE DE 1re CLASSE.

Effet utile. — L'appareil appliqué à une voiture de 1re classe nous a donné un effet calorifique de 12°, lorsque la voiture était tenue close et ne contenait que l'agent chargé de procéder aux constatations.

Distribution de la chaleur. — Nous n'avons pas trouvé de

Résumé des expériences faites sur l'appareil à air chaud, système Mousseron (modifié par la Compagnie de l'Est), **monté sur la voiture de 2e classe B 1974.**

DATE de L'EXPÉRIENCE	NUMÉRO du train	CONSOMMATION PAR HEURE		ÉTAT du TEMPS	TEMPÉRATURES MOYENNES		EFFET UTILE	ÉCART MAXIMUM entre la pls hte et la pls basse TEMPÉRATURE de l'intérieur de la voiture.		OBSERVATIONS	
		de marche	de stationnt à Nancy		extérieure	intérieure		dans le compartimt où l'écart est le plus grand	entre tous les compartiments		
		kilog.	kilog.		degrés	degrés	degrés	degrés	degrés		
15 déc. 1873.	35	1.650	»	beau	+ 1.7	+ 7.6	5.9	4	»	Coke de four.	Le compartiment du côté de la cheminée était seul en expérience. Registre ouvt à moitié.
16 —	32	1.750	»	pluvieux	+ 3.2	12.2	9	4	»	do	Expérience sur le compartiment opposé à la cheminée. Registre ouvert aux trois quarts.
25 —	35	»	»	couvert	+ 4.4	15.3	10.9	3	7	do	Expérience sur les deux compartiments de l'extrémité opposée à la cheminée. Registre fermé.
26 —	32	1.594	0.735	couvert, pluie	+ 3	12	9	2.5	5	do	do
4 janv. 1875.	35	1.878	0.885	pluie, neige	+ 5.5	14.5	9	5	»	do	Expérience sur le compartiment extrême du côté de la cheminée. Registre ouvt complétement.
5 —	32	1.700	»	beau	+ 3	9.7	6.7	4	»	do	do
13 fév. 1875.	35	1.746	1.050	»	+ 7.5	16.4	8.9	5	6	Coke de gaz.	Expérience sur les quatre compartiments de la voiture. Registre fermé.
14 —	32	1.636	»	»	+ 9.3	18.6	9.3	4	7	do	do
										(Dans toutes les expériences, les bouches de chaleur des compartts extrêmes étaient ouvertes entièrement, et celles des compartiments du milieu, à moitié.	

différence sensible de température entre les points symétriques des deux côtés longitudinaux de la voiture.

Les thermomètres placés sur les filets ont marqué en moyenne *5° de plus* que ceux qui étaient couchés sur les tapis. Lorsque, par le sens de la marche, la cheminée se trouvait à l'arrière de la voiture, le compartiment du milieu et celui de l'extrémité arrière étaient chauffés également. La température moyenne du compartiment placé à l'avant était de 3° inférieure à celle des deux autres compartiments. Dans le sens inverse de la marche, la température intérieure était sensiblement la même dans les deux compartiments des bouts, et encore inférieure de 3° à celle du compartiment du milieu.

Influence de l'ouverture des glaces. — Dans une de nos expériences, l'ouverture des glaces des trois portières situées d'un même côté de la voiture pendant trois quarts d'heure de marche a produit un *abaissement moyen de 8°* dans les trois compartiments, et il a fallu *une heure et demie de marche* pour se retrouver dans les conditions calorifiques existant avant l'ouverture des glaces.

Résumé des expériences. — Les expériences faites sur cette voiture se résument comme suit. (*Voir* page 212.)

Expérience en marche du 12 février 1874. — Pour montrer l'influence des chargements du foyer et surtout celle des variations de la température extérieure, nous reproduisons le procès-verbal de notre expérience du 12 février 1874.

Nous avons reproduit sur la planche n° 28 le graphique des températures observées sur les sept thermomètres *b*, *c*, *d*, *e*, *g*, *h*, *i*. (*Voir* à la page 213 la disposition des Thermomètres et le tableau des Températures.)

Résumé des expériences faites sur l'appareil à air chaud, système Mousseron (modifié par la Compagnie de l'Est), **monté sur la voiture de 1re classe A 483.**

DATE de L'EXPÉRIENCE	NUMÉRO du train	CONSOMMATION PAR HEURE de marche	CONSOMMATION PAR HEURE de stationnt à Nancy	ÉTAT du TEMPS	TEMPÉRATURES MOYENNES extérieure	TEMPÉRATURES MOYENNES intérieure	EFFET UTILE.	ÉCART MAXIMUM entre la plus hte et la plus basse TEMPÉRATURE de l'intérieur de la voiture. dans le compartimt où l'écart est le plus grand	ÉCART MAXIMUM … entre tous les compartiments	OBSERVATIONS	
		kilog.	kilog.		degrés	degrés	degrés	degrés	degrés		
31 déc. 1873.	35	1.200	0.708	pluvieux	+ 4.3	12.6	8.3	6	»	Coke de four.	Voiture fermée; registre ouvert à moitié. Le compartiment du côté de la cheminée était seul en expérience.
9 fév. 1874.	35	1.620	0.700	couvert, neige	+ 1.2	12.5	11.3	5.5	8	Coke de gaz.	Voiture fermée. Toutes les portières d'un côté de la voiture ont été ouvertes à Blesme pendant vingt minutes.
10 —	32	1.373	»	vent	— 3.4	+ 9.4	12.5	6	10	do	Les glaces des portières ont été ouvertes pendt une heure, le train étant en marche.
11 —	35	»	»	beau	— 1.2	+11.6	12.8	6	9	do	Voiture close, regist. fermé.
12 —	32	1.560	1.110	do	+ 2.6	13.1	10.5	3	8	do	do do

(Dans toutes les expériences, les bouches de chaleur étaient ouvertes complétement.)

DISPOSITION DES THERMOMÈTRES.

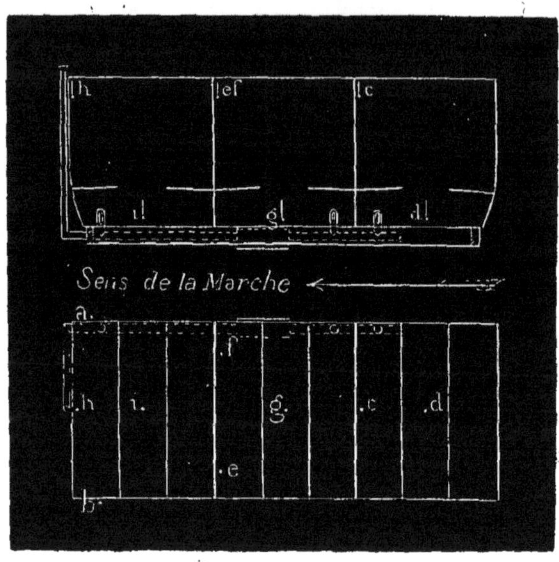

Tableau des températures.

STATIONS	HEURES	THERMOMÈTRES EXTÉRIEURS		INDICATIONS DES THERMOMÈTRES INTÉRIEURS							ÉTAT DU TEMPS et chargement de combustible
		a	b	c	d	e	f	g	h	i	
	matin	degrés	degrés	degrés	degrés	degrés	degrés	degrés	degrés	degrés	
Nancy (Dép.)	6h	—12	—10	+ 2	0	+ 6.5	+ 5.5	+ 4	+ 5	+ 2	Beau temps.
Commercy. .	7h56	— 6.5	— 8.5	+ 2	+ 1	+ 6	+ 5.5	+ 5	+ 3.5	+ 1	
Bar-le-Duc. .	9h14	+ 3	+ 0.5	8	3	13	11.5	6	8	2.5	Chargement de combust.
Blesme . . .	10h26	+ 4	+ 4	11	5	13	13	9	10	6	
Châlons. . .	11h44	+ 5	6.5	18	10	22	21	14.5	17	10.5	do
Épernay. . .	12h41	6	7	17	12	21	20	16	16	12	
Château-Th. .	2h12	8	8	21	15	25	25	20	19	15	do Temps nuagx
La Ferté . .	3h02	6	6.5	19	15	22	21.5	18	16.5	14	
Meaux. . . .	3h37	6	6	18.5	15	21.5	21	17.5	17.5	14	
Paris (Arr.). .	5h02 soir	6.5	6	18.5	15	21.5	21.5	18	18	14.5	

Combustible. Coke de four. — Au début de nos expériences nous avons employé du coke de four, consommé en service ordinaire par nos machines de Vincennes. Ce coke, très-dense, ne brûlait qu'avec difficulté dans les petits foyers des appareils ; les extinctions en étaient fréquentes pendant le stationnement et se produisaient également pendant la marche, dès que le foyer ne se trouvait plus rempli qu'à moitié.

Coke de gaz. — Nous avons alors essayé le coke provenant de la fabrication du gaz ; il nous a donné toute satisfaction.

La marche des foyers est devenue parfaitement régulière ; les chargements ont pu être faits à des intervalles beaucoup plus éloignés qu'avec le coke de machines et les extinctions n'ont plus eu lieu que par la négligence des agents.

Avec ce coke, l'allumage des feux est extrêmement facile ; nous le faisions au moyen d'une poignée de copeaux et de quelque menu bois pour chaque foyer.

Entretien des foyers. — Les foyers du type ci-dessus décrit contiennent environ 11^{kg} de coke de gaz. Il est facile de les charger et de les entretenir en combustion, même pendant les stationnements. Mais il importe surtout de ne pas trop laisser tomber le feu, afin de ne pas déterminer de diminutions brusques et sensibles de température dans les voitures, et les chargements doivent être faits toutes les trois heures au minimum. Un piquage de la grille est presque indispensable toutes les heures, et un nettoyage à fond toutes les quatre à cinq heures. Pendant nos voyages d'expériences, d'une durée totale de onze heures, nos foyers, remplis et nettoyés avant le départ, étaient mis en état à chaque grande station, c'est-à-dire neuf fois en cours de route : trois fois pour les piquer et les remplir, une fois pour les nettoyer complétement en enlevant les scories qui se formaient sur la grille; dans les autres stations un simple piquage suffisait.

En moyenne, la mise en bon état d'un foyer ne demanderait pas à un homme exercé plus d'une minute à chaque grande station; en d'autres termes, pour mettre en état les appareils d'un train de quinze voitures pendant un arrêt de cinq minutes, trois hommes seraient nécessaires, en supposant que de tels arrêts eussent lieu à des intervalles d'une heure environ.

Consommation de combustible. — En prenant la consommation moyenne des cinq foyers en fonte Mousseron, du type de 11^{kg}, montés sur nos voitures, nous sommes arrivés aux résultats ci-après (1) :

La consommation par heure de marche a été de $1^{kg},660$ de coke de gaz en moyenne, et de $1^{kg},095$ pendant le stationnement.

Les consommations ont été sensiblement les mêmes quand les cheminées se trouvaient à l'avant des voitures que lorsqu'elles occupaient la position inverse. Ce résultat peut être attribué à la place occupée par la cheminée au milieu du panneau de fond.

Dépenses du chauffage. — Le combustible que nous avons employé, formé d'un mélange de cokes de gaz n° 0 et n° 1, nous a été fourni par la Compagnie Parisienne, au prix moyen de *40 francs la tonne.*

(1) Dans ces cinq foyers, les conditions de tirage étant très-sensiblement les mêmes, il nous était permis d'opérer ainsi.

En ne considérant, pour le moment, que la dépense du combustible, d'après les consommations précédemment indiquées, le prix de revient du chauffage s'élèverait par voiture à :

$1^{kg},660 \times 0^{f},04 = 0^{f},0664$ par heure de marche,
$1^{kg},095 \times 0^{f},04 = 0^{f},0438$ d° de stationnement.

Dépenses d'installation des appareils. — D'après nos évaluations, les dépenses d'installation, sur le matériel existant, de l'appareil à air chaud et à bouches de chaleur, système Mousseron, s'élèveraient à :

540^f par voiture de 1re classe,
570^f d° de 2e d°
600^f d° de 3e d°

Si l'on appliquait l'appareil pendant la construction même des voitures, ces prix seraient réduits de 30 à 40^f.

INCONVÉNIENTS DES APPAREILS MOUSSERON A BOUCHES DE CHALEUR.

Les appareils à bouches de chaleur n'ont généralement pas trouvé un accueil favorable près du public, qui leur reprochait de donner des températures élevées à la partie supérieure et relativement basses près du plancher. Les alternatives de chaud et de froid résultant de l'ouverture des portières étaient fort désagréables aux voyageurs. Enfin, lorsque les parois des foyers étaient portées au rouge, l'air chaud avait une mauvaise odeur, très-sensible surtout dans les voitures de 1re et 2e classe, et qui donnait lieu à de nombreuses réclamations.

Lenteur du chauffage en stationnement. — L'appareil

Mousseron ne chauffe pas en stationnement, puisque le passage de l'air n'est déterminé que par la marche du train, et que la faible hauteur de la colonne d'air chaud dans les canalisations ne peut provoquer qu'un courant insensible.

Pour obvier à ce grave inconvénient, on serait donc obligé de laisser les voyageurs monter dans des voitures froides, ou bien d'allumer les foyers fort longtemps avant le départ des trains, ce qui reviendrait à les laisser presque constamment allumés.

Deuxième modification des appareils à air chaud, système Mousseron.

Nécessité de construire un appareil muni de chauffe-pieds. — Les dispositions précédentes ne répondant pas aux conditions d'un chauffage hygiénique, nous nous sommes proposé de modifier l'appareil de façon à obtenir des températures toujours plus élevées près du plancher que sous le pavillon, et surtout de façon à chauffer les pieds des voyageurs, condition que remplit le mode actuel du chauffage des voitures de 1re classe, et qui nous a semblé fort appréciée du public.

Application des chaufferettes à un appareil à air chaud Mousseron. — Conservant le foyer et la canalisation déjà existants des appareils Mousseron, nous avons établi dans le milieu de chaque compartiment et sous les pieds des voyageurs des caisses en fonte ou en tôle dans lesquelles l'air circulait avant de s'échapper par les bouches de chaleur alors situées du côté de la voiture opposé au foyer.

PREMIÈRE DISPOSITION AVEC CHAUFFERETTES EN FONTE.

Application à une voiture de 3e classe. — Dans cet appareil, monté sur une voiture de 3e classe, cinq chaufferettes en fonte, de deux types différents, étaient engagées dans le plancher entre les banquettes. Trois de ces chaufferettes étaient de simples boîtes dans lesquelles l'air circulait avant de sortir par des bouches de chaleur avec registres à coulisses; les deux dernières avaient à leur partie supérieure un réservoir rempli d'eau pour l'une et de sable pour l'autre.

Effet utile. — Distribution de la chaleur. — Les résultats calorifiques de cet appareil ont été très-médiocres : l'effet utile a été de 9°, la voiture étant tenue fermée et ne contenant que l'expérimentateur; mais la température de l'air a été plus élevée de 2° contre le plancher que près du pavillon.

Températures des chauffe-pieds. — Les chauffe-pieds ont présenté au contact une température moyenne de 31°,5, mais ils étaient très-inégalement chauffés. La différence entre les points le plus chaud et le plus froid, à un même moment, s'est élevée à 65°, et généralement on constatait entre les deux extrémités d'une même chaufferette des écarts de 15, 30 et même 45°, selon qu'elle contenait du sable, de l'eau, ou simplement de l'air.

Vices de cet appareil. — L'air chaud était donc mal réparti entre les chauffe-pieds et arrivait en quantité insuffisante; de plus, les chaufferettes étant très-lourdes, elles s'échauf-

Résumé des expériences faites sur l'appareil à air chaud, système Mousseron, modifié par l'application de chaufferettes en fonte, monté sur la voiture de 3e classe C 4248.

DATE de L'EXPÉRIENCE	NUMÉRO du train	CONSOMMATION PAR HEURE de marche	CONSOMMATION PAR HEURE de stationnt à Nancy	ÉTAT du TEMPS	TEMPÉRATURES MOYENNES extérieure	TEMPÉRATURES MOYENNES intérieure	EFFET UTILE	TEMPÉRATURES MOYENNES sur les chaufferettes	ÉCART MAXIMUM entre la plus haute et la plus basse température de l'intérieur de la voiture	OBSERVATIONS
		kilog.	kilog.		degrés	degrés	degrés	degrés	degrés	
23 fév. 1874.	35	»	»	couvert	+ 5.3	12.5	7.2	26	3.5	Coke de gaz, voiture fermée, reg. fermé.
24 —	32	1.584	1.200	d°	+ 5.7	15.1	9.4	28.4	2.5	d° d° d°
25 —	35	1.800	1.200	»	+ 5.9	14	8.1	33.7	4	d° d°
26 —	32	1.660	»	»	+ 6.9	13	6.1	31.3	3	d° d°
10 mars 1874.	32	1.524	0.774	»	+ 2.5	12.1	9.6	23.5	4.5	d° d° reg. fermé.
11 —	35	1.470	»	beau	+ 3	16.2	13.2	31	4.5	d° d° d°
12 —	32	1.430	»	d°	+ 0.2	12	11.8	30	4	d° d° d°
14 —	32	1.593	»	couvert	+ 1	12.2	11.2	30.1	3	d° d° d°
21 —	35	1.336	1.130	beau	+ 9.1	21.3	12.2	41.8	5	d° d° d°
22 —	32	1.023	»	d°	+ 8.2	20	11.8	»	5	d° d° d°
10 avril 1874.	Stat.	»	1.066	couvt, pluie	+11.9	15.8	3.9	25.6	4	d° d° reg. ouvert.
15 janv. 1875.	35	1.500	»	couvert	+ 8	16.8	8.8	31	10	d° d° reg. fermé jusqu'à Blesme seulement, ouvert ensuite.
16 —	32	1.600	1.200	pluvieux	+ 8.3	16.8	8.5	30.7	9	Coke de gaz, voiture fermée, reg. fermé.
17 —	35	2.230	»	d°.	+ 8.7	18.3	9.6	37.2	10	d° d° d°
18 —	32	2.340	0.970	neige	+10.2	19.3	9.1	37.8	11	d° d° d°
										(Toutes les bouches de chaleur ont été complétement ouvertes pendant toutes les expériences.)

faient lentement, et n'atteignaient en effet leur température maxima que trois heures et demie après l'allumage.

Résumé des expériences. — Le tableau précédent *(voir* page 219) résume nos expériences.

Expérience en marche du 12 mars 1874. — Nous reproduisons ci-dessous l'ensemble des constatations faites pendant l'expérience en marche du 12 mars 1874.

DISPOSITION DES THERMOMÈTRES.

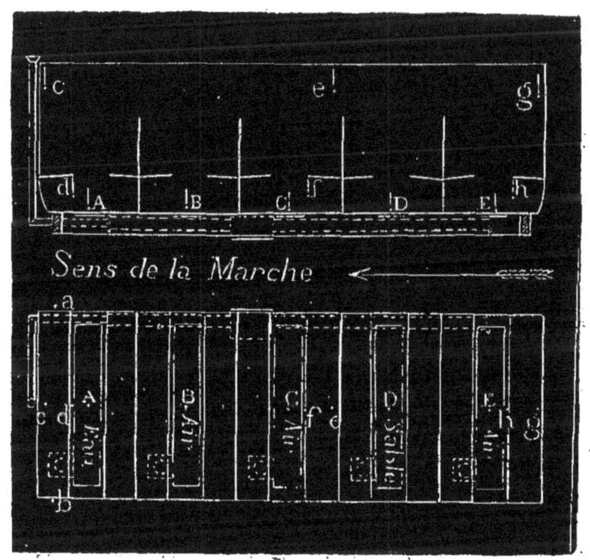

(*Voir* le tableau des Températures à la page suivante.)

DEUXIÈME DISPOSITION AVEC PLANCHER EN TÔLE.

Application à une voiture de 3e classe. — Comme seconde disposition de chauffe-pieds, nous avons remplacé le plan-

Tableau des températures.

STATIONS	HEURES	THERMOMÈTRES EXTÉRIEURS		INDICATIONS DES THERMOMÈTRES INTÉRIEURS						INDICATIONS DES THERMOMÈTRES AU CONTACT DES CHAUFFERETTES					ÉTAT DU TEMPS et CHARGEMENTS de combustibles
		a	b	c	d	e	f	g	h	eau A	air B	air C	sable D	air E	
	matin	degrés	degrés	degrés	degrés	degrés	degrés	degrés	degrés	degrés	degrés	degrés	degrés	degrés	
Nancy (Départ) . .	6h	— 6	— 6	+ 8	+10	+ 9	+11	+ 6	+ 5	29	26	28	20	18	Beau temps.
Commercy . . .	7h56	— 6	— 5	5	6	7	10	4	4	25	22	26	18	17	
Bar-le-Duc . . .	9h14	— 5	— 4	6	8	9.5	12	6	6	28	26	31	19	16	Chargemt de combustibles.
Blesmé.	10h26	— 4	— 2	7	10	11	14.5	8.5	8.5	31	30	38	25	20	Temps couvert.
Châlons.	11h44	— 2	0	8	11	11.5	15	8.5	10	32	33	38	25	20	Chargemt de combustibles.
Épernay	12h41	+ 4	+ 3.5	11	15	15.5	18.5	11	12	37	39	46	28	27	
Château-Thierry.	2h12	+ 4	+ 4.5	13.5	16	18	22	14	15	38	35	47	32	30	do
La Ferté. . . .	3h02	+ 4	+ 4.5	13	15.5	17	21	14	15	33	30	40	31	28	
Meaux	3h37	+ 3.5	+ 4	12.5	15	16.5	20.5	13.5	14.5	34	31	42	32	23	
Paris (Arrivée) . .	5h02 soir	+ 1.5	+ 2.5	12.5	15.5	17	21	14	15.5	35	31	45	32	29	

cher d'une voiture de 3e classe par des feuilles de tôle soutenues au moyen d'armatures en fer; la partie inférieure du cadre de caisse a été fermée par un nouveau plancher en chêne formant ainsi une boîte de toute la surface de la voiture et de la hauteur du brancard de caisse.

Les orifices des conduits d'air venaient déboucher sur un côté longitudinal de cette boîte, et l'air chaud sortait dans la voiture par des bouches de chaleur placées du côté opposé.

Température du plancher. — La température du plancher métallique, formant chauffe-pieds, ne s'est pas élevée en moyenne au-dessus de 30°. En outre la répartition de la chaleur présentait des écarts considérables.

Effet utile. — En moyenne, les températures intérieures ont dépassé de 9°,5 celle de l'air extérieur.

Résumé des expériences. — Le résumé de nos expériences est donné dans le tableau ci-contre.

Expérience en marche du 10 janvier 1875. — Pour mieux préciser les résultats, nous reproduisons le procès-verbal de l'expérience en marche du 10 janvier 1875. (*Voir* la disposition des Thermomètres, page 224.)

TROISIÈME DISPOSITION AVEC CHAUFFERETTES EN TÔLE.

Application à une voiture de 3e classe. — En présence des résultats négatifs constatés ci-dessus, nous avons fait circuler l'air chaud dans des chaufferettes en tôle installées

Résumé des expériences faites sur l'appareil à air chaud, système Mousseron, modifié par l'application d'un plancher en tôle, monté sur la voiture de 3e classe C 1087

DATE de L'EXPÉRIENCE	NUMÉRO du train	CONSOMMATION PAR HEURE		ÉTAT du TEMPS	TEMPÉRATURES MOYENNES		EFFET UTILE	TEMPÉRATURES MOYENNES sur le plancher en tôle	ÉCART MAXIMUM entre la plus haute et la plus basse température de l'intérieur de la voiture	OBSERVATIONS
		de marche	de stationnt à Nancy		extérieure	intérieure				
		kilog.	kilog.		degrés	degrés	degrés	degrés	degrés	
17 fév. 1874.	35	1.068	0.880	»	+ 6.7	10.3	3.6	»	4	Coke de gaz, voiture fermée.
18 —	32	1.290	»	»	+ 5.4	12.6	7.2	»	7	do do
19 —	35	»	»	couvert	+ 3.3	13.2	9.9	»	2.5	do do reg. fermé.
20 —	32	1.464	1.122	beau	+ 2.3	12.2	9.9	»	2.5	do do do
3 mars 1874.	35	»	»	do	+ 6.5	17.9	11.4	»	2.5	do do do
4 —	32	1.445	1.200	do	+ 7	19.7	12.7	»	2.5	do do do
10 avril 1874.	Stat.	»	1.036	couvt, pluie	+11.9	16.4	4.5	28.5	4	do do reg. ouvert.
9 janv. 1875.	35	2.720	»	couvert	+ 4.6	14.5	9.9	33.6	9	(La voiture est aménagée avec un compartimt de dames isolé; les quatre autres compartts sont seuls en communication.)
										Coke de gaz, voiture close, reg. fermé.
10 —	32	2.210	0.900	beau	+ 4.3	16	11.7	28.8	9	do do do
11 —	35	1.800	»	»	+ 7.3	16.8	9.5	30.5	7	do do do
12 —	32	2.260	1.760	»	+ 5.3	17	11.7	32.4	11	do do do
										(Dans toutes les expériences, les bouches de chaleur des deux compartiments extrêmes étaient ouvertes entièrement; celles des deux compartts intermédres, aux deux tiers, et celle du compartiment du milieu, au tiers.)

DISPOSITION DES THERMOMÈTRES.

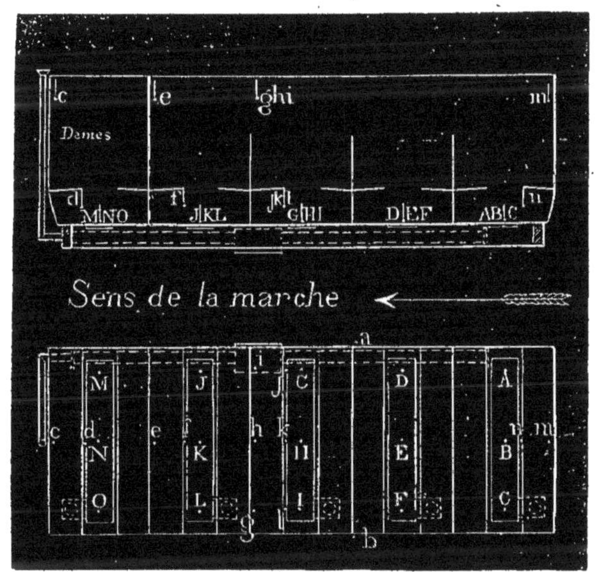

(Voir page 225 le tableau des Températures.)

au milieu du plancher, conformément aux dispositions indiquées par les dessins de la planche n° 21.

L'appareil, monté sur une voiture de 3e classe, est représenté muni d'un grand foyer dont nous parlerons bientôt ; mais nous l'avons primitivement monté avec un foyer du type de 11kg ci-dessus décrit, et nous relaterons d'abord les résultats qui se rapportent à cette première disposition.

Une tôle, placée obliquement dans la chaufferette, de l'extrémité au milieu de celle-ci, empêchait sur une certaine longueur l'air chaud sortant de la canalisation de frapper directement le dessus de la chaufferette.

Les sections des ouvertures de communication des con-

Tableau des températures.

STATIONS	HEURES	THERMOMÈT. extérieurs		INDICATIONS DES THERMOMÈTRES INTÉRIEURS												INDICATIONS DES THERMOMÈTRES AU CONTACT DU PLANCHER EN TÔLE															ÉTAT DU TEMPS et chargements de combustible
		a	b	c	d	e	f	g	h	i	j	k	l	m	n	A	B	C	D	E	F	G	H	I	J	K	L	M	N	O	
	mat.	deg.	deg.	deg.	deg.	deg.	deg.	deg.	deg.	deg.	deg.	deg.	deg.	deg.	deg.	deg.	deg.	deg.	deg.	deg.	deg.	deg.	deg.	deg.	deg.	deg.	deg.	deg.	deg	deg.	
»	5h	0	0	13	16	16	23.5	18.5	16.5	17	19	20	17	12	20	38	38	26	37	34	20	40	40	23	62	51	35	29	22	21	Beau temps.
Nancy (dép.)	6h	0	0	11	13	16.5	21	17	16	17	18	19	17	13	19	35	33	25	32	28	20	33	31	21	46	36	26	22	18	16	do
»	7h	+ 1	1	8	11	13	14	12	12	11	14	14	13	11	15	27	27	20	21	21	16	23	23	15	36	21	15	18	15	12	do
»	8h	+ 1	1	8	12	12	15	12	11.5	11	12	14	12	9	15	27	31	21	22	22	15	22	23	14	41	28	17	23	18	14	do
»	9h	+ 4	4	8	13	12	15	13	12	12	13	14	12	11	17	30	33	26	24	24	18	26	23	15	45	24	17	27	20	15.5	do Chargemt de combustible.
»	10h	6	6	9	11.5	12	14	12	11	12	13	14	11	11	15.5	26	27	21	21	21	16	24	21	13	37	19	14	22	17	11	Beau temps.
»	11h	5	5	10	14	13	16.5	14	13	13	14	16	14	13	18	33	38	29	27	28	18	27	27	15	45	31	20	28	22	17	do Chargemt de combustible.
»	midi	6	6	14	17	16	16	17	16	16	17	17	17	15	21	36	35	28	28	30	20	29	29	19	48	32	25	31	25	19	Beau temps.
»	1h	7	7	15	16	18	23	20	18	19	20	21	18	16.5	23	41	41	32	35	36	23	35	32	22	57	41	30	41	31	25	do Chargemt de combustible.
»	2h	7	7	13	16	17	19	17	16	16	17	18	17	16	20.5	30	30	27	24	25	20	26	24	18	47	24	19	25	31	17	Beau temps. Foyer chargé à 2h30.
»	3h	7	7	13.5	18	17	20	17	16	16	17	17	17	15	21	30	34	26	25	27	20	26	25	17	43	30	22	33	26	22	Beau temps.
»	4h	8	7	15	16	17	22	18	17	17	18	20	18	16	23	39	40	33	30	32	23	30	29	20	52	33	25	38	31	24	do
Paris (arr.).	5h soir	6	6	15	20	17	22	18	17	18	19	20	18	16	23.5	38	42	33	24	31	23	30	27	20	53	30	22	38	30	21	do

duites avec les bouches de chaleur avaient été établies proportionnellement à leur distance du foyer, afin d'obtenir des températures égales sur toutes les chaufferettes.

Effet utile. — L'effet utile moyen de cet appareil a été de 10°.

Distribution de chaleur. — A $0^m,20$ au-dessus du plancher nous avons constaté 2°,5 de plus qu'à la même distance en dessous du pavillon.

Entre le point le plus chaud et le point le plus froid de l'intérieur de la voiture, l'écart maximum a été de 6°.

Températures sur les chaufferettes. — La température moyenne de la tôle supérieure des chaufferettes a été d'environ 44°.

Mais, comme le prouve l'expérience du 16 avril 1874, la chaleur se répartissait très-irrégulièrement entre les cinq chauffe-pieds. Nous avons constaté des différences de 15° sur une même chaufferette et de 30° sur l'ensemble.

Résumé des expériences. — Les expériences faites sur cet appareil sont résumées dans le tableau ci-contre.

Expérience en marche du 16 avril 1874. — Nous reproduisons *in extenso* le procès-verbal de notre expérience en marche du 16 avril 1874.

Pour en mieux faire saisir les résultats, nous avons reproduit sur la planche n° 28 le graphique des courbes des six thermomètres intérieurs *c, d, f, i, k, l,* des trois thermomètres sur chaufferettes *A, C, E,* et du thermomètre extérieur *a.* (*Voir* à la page 228 la disposition des Thermomètres, et à la page 229 le tableau des Températures.)

Résumé des expériences faites sur l'appareil à air chaud système Mousseron, modifié par l'application des chaufferettes en tôle, et monté sur la voiture de 3e classe C 1051.

DATE des EXPÉRIENCES	NUMÉRO du train.	CONSOMMATION PAR HEURE de marche	CONSOMMATION PAR HEURE de stationnt à Nancy	ÉTAT du TEMPS	TEMPÉRATURES MOYENNES extérieure	TEMPÉRATURES MOYENNES intérieure	EFFET UTILE	TEMPÉRATURE MOYENNE sur les chauffe-pieds	ÉCART MAXIMUM entre la plus haute et la plus basse température de l'intérieur de la voiture	OBSERVATIONS
		kilog.	kilog.		degrés	degrés	degrés	degrés	degrés	
15 mars 1874.	35	»	»	couvert	+ 7.8	14.9	7.1	38.1	6	Coke de gaz, voiture fermée, reg. fermé.
16 —	32	1.578	1.320	do	+ 8.7	17.8	9.1	45.2	6	do do do
17 —	Statt	»	1.426	beau	+12.6	20.4	7.8	42.3	9	do do reg. ouvert. (On ne s'est servi pour cette expérience que de coke no 0, d'une combustion plus rapide que le mélange employé ordinairement de coke no 0 et no 1.)
19 —	35	»	»	do	+10.9	20.4	9.5	42	6	Coke de gaz, voiture fermée, reg. fermé. (Les portières ont été ouvertes pendant dix minutes à Blesme.)
20 —	32	1.530	1.140	couv., vent	+ 8.3	18.3	10	41.4	4.5	Coke de gaz, voiture fermée, reg. fermé.
27 —	35	»	»	beau	+14.1	25.1	11	45.3	6.5	do do do
28 —	32	1.518	1.245	pluie, vent	+11.3	20.6	9.3	43.6	4	do do do
16 avril 1874.	35	»	»	couv., beau	+ 9.3	18.5	9.2	41.9	3	do do do
17 —	32	1.458	0.960	pluie, couvert	+11.8	21.8	10	47.8	2.5	do do do (Dans toutes les expériences les bouches de chaleur ont été complétement ouvertes.)

Expérience du 16 avril 1874.

DISPOSITION DES THERMOMÈTRES.

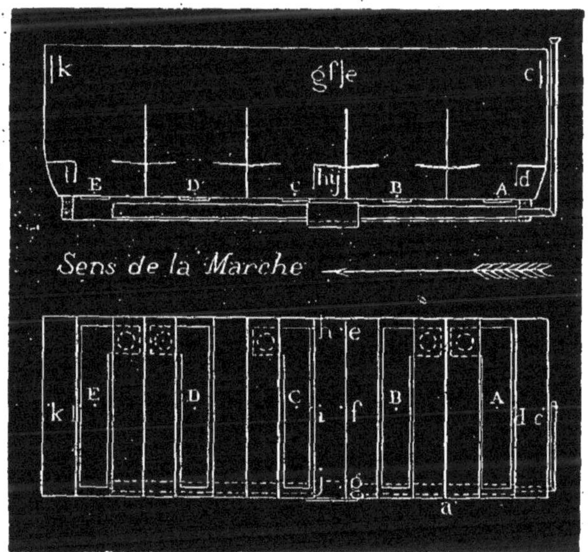

(*Voir* à la page suivante le tableau des Températures.)

APPAREIL A CHAUFFERETTES EN TÔLE, MONTÉ SUR UNE VOITURE DE 1re CLASSE.

La même disposition d'appareil à chaufferettes en tôle, appliquée à une voiture de 1re classe, nous a fourni les résultats suivants :

Effet utile. — La température moyenne des trois compartiments s'est élevée à 11° au-dessus de la température extérieure.

Distribution de la chaleur. — Les plus fortes températures se sont toujours produites aux parties inférieures

Expérience du 16 avril 1874. — Tableau des températures.

STATIONS	HEURES	THERMOMÈT. extérieurs	INDICATIONS DES THERMOMÈTRES INTÉRIEURS										INDICATIONS DES THERMOMÈTRES AU CONTACT DES CHAUFFERETTES					ÉTAT DU TEMPS et CHARGEMENTS DE COMBUSTIBLE
		a	c	d	e	f	g	h	i	j	k	l	A	B	C	D	E	
	matin	deg.	deg.	deg.	deg.	deg.	deg.	deg.	deg.	deg.	deg.	deg.	deg.	deg.	deg.	deg.	deg.	
Paris (*départ*)	midi	+ 9	17.5	19.5	16.5	18	16.5	18	18	18.5	15	17	58	57	46	44	35	Temps couvert.
Meaux	1h 14	10	19	22	17.5	19	17.5	19.5	19.5	19.5	16	18	53	51	46	43	37	do
La Ferté	1h 54	10	20	22	18.5	19.5	18.5	21	20	20	16.5	18	46	49	45	40	34	do Chargement de combust.
Château-Thierry	2h 47	10	19	21	18	19	18.5	20	20.5	20	16.5	18	38	41	38	36	30	Temps couvert.
Épernay	4h 08	10.5	20.5	23	19.5	21	19.5	21.5	22	21	17	19	49	54	45	42	34	do Chargement de combust.
Châlons	5h 06	11.5	21	23	20	21.5	20	22	22.5	21.5	17.5	19.5	45	49	42	40	33	Temps couvert.
Blesme	6h 32	9	18.5	21.5	18	19	18	20	21	20	16	18	49	53	43	37	30	Beau temps.
Bar-le-Duc	8h	9	18	20.5	17.5	19	17.5	21	20.5	20.5	15.5	18	51	50	48	42	34	do Chargement de combust.
Commercy	9h 27	7.5	16	17	16	16	16	17.5	18	18	13.5	15	30	32	29	27	23	Beau temps.
Nancy (*arrivée*)	11h 20 soir	+ 7	16	17	15	16	15	17	17	17	13.5	16	42	45	40	38	33	do

des compartiments et étaient plus élevées de 1° que celles des parties supérieures.

L'écart maximum de température dans le compartiment le plus irrégulièrement chauffé a été de 4°; enfin la différence la plus élevée qui se soit produite entre les températures prises au même instant dans les divers compartiments a été de 11°.

Température des chaufferettes. — Les chaufferettes nous ont donné une moyenne de 47°, mais avec des écarts de 15° sur une même chaufferette, et de 35° sur leur ensemble.

Résumé des expériences. — Le tableau ci-contre résume toutes les expériences faites sur cet appareil.

Combustible. — Entretien des foyers. — Consommation et prix de revient du chauffage. — Les deux appareils à chaufferettes précédents étant montés avec des foyers en fonte du type de 11^{kg}, on doit leur appliquer tout ce que nous avons dit sur le combustible, la marche des foyers, la consommation et le prix de revient du chauffage, à propos des appareils à air chaud et à bouches de chaleur munis de foyers identiques.

Dépenses d'installation des appareils à chaufferettes en tôle. — En supposant que l'on monte l'appareil à chaufferettes en tôle sur les voitures actuelles, les prix de revient de son installation seront les suivants :

700^f par voiture de 1re classe ou mixte,
800^f d° 2e classe,
900^f d° 3e classe.

Ces prix seraient susceptibles de diminution s'il s'agissait d'appliquer les appareils à des voitures neuves.

Résumé des expériences faites sur l'appareil à air chaud système Mousseron, modifié par l'application de chaufferettes en tôle, *monté* sur la voiture de 1re classe A 483.

DATE de l'EXPÉRIENCE	NUMÉRO du train	CONSOMMATION PAR HEURE		ÉTAT du TEMPS	TEMPÉRATURES MOYENNES		EFFET UTILE	TEMPÉRATURES MOYENNES sur les chaufferettes.	ÉCART MAXIMUM entre la plus haute et la plus basse TEMPÉRATURE dans l'intérieur de la voiture		OBSERVATIONS
		de marche	de stationnt à Nancy		extérieure	intérieure			dans le compartimt où l'écart est le plus grand	entre tous les compartiments	
		kilog.	kilog.		degrés	degrés	degrés	degrés	degrés	degrés	
2 avril 1874.	Statt	»	1.280	couv., vent	+16.3	22.6	6.3	45.8	0 5	1	Coke de gaz, voiture fermée, reg. ouvert.
4 —	35	»	»	beau	+ 6.5	16.8	10.3	33.7	2.5	4	do do reg. fermé.
5 —	32	1.388	1.210	couvert	+ 9	20	11	44.3	1.5	5.5	do do
31 janv. 1875.	35	1.600	»	beau	+ 2.8	14	11.2	49	3.5	6	do do reg. fermé.
1er fév. 1875.	32	1.870	0.780	do	+ 3.6	14.2	10.6	43.5	3	9	do do do
6 mars 1875.	35	2.330	»	couvert	+ 8.8	17	8.2	51	»	»	do do do
7 —	32	2.820	0.800	do	+ 12	20.7	8.7	58	»	»	do do reg. ouvert jusqu'à Commercy, ensuite fermé complètement. (Dans toutes les expériences, les bouches de chaleur étaient complètement ouvertes.)

Troisième modification des appareils à air chaud, système Mousseron.

(Appareil à foyer contenant 16^{kg} de coke et à chaufferettes en tôle, appliqué à une voiture de 3e classe.)

A la suite des résultats précédents, nous avons étudié et construit un foyer pouvant contenir 16^{kg} de coke de gaz.

Nous donnons (fig. 1 à 7, planche n° 19) les dessins de ce foyer.

Nous espérions, par cette augmentation de capacité et par celle de la surface de chauffe qui lui correspondait, obtenir une température convenable sur les chaufferettes et un plus grand effet utile, et pouvoir enfin ne charger le foyer qu'à des intervalles de quatre ou cinq heures.

Ce foyer a été monté sur la voiture de 3e classe munie de chaufferettes en tôle, en ne modifiant que la partie horizontale du tuyau de fumée dont la section a été augmentée d'environ un cinquième. Les dessins de la planche n° 21 représentent l'ensemble des dispositions adoptées.

Résultats calorifiques. — Nous n'avons obtenu qu'un effet utile de 10°,4, et la température au contact des chaufferettes n'a été en moyenne que de 43°,8.

La répartition de la chaleur dans la voiture était sensiblement la même que lorsque l'appareil était muni d'un foyer de 11^{kg}. Les écarts des températures des divers points des chaufferettes se sont accrus. Nous avons en effet constaté des différences de 20° sur une même chaufferette et de 37° sur l'ensemble.

Résumé des expériences. — Nos expériences sur cet appareil se résument dans le tableau ci-contre.

Résumé des expériences faites sur l'appareil à air chaud système Mousseron, modifié par l'application d'un foyer de 16 kilog. et de chaufferettes en tôle, et monté sur la voiture de 3e classe C 1051.

DATE de L'EXPÉRIENCE	NUMÉRO du train	CONSOMMATION PAR HEURE de marche	de stationnt à Nancy	ÉTAT du TEMPS	TEMPÉRATURES MOYENNES extérieure	intérieure	EFFET UTILE	TEMPÉRATURES MOYENNES sur les chaufferettes	ÉCART MAXIMUM entre la plus haute et la plus basse température de l'intérieur de la voiture	OBSERVATIONS
		kilog.	kilog.		degrés	degrés	degrés	degrés	degrés	
26 déc. 1874.	Statt	»	1.840	»	+ 2.7	10.7	8	44.4	12	Coke de gaz, registre ouvert à moitié.
1er janv. 1875.	35	2.393	2.334	couvert	— 6.5	+ 3	9.5	34	6	d° voiture fermée, reg. fermé.
2 —	32	2.173	1.770	pluie, couvert	+ 1.8	7.4	5.6	30	7	d° d° d°
6 —	32	2.390	»	couvert	+ 5	16.2	11.2	46.8	10	d° d° d°
22 fév. 1875.	35	2.566	»	beau	+ 0.9	10.6	9.7	44.3	11	d° d° d°
23 —	32	2.525	1.592	beau, vent	— 0.3	12.8	13.1	47	14	d° d° d°
16 mars 1875.	35	2.166	»	couvert	+ 5.8	18	12,2	51	8	d° d° d° Les portières d'un côté de la voiture ont été ouvertes pendant dix minutes au milieu de ce dernier voyage.
										(Dans toutes les expériences, les bouches de chaleur des compartiments extrêmes étaient ouvertes complétement; celles des compartiments intermédiaires aux trois quarts, et celle du compartiment du milieu à moitié.)

Expérience en stationnement du 26 décembre 1874. — Nous reproduisons le procès-verbal de l'expérience en stationnement du 26 décembre 1874.

Nous avons indiqué sur la planche n° 28 les courbes des six thermomètres intérieurs *c, d, f, i, k, l*, des trois thermomètres *B*, *H*, *N*, placés au contact des chaufferettes, et du thermomètre extérieur *a*.

DISPOSITION DES THERMOMÈTRES.

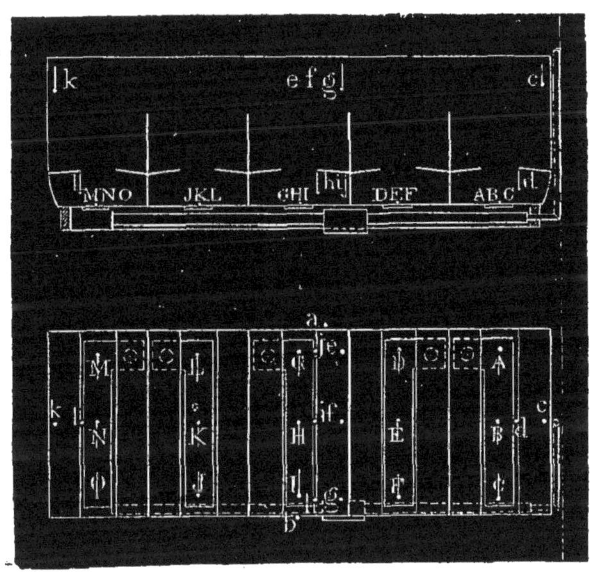

(*Voir* à la page suivante le tableau des Températures.)

Expérience en marche du 16 mars 1875. — Nous reproduisons aussi le procès-verbal de l'expérience en marche du 16 mars 1875, qui montre l'influence de l'ouverture des portières.

Sur le graphique de la planche n° 28, nous indiquons les courbes des six thermomètres intérieurs *c, d, f, i, k, l*,

Tableau des températures.

STATIONNEMENT	HEURES	THERMOMÈT. extérieurs		INDICATIONS DES THERMOMÈTRES INTÉRIEURS										INDICATIONS DES THERMOMÈTRES AU CONTACT DES CHAUFFERETTES															ÉTAT DU TEMPS CHARGEMENTS DE COMBUSTIBLE et observations
		a	b	c	d	e	f	g	h	i	j	k	l	A	B	C	D	E	F	G	H	I	J	K	L	M	N	O	
	mat.	deg.	deg.	deg.	deg.	deg.	deg.	deg.	deg.	deg.	deg.	deg.	deg.	deg.	deg.	deg.	deg.	deg.	deg.	deg.	deg.	deg.	deg.	deg.	deg.	deg.	deg.	deg.	
»	10.30	+ 2	2	2	3	2	2	2	3	3	3.5	1	2.5	16	14	7	17	31	27	10	17	24	18	20	10	8	6	11	Pendant toute la durée de l'essai, le temps fut couvert. Les bouches de chaleur extrêmes furent complétement ouvertes; celle du milieu à moitié, et les intermédiaires aux 3/4.
»	11h	3	3	4.5	4.5	4	4	3.5	4	4	6	2	3.5	47	37	22	31	55	62	15	27	37	32	30	17	13	19	17	
»	11.30	3	2	8	8	6.5	6.5	6	6	7	8	3	5.5	59	43	28	43	66	72	21	34	46	42	36	25	18	25	27	
»	midi	2.5	3	9	10	8	8	8	8.5	8	9.5	5	6.5	63	53	32.5	46	56	74	25	37	52	45	43	27	21	28	29	Chargement de combustible.
»	1h	3.5	4	13	14.5	12	12.5	11.5	11.5	14	14.5	7.5	9	71	55	38	54	80	92	33	47	65	71	54	31	22	36	39	
»	2h	3.5	3	16	18	16.5	17.5	16.5	14	16.5	20	10	12.5	72.5	56.5	41.5	62	77	95	34	53	84	79	62	40	31	43	45	
»	3h	3	3	15.5	16.5	16.5	16.5	15.5	16	17.5	20.5	10	12	53	51	37	55	66.5	82	36	54	73	63	47	38	28	33	44	do do
»	4h	2.5	2.5	15.5	17	16.5	16.5	15	16	18	20.5	9.5	11	63	58	41	58	72	103	37	47.5	77	62.5	48	35.5	26	29	37	
»	5h soir	2	2	16	18	17.5	17	15.5	16	19	21.5	9.5	11	80	61	43	63	90	111	40	60	84	64	54	38	28	41	42.5	

des trois thermomètres *B*, *H*, *N*, placés au milieu des chaufferettes, et du thermomètre extérieur *a*.

DISPOSITION DES THERMOMÈTRES.

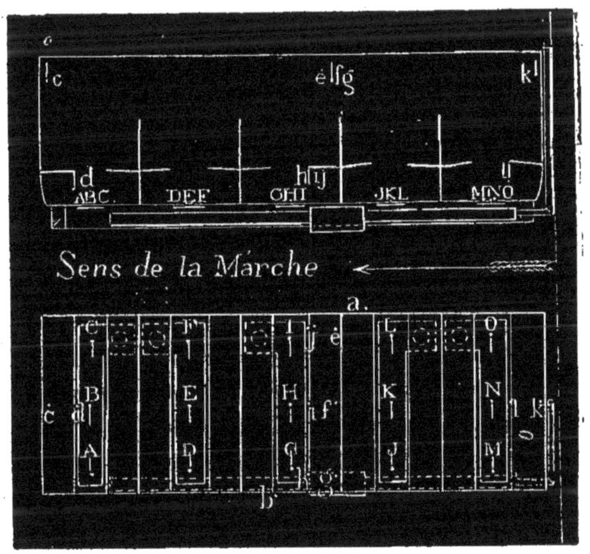

(*Voir* à la page suivante le tableau des Températures.)

Consommation de combustible. — La consommation de coke de gaz s'est élevée à $2^{kg},500$ par heure de marche et à 2^{kg} par heure de stationnement.

Nous avions une déperdition de chaleur considérable par le rayonnement du foyer et des conduits et par les produits de la combustion, ce qui explique le faible effet utile obtenu avec d'aussi grandes consommations.

Prix de revient du chauffage. — La dépense de combustible serait par voiture de :

$2^{kg},500 \times 0^{f}04 = 0^{f},10$ par heure de marche,
$2^{kg} \;. \times 0^{f}04 = 0^{f},08$ d° stationnement.

Tableau des températures.

STATIONS	HEURES	THERMOMÈT. extérieurs		INDICATIONS DES THERMOMÈTRES INTÉRIEURS										INDICATIONS DES THERMOMÈTRES AU CONTACT DES CHAUFFERETTES															ÉTAT DU TEMPS CHARGEMENTS DE COMBUSTIBLE et observations
		a	b	c	d	e	f	g	h	i	j	k	l	A	B	C	D	E	F	G	H	I	J	K	L	M	N	O	
		deg.	deg.	deg.	deg.	deg.	deg.	deg.	deg.	deg.	deg.	deg.	deg.	deg.	deg.	deg.	deg.	deg.	deg.	deg.	deg.	deg.	deg.	deg.	deg.	deg.	deg.	deg.	
Paris (dép.).	midi	+ 9	10.5	14	15	18	18	18	18.5	19	21	19	19	43	45	36	64	52	43	73	52	43	72	68	53	69	55	50	Temps couvert pendant toute la durée de l'essai.
»	1^h	11	10	16	18	20	20	19	20	21	22	20.5	24	47	49	40	58	48	45	72	52	42	83	76	55	82	75	59	
»	2^h	11	11	17	20	23	24	22	23	22	21.5	25	28	57	52	45	61	56	49	70	61	53	87	77	62	87	85	69	
»	3^h	12	11	21	23	25	25	25	26	23	24	27	29	50	59	48	65	52	52	65	55	45	83	82	63	91	83	68	Chargem[t] de combust.
»	$4^h.10$	13	11	20	21	23	23	23	24	23	24	24	26	40	50	46	58	52	45	64	50	41	57	60	46	55	61	48	
»	$4^h.20$	»	»	17	16	18	18	18	19	19	19	21	22	40	39	34	56	46	39	61	48	38	55	50	44	49	50	44	
»	6^h	8	7	15	14	16	17	17	18	19	19	19	21	35	29	32	49	39	30	60	41	39	46	49	39	40	43	42	d° à 6^h40.
»	7^h	4	5	13	15	17	17	17	18.5	19	19	16	20	32	44	43	57	46	40	65	48	37	57	55	36	36	47	47	
»	8^h	4.5	4	13	13.5	15	16	15	15	16	17	18	19	47	43	40	49	41	35	55	43	41	65	59	49	38	42	45	
»	9^h	4	4	12	14	16	15	16	16	17	18	18	18	54	49	50	61	53	51	59	61	56	60	60	45	55	49	47	d° à 9^h30.
»	10^h	3	4	13	14	15	16	16	15	15	19	18	16	58	51	53	65	59	52	67	62	58	61	49	51	62	57	55	
Nancy (arr.)	11^h35	5	5	10	13	16	16	17	13	14	14	13	14	28	37	37	34	40	45	32	43	51	52	47	40	55	51	41	Les constatations de 4^h20 et de 11^h45 ont été faites après avoir ouvert les portières *d'un côté de la voiture* pendant dix minutes.
»	11^h45 soir	»	»	8.5	10	14	14	14	10	11	11.5	11.5	11	25	31	29	32	40	41	30	41	48	49	45	35	51	48	39	

Prix de revient de l'installation de l'appareil. — Nous estimons que l'application à nos voitures actuelles de l'appareil Mousseron, avec chaufferettes en tôle, donnerait lieu aux dépenses suivantes :

720f par voiture de 1re classe ou mixte,
820f d° 2e classe,
920f d° 3e classe.

Remarque générale sur l'entretien des appareils Mousseron. — L'entretien des appareils Mousseron a été presque nul pendant les deux hivers de nos expériences et s'est borné à quelques réparations aux registres et aux grilles de foyer,ou au remplacement de celles-ci lorsqu'elles étaient brûlées.

Toutefois la tôle mince qui, sauf le foyer, constitue cet appareil, ne durera que peu d'années.

Le conduit de fumée surtout sera promptement corrodé par les gaz chauds et humides; et comme il est peu commode d'en constater l'état par le foyer, il se pourrait que le dégagement de la fumée dans les compartiments indiquât seul la destruction du tuyau.

Le nettoyage des conduits n'a donné lieu à aucune main-d'œuvre importante; l'activité du tirage emportait par le haut de la cheminée presque toutes les cendres qui s'introduisaient dans les tuyaux. Il suffisait, après environ cent cinquante heures d'allumage, d'ouvrir le petit registre placé à l'extrémité de la conduite horizontale, de faire tomber la suie en frappant légèrement la cheminée et de nettoyer l'extrémité du tuyau horizontal avec le tisonnier. Cette opération était facilement faite par les agents chargés de la surveillance des foyers.

En résumé, les essais que nous avons entrepris sur les appareils à air chaud (systèmes Mousseron primitif et perfectionné) ont mis en évidence les faits suivants :

1° L'air chaud se distribue à l'intérieur de la voiture suivant la loi des densités, de manière que les voyageurs ont toujours la tête plus chaude que les pieds.

2° Les essais que nous avons faits pour ramener la chaleur sous les pieds nous ont conduits à des dispositions coûteuses, compliquées et peu pratiques.

3° L'air chaud avait fréquemment une odeur très-désagréable, provenant d'un faible tamisage des gaz de la combustion à travers les parois métalliques chauffées.

4° Les voyageurs de 1re et 2e classe se plaignaient de maux de tête et fuyaient les compartiments chauffés à l'air chaud; les voyageurs de 3e classe, au bout de quelques heures de séjour, ouvraient les portières en grand, de sorte que le bénéfice du chauffage était complétement perdu.

Nous ne croyons donc pas que ce mode de chauffage réponde aux exigences du problème à résoudre. Du reste nous reviendrons sur ce sujet dans notre résumé général.

CHAPITRE VII

ESSAIS ET EXPÉRIENCES SUR LE CHAUFFAGE DES VOITURES A L'AIDE DE CHARBONS AGGLOMÉRÉS

(BRIQUETTES. — CHARBON NOUVEAU. — CHARBON DE PARIS.

APPAREIL A CHAUFFERETTES AVEC COMBUSTIBLES AGGLOMÉRÉS, SYSTÈME GRANDJEAN.

Principe et description. — Dès le début de nos expériences, M. Grandjean nous proposa un appareil disposé spécialement pour chauffer les pieds des voyageurs au moyen de combustibles agglomérés, et essayé sur les chemins de fer hollandais. — Un seul appareil chauffe les pieds de tous les voyageurs occupant un compartiment; à cet effet, l'appareil est disposé entre les banquettes, et sa face supérieure, de $0^{m},300$ de largeur sur 2^{m} de longueur, affleure le niveau du plancher.

La chaufferette Grandjean, que représentent les figures 6 à 10 de la planche n° 22, est construite entièrement en tôle. Elle consiste en trois enveloppes concentriques rivées à une même plaque qui forme le dessus de l'appareil, et présente au milieu une bouche de chaleur et aux extrémités deux ouvertures rectangulaires pour l'introduction des paniers contenant les charbons.

Sous la bouche, le dessus de la chaufferette est doublé d'une tôle qui détermine un intervalle communiquant avec l'espace ménagé entre les deux enveloppes intérieures.

Les ouvertures rectangulaires sont fermées par des couvercles formés de deux tôles séparées par une couche d'air. Pour éviter tout contact direct, le dessus de la chaufferette est recouvert d'un grillage en fer étamé.

Chacune des extrémités de la chaufferette est fermée par une tôle percée de trous et contre laquelle sont rivées les trois enveloppes.

Pour régler l'introduction de l'air dans la capacité intérieure, on dispose d'un clapet mobile maintenu, à l'aide d'un petit verrou et d'un secteur à trous, dans une position quelconque (fig. 6, 7 et 8).

Une cloison verticale divise la capacité intérieure de la chaufferette en deux parties égales (fig. 22), mais sans communication entre elles.

Sur chacun des côtés de l'appareil, et de part et d'autre de la cloison de séparation que nous venons d'indiquer, trois tubes traversant les enveloppes font communiquer avec l'atmosphère l'intérieur de la chaufferette.

Paniers à combustible. — Les paniers dans lesquels on charge les charbons allumés sont formés de caisses rectangulaires en tôle, dont les côtés longitudinaux sont perforés. Pour les transporter, on introduit un crochet dans l'ouverture que présente la traverse fixée en leur milieu et à leur partie supérieure (fig. 6 et 9 de la planche n° 22).

La position des paniers dans l'intérieur des chaufferettes est déterminée dans le sens longitudinal par des équerres en tôle rivées sur l'enveloppe intérieure, dans le sens transversal par des ressorts fixés sur les grands côtés du panier, et enfin dans le sens vertical par la forme recourbée d'une des équerres.

Installation de la chaufferette dans les voitures. — La chaufferette est encastrée de toute son épaisseur dans le plancher de la voiture, et sa face supérieure forme une saillie qui permet de la maintenir par des vis. Une enveloppe en bois met les trois autres grandes faces à l'abri du contact de l'air extérieur.

Fonctionnement de l'appareil. — Quand les paniers remplis de charbon allumé sont mis en place, l'air nécessaire à la combustion s'introduit par les fonds, et la quantité en est réglée au moyen des clapets. La sortie de la fumée se fait par des tubes horizontaux placés au milieu de la chaufferette. Pour que le sens de la marche n'influe pas sur cette sortie, on a placé une cloison dans l'axe de la chaufferette, de façon à faire obstacle au courant d'air qui pourrait s'établir par les tubes.

Le rayonnement direct des foyers chauffe les couvercles et les parties voisines, tandis que le milieu du dessus de la chaufferette est échauffé en partie par les produits de la combustion, et principalement par l'air qui, pénétrant par les trous percés dans les tôles des extrémités, s'échauffe au contact des deux enveloppes intérieures, puis se dégage dans la voiture par la bouche de chaleur.

L'air confiné entre les deux parois extérieures n'est en réalité qu'une enveloppe protectrice contre le refroidissement.

Combustibles employés. — Nous avons essayé de chauffer

ces appareils avec les charbons agglomérés désignés dans le commerce sous les noms de *charbon nouveau* et de *charbon de Paris.*

Charbon nouveau. — Sa composition. — Le charbon nouveau est fabriqué en cylindres de $0^m,035$ à $0^m,038$ de diamètre et de $0^m,110$ de longueur, du poids de $0^{kg},100$ environ.

D'après l'analyse, sa composition est la suivante :

Matières combustibles (brûlant sans flamme et sans produire de coke)	73.20
Cendres	26.80
	100.00

L'analyse des cendres donne :

Acide carbonique	18 parties.
Chaux	30 —
Silice	36 —
Phosphate de sesquioxyde de fer	12 —
Magnésie et acide phosphorique	3 —
Pertes	1 —
	100 parties.

Nous avons payé ce charbon 16^f les 100^{kg}, et les fournisseurs se sont déclarés prêts à réduire ce prix à 11^f pour une consommation annuelle minimum de $300,000^{kg}$.

Charbon de Paris. — Sa composition. — Le charbon de Paris est vendu en cylindres de mêmes dimensions et de même poids que le charbon nouveau.

Nous lui avons trouvé la composition suivante :

Matières combustibles	75.4
Cendres	24.6
	100.0

Les cendres contiennent 30 % de chaux et ne donnent pas de traces de silicates.

Le prix était de 16^{f} les 100^{kg}.

Allumage du combustible. — Pour les premiers essais, on a allumé les charbons sur des feux de forge; mais ce procédé n'est possible que pour l'allumage d'un petit nombre de morceaux.

Appareil d'allumage Grandjean. — M. Grandjean nous a livré avec sa chaufferette un appareil composé d'un cylindre vertical en tôle, renfermant deux grilles superposées et surmonté d'une cheminée. Sur la grille inférieure on entretient un feu clair de bois et copeaux, et sur la grille supérieure on place les charbons agglomérés. On peut ainsi allumer en une heure cent soixante cylindres, soit la quantité nécessaire au chargement de quatre chaufferettes seulement.

Chargement du combustible. — Les charbons allumés sur toute leur surface sont rangés les uns contre les autres dans les paniers qui, une fois remplis, sont portés dans les chaufferettes.

Chaque panier contenant vingt morceaux de charbon, il faut quarante morceaux par chaufferette, soit 4^{kg}.

Le chauffage d'une voiture exige donc :

12^{kg} par voiture de 1re classe (trois compartiments),
16^{kg} d° 2e d° (quatre d°),
20^{kg} d° 3e d° (cinq d°).

Résultats calorifiques. — Le compartiment du bout de la voiture de 2e classe muni de la chaufferette Grandjean, n'étant occupé que par l'expérimentateur et les fenêtres étant tenues fermées, on a constaté les résultats suivants :

Température intérieure. — La température moyenne dans la voiture a été de 9° plus élevée que celle de l'atmosphère, et elle était sensiblement la même sur tous les points du compartiment.

Température des chaufferettes. — La moyenne des températures observées à la surface de la chaufferette a été de 50°; mais ces températures présentent de très-grandes variations.

Tandis qu'un quart d'heure après la mise en place des paniers la plaque est chauffée en certains points à 70°, 110° et même 130°, elle n'est plus qu'à 45° au bout de six heures, et enfin, dix heures après l'allumage, sa température est réduite à 25° environ.

La chaufferette est très-inégalement chauffée, et nous avons constaté que la température des couvercles des foyers était souvent supérieure de 45° à celle de la plaque qui touche la bouche de chaleur.

Résumé des expériences. — Les résultats moyens fournis par la chaufferette Grandjean, dans nos diverses expériences, sont résumés dans le tableau suivant. (*Voir* à la page 246.)

Expérience du 8 avril 1874. — Nous reproduisons le procès-verbal de l'une de nos expériences en marche, celle du 8 avril 1874, qui met bien en relief la décroissance rapide des hautes températures auxquelles le dessus de la chaufferette est porté après la mise en place des paniers. (*Voir* à la page 247 la disposition des Thermomètres, et à la page 248 le tableau des Températures.)

Appareil à chaufferettes, système Grandjean, monté sur la voiture de 2e classe B 384.

DATE de L'EXPÉRIENCE	NUMÉRO du train	CONSOMMATION par HEURE de marche pour un compartiment	ÉTAT du TEMPS	TEMPÉRATURES MOYENNES extérieure	TEMPÉRATURES MOYENNES intérieure	EFFET UTILE	TEMPÉRATURES MOYENNES sur les chaufferettes	ÉCART MAXIMUM des températures dans le compartiment en expérience	OBSERVATIONS	
		kilog.		degrés	degrés	degrés	degrés	degrés		
19 déc. 1873.	35	»	»	+ 5.2	15.9	10.7	50	1	Charbon nouveau.	Deux châssis ouverts pendant trois heures; combustion incomplète.
20 —	32	»	»	+ 4.3	14.3	10	37.3	1	do	Foyers éteints après huit heures de marche; allumage défectueux; un châssis ouvert pendant tout le parcours.
12 janv. 1874.	35	0.400	»	+ 3.5	12.2	8.7	34.5	3	do	Voitre fermée; combustion complète. La température moyenne sur la chaufferette est prise sur deux observations faites l'une au départ, l'autre à l'arrivée.
13 —	32	0.400	»	+ 3.5	12.5	9	22	1.5	do	Combustion complète. La température moyenne sur la chaufferette est prise sur trois observations faites au départ, en cours de route et à l'arrivée.
18 —	35	0.310	»	+ 4.4	11	6.6	30.3	1.	do	Combustion complète après huit heures de parcours.
8 avril 1874.	35	0.370	couvert	+ 9.5	17.5	8	58.3	2	do	Voitre fermée; combustion complète à l'arrivée pour trois foyers; un foyer éteint pendt la marche.
9 —	32	0.360	beau	+ 9.7	17.6	7.9	54.2	2	Charbon de Paris.	Combustion tout à fait incomplète; trois foyers éteints en cours de route.

Expérience du 8 avril 1874.

DISPOSITION DES THERMOMÈTRES.

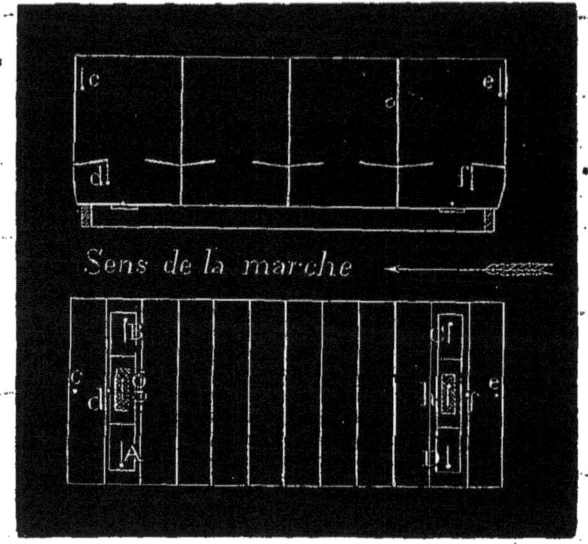

(*Voir* à la page suivante le tableau des Températures.)

OBSERVATIONS.

« Les foyers des chaufferettes ont été chargés de 1kg,800
« de charbon nouveau, soit 3kg,600 par chaufferette et par
« compartiment.

« Dans les foyers des chaufferettes A, B et C la combustion a été complète; à l'arrivée à Nancy, on trouvait encore, en remuant les cendres, quelques petits morceaux de charbon incandescents.

« A Bar-le-Duc le foyer de la chaufferette D était complétement éteint; il restait environ 0kg,150 à 0kg,200 de charbon non brûlé.

« Les thermomètres A, B, C, D, indiquant la tempéra-

Expérience du 8 avril 1874. — Tableau des températures.

STATIONS	HEURES	THERMOMÈTRE extérieur	TEMPÉRATURES INTÉRIEURES				TEMPÉRATURES sur les BOUCHES DE CHALr du milieu des chaufferettes		TEMPÉRATURES DES BOUTS DES CHAUFFERETTES				ÉTAT DU TEMPS
		a	c	d	e	f	g	h	A	B	C	D	
		degrés	degrés	degrés	degrés	degrés	degrés	degrés	degrés	degrés	degrés	degrés	
Paris (*départ*). . .	midi	+11	15	17	16.5	16	46	42	105	113	130	108	Temps couvert.
Meaux	1h.20′	11.5	24.5	22	20.5	19.5	63	48	108	125	121	92	do
La Ferté.	1h.54′	13	24.5	22	21.5	20	57	47	112	115	117	84	do
Château-Thierry. .	3h	12	24	22	22	20.5	48	38	99	95	100	55	Vent.
Épernay	4h.20′	11	24	21	20	19	43	32	90	85	90	44	do
Châlons	5h.10′	10	21	20	18	17	39	27	80	64	73	35	Beau temps.
Blesme.	6h.46′	8	17	17	15.5	15.5	40	24	60	50	47	37	do
Bar-le-Duc. . . .	8h	6.5	13	14	15	15	29	22	41	43	46	30	do
Commercy	9h.40′	6	13	13	10.5	10.5	21	17	39	32	30	18	do
Nancy (*arrivée*). .	11h.20′ soir	6	12	12	9.5	9.5	15	11	22	19	23	11	do

« ture des bouts des chaufferettes, étaient posés directement « sur les couvercles, dont le grillage était relevé. »

Nous reproduisons sur la planche n° 28 les courbes des températures indiquées par les thermomètres *e*, *f*, placés à l'intérieur du compartiment ; C, D, sur les chaufferettes ; *h*, sur la bouche de chaleur, et par le thermomètre *a*, placé à l'extérieur.

Consommation de combustible. — En moyenne, dix heures après l'allumage, les charbons étaient consumés ou éteints.

Malgré tous les soins apportés à l'allumage, nous retirions des paniers, après l'extinction, du combustible à moitié brûlé, réduit en petits morceaux et en poussière, et qui représentait en moyenne 20 °/₀ du chargement. Ce résidu étant inutilisable, on ne peut en tenir compte dans l'évaluation de la dépense.

En admettant donc un chargement de 4^{kg} par chaufferette, une durée totale de dix heures, et le prix de 16^{f} les 100^{kg}, les dépenses de combustible pour le chauffage seraient, par voiture et par heure, de :

0^{f},192 pour les 1res classes,
0^{f},256 d° 2es d°,
0^{f},320 d° 3es d°.

Nous devons dire ici qu'ayant eu des extinctions fréquentes avec le charbon de Paris, quoique très-bien allumé, nous avons employé le charbon nouveau dans presque toutes nos expériences.

Prix de revient des appareils. — Chaque chaufferette Grandjean reviendrait à environ 150^{f}, ce prix comprenant l'installation dans les voitures et, d'après les déclarations de l'inventeur, les droits de brevet.

Les prix de revient de l'aménagement des voitures seraient donc de :

450f pour les 1res classes,
600f d° 2es d°,
750f d° 3es d°.

Inconvénients de la chaufferette Grandjean. — Des nombreux inconvénients qu'offre la chaufferette Grandjean, le plus grave est l'introduction, dans la voiture, des produits de la combustion.

Le joint entre les couvercles des foyers et le dessus de la chaufferette ne peut être parfaitement étanche ; aussi a-t-on trouvé que deux heures après l'allumage l'air recueilli à la surface du plancher contenait 0,9 % en volume d'acide carbonique.

Lorsque le compartiment chauffé a été mis à la disposition des voyageurs, ceux-ci ont été souvent atteints de maux de tête après quelques heures de séjour dans la voiture; ils se plaignaient également de la mauvaise odeur dégagée par l'appareil.

L'introduction de paniers remplis de charbons incandescents, par l'intérieur des compartiments, est une cause de dégâts et d'incendie. On ne pourrait évidemment pas constater l'état des foyers ni les recharger en cas d'extinction, si les voitures étaient occupées par des voyageurs.

Nous parlerons plus loin des difficultés d'allumage et de manutention, ainsi que du prix élevé des combustibles agglomérés.

Sans même tenir compte ici de ces derniers éléments d'appréciation, nos expériences ont nettement établi que la chaufferette Grandjean, telle qu'elle nous a été présentée, ne peut être employée au chauffage des voitures de chemins de fer.

APPAREIL A CHAUFFERETTES AVEC COMBUSTIBLES AGGLOMÉRÉS, TYPE *EST* 1874.

L'emploi, pour le chauffage des voitures, de combustibles agglomérés de bonne qualité présente le grand avantage de réduire la main-d'œuvre à un simple chargement des foyers avant le départ du train. On n'a pour ainsi dire pas à surveiller les appareils pendant la marche.

Enfin, ces combustibles se prêtent très-bien à l'emploi de chaufferettes, et il faut reconnaître que dans notre climat, avec la durée moyenne des voyages et avec les habitudes prises, les voyageurs demandent avant tout à avoir les pieds chauds.

Ces considérations nous ont conduits à étudier un appareil chauffé par des combustibles agglomérés et répondant aux conditions suivantes :

Chargement du combustible par l'extérieur de la voiture;

Mise en place et visite des paniers à combustible indistinctement par les deux côtés du véhicule, pour ne pas avoir à faire le service par l'entre-voie;

Suppression de toute communication entre le foyer et les compartiments ;

Enfin, allumage rapide des charbons.

Nous allons décrire l'appareil qui a été construit d'après ce programme, et qui a été appliqué à une voiture de 3e classe.

Description. — La chaufferette que représentent les figures 1 à 5 de la planche n° 22 est construite entièrement en tôle. Encastrée dans le plancher, elle chauffe le compartiment dans lequel elle est placée. Le fond et les deux parois latérales sont formés de trois tôles espacées entre elles et qui, recourbées à angle droit à leur partie supérieure, sont rivées à une tôle striée formant le dessus de la chaufferette.

Chaque extrémité de l'appareil est fermée par une tôle verticale, dans laquelle est pratiquée une ouverture que ferme une porte à deux vantaux, montée sur charnières et qu'un verrou maintient en place.

L'air nécessaire à la combustion pénètre dans la chaufferette par des trous percés dans les portes et dont on règle l'ouverture au moyen d'un petit registre en tôle mince; cet air pénètre en outre, par des trous percés dans les trois enveloppes, au centre du fond de la chaufferette.

Au milieu de celle-ci, et sur chacun de ses côtés, quatre tubes en cuivre rouge traversent les trois enveloppes; ils sont destinés à la sortie de la fumée. Des écrans en tôle sont placés dans la chaufferette devant l'ouverture de ces tubes, afin de s'opposer aux rentrées d'air qui gêneraient la sortie des gaz.

Pour la préserver du rayonnement direct du combustible, qui la porterait à une trop haute température, la face supérieure de la chaufferette est doublée par une tôle horizontale régnant dans toute la longueur de l'appareil.

Paniers à combustible. — Les charbons allumés sont placés à côté les uns des autres et sur un seul rang dans des paniers en tôle ayant la forme d'une caisse plate. Les côtés longitudinaux de ces paniers sont perforés, et au-dessus du fond est disposée une claie en fil de fer, afin que l'air atteigne les charbons sur toute leur surface.

Les paniers portent à leurs extrémités des poignées façonnées de manière à s'accrocher indistinctement les unes aux autres et à ne pouvoir plus se séparer une fois les paniers engagés dans les chaufferettes.

Cette disposition permet d'introduire et de retirer les deux paniers par l'une ou l'autre des extrémités de l'appareil, et d'éviter ainsi le service par l'entre-voie.

Pour empêcher le ballottement des paniers dans la chaufferette, on a limité leur jeu au milieu de l'appareil par des écrans placés devant les tubes à fumée ; et aux extrémités par des tôles verticales terminées par des plans inclinés.

Dégagement d'air chaud dans la voiture. — L'air extérieur peut s'introduire entre les deux enveloppes intérieures par des trous ovales placés aux extrémités et en dessous de la chaufferette. Cet air s'échauffe au contact des parois du foyer, puis, par des fentes longitudinales ménagées au milieu de l'appareil, il pénètre dans l'espace compris entre la tôle striée et le dessus du foyer. De là, l'air chauffé se dégage dans le compartiment par une bouche de chaleur rectangulaire dont on peut régler l'ouverture.

Couche d'air isolante. — L'air renfermé entre les deux enveloppes extérieures ne sert que de couche isolante.

Installation de l'appareil. — La chaufferette est encastrée dans le plancher, sur lequel elle repose par la saillie de sa face supérieure.

Des traverses rapportées entre les brancards de caisse soutiennent les extrémités des frises du plancher, coupées par le passage des chaufferettes.

Surhaussement de la caisse de la voiture sur son châssis. — Pour introduire les paniers à combustible par l'extérieur des voitures sans couper ni même entailler les brancards de caisse, nous nous sommes décidés à surhausser la voiture au moyen de pièces de bois placées sous chacune des traverses de caisse.

La hauteur intérieure donnée à la chaufferette, l'épaisseur réduite des paniers, enfin l'abaissement du seuil des portes de l'appareil obtenu en terminant en plans inclinés les deux enveloppes extérieures, nous ont permis de réduire ce surhaussement à $0^m,050$. Les paniers, pour pouvoir être introduits, doivent être inclinés ; mais l'obliquité nécessaire ne gêne aucunement la manœuvre. L'augmentation de la hauteur d'emmarchement est admissible, et pour la partager, nous avons simplement interposé une cale de $0^m,025$ sous la petite palette de marchepied ; les attaches de la caisse au châssis sont donc les seules ferrures à modifier.

Fourneau pour l'allumage du combustible. — Nous avons construit un fourneau pour l'allumage du charbon nouveau qui nous servait pour nos essais. Les charbons, placés sur un gril, étaient exposés à la flamme d'un feu de bois clair ; trois grils, contenant chacun la charge d'un panier, étaient superposés dans le fourneau, et on les rapprochait successivement du feu de façon à rendre continue l'opération de l'allumage.

Cet appareil n'a donné que de très-médiocres résultats ; il fallait une heure et demie pour l'allumage des 25^{kg} de combustible nécessaires au chauffage d'une 3e classe. Cet insuccès est dû principalement à la difficulté d'allumage qu'offre le charbon nouveau.

Combustibles Grandjean et Cohen. — Pendant le cours de nos essais, MM. Grandjean et Cohen nous présentèrent successivement deux combustibles agglomérés en briquettes rectangulaires.

Le charbon de bois formait le principal élément de ces charbons, de qualités à peu près identiques.

Le prix du charbon Grandjean était de 22f,50 les 100kg et celui du charbon Cohen de 30f les 100kg.

Une briquette de ces charbons, exposée à la flamme d'un bec de gaz, s'allumait parfaitement au bout d'une minute, mais la combustion ne se continuait pas toujours progressivement comme l'annonçaient les fournisseurs. Ces deux combustibles se brisaient facilement et s'effritaient même par la trépidation de la marche de la voiture. Nous avons eu, surtout avec le charbon Grandjean, des extinctions dues à ce que les parties incandescentes se détachaient ainsi de la briquette. Dans le service, la friabilité de ces combustibles serait une cause de déchets considérables que l'on ne saurait évaluer à moins de 25 %.

Résultats calorifiques. — Nous indiquerons séparément les résultats calorifiques donnés par chacun des combustibles agglomérés dont nous avons fait usage.

Durant toutes les expériences, la voiture ne fut occupée que par l'expérimentateur, et les portes et les fenêtres furent tenues fermées.

Emploi du charbon nouveau. — En chauffant les cinq chaufferettes avec du charbon nouveau, nous avons trouvé que la température moyenne dans la voiture s'élevait de 7°,3 au-dessus de la température extérieure.

A 0m,30 du plancher on constatait 3° de plus que sous le pavillon.

La chaleur se répartissait assez également en tous les points du véhicule; on ne constatait pas, en effet, d'écarts supérieurs à 7° entre les thermomètres placés au milieu et aux deux extrémités de la voiture.

La moyenne des constatations faites pendant la durée de la combustion, qui variait de six à neuf heures, donna une température de 47° au contact des chaufferettes; mais la chaleur n'était pas uniforme sur tous les points des chaufferettes : ainsi nous avons trouvé des différences de 35°.

Presque immédiatement après la mise en place des paniers à combustible la température atteignait son maximum; dans certains essais elle s'est élevée jusqu'à 87°. A partir de ce maximum, elle s'abaissait d'une façon continue et très-rapide; au bout de six heures, elle n'était plus que de 40°.

Charbon Cohen. — Nous n'avons pu essayer les briquettes Cohen que dans une seule chaufferette. La température de la tôle striée était de 50° une heure et demie après la mise en place des paniers; elle atteignait un maximum de 102° au bout de trois heures; enfin elle revenait à 50° sept heures et demie après le chargement.

Les charbons étaient complétement brûlés huit heures et demie après l'allumage.

Charbon Grandjean. — Le charbon Grandjean ne fut également expérimenté que dans une seule chaufferette.

Une heure et demie après la mise en place des paniers, la température au contact de la chaufferette était de 50°; trois heures après, on obtenait un maximum de 96°; enfin, au bout de sept heures elle était retombée à 50°.

La durée totale de la combustion avait été de sept heures.

Résumé des expériences. — Dans le tableau suivant nous

Appareil à chaufferettes avec combustibles agglomérés de la Compagnie de l'Est, monté sur la voiture de 3e classe C 4286.

DATE de L'EXPÉRIENCE	NUMÉRO du train	CONSOMMATION pour les CINQ COMPARTIMENTS par heure de marche	CONSOMMATION pour les CINQ COMPARTIMENTS par heure de stationnt	ÉTAT du TEMPS	TEMPÉRATURES MOYENNES extérieure	TEMPÉRATURES MOYENNES intérieure	EFFET UTILE	TEMPÉRATURE MOYENNE sur les chaufferettes	ÉCART MAXIMUM entre la plus haute et la plus basse température de l'intérieur de la voiture	OBSERVATIONS	
		kilog.	kilog.		degrés	degrés	degrés	degrés	degrés		
9 déc. 1874.	Statt	»	»	pluie	+ 7.1	15.1	8	48.3	5.5	Charbon nouveau.	Voiture fermée. Combustion très-incomplète. Température prise sur la chaufferette du milieu de la voiture.
10 —	35	»	»	beau	+ 4.3	10.2	5.9	33.5	7	do	Voiture fermée. Combustion très-incomplète.
21 —	Statt	»	2.300	»	+ 1.1	»	»	47.7	»	do	Voiture fermée. Registres des portes complétement ouverts.
5 janv. 1875.	35	3.000	»	couvert	+ 8.1	+ 14.7	6.8	46.7	7	do	do
25 —	35	2.500	»	beau	+ 9 3	+ 13.3	4	38.1	5	do	Voiture fermée.
17 fév. 1875.	Statt	»	1.500	»	+ 5.1	»	»	73.9	»	Briquette Cohen.	Voiture fermée. Expérience faite sur une seule chaufferette.
18 —	35	1.750	»	»	+ 2.8	»	»	49.3	»	do	do
22 mars 1875.	35	2.000	»	»	+ 3.1	»	»	45.4	»	Briquette Grandjean.	Voiture fermée. Expérience faite sur une seule chaufferette: Les registres des deux portes complétement ouverts une heure après le départ.

résumons les expériences diverses faites sur la voiture de 3e classe munie de chaufferettes.

Expérience en marche du 5 janvier 1875. — Nous indiquerons ici tous les résultats obtenus dans l'une des expériences qui ont été faites en marche avec le charbon nouveau.

On remarquera les différences que présentent les températures observées à un même moment et la rapidité de leur décroissance.

Sur la planche n° 28 nous avons reproduit par des courbes les variations des thermomètres G, H, I, placés sur la chaufferette du compartiment du milieu, *c, d, f, i, k, l*, suspendus dans la voiture, et enfin du thermomètre *a*, exposé à l'air extérieur.

DISPOSITION DES THERMOMÈTRES.

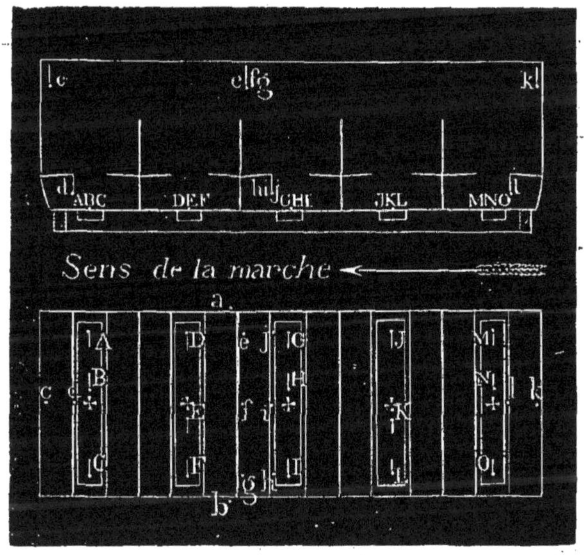

(*Voir* à la page suivante le tableau des Températures.)

Tableau des Températures.

HEURES	THERMOMÈT. extérieurs		INDICATIONS DES THERMOMÈTRES INTÉRIEURS										INDICATIONS DES THERMOMÈTRES PLACÉS SUR LES CHAUFFERETTES															OBSERVATIONS
	a	b	c	d	e	f	g	h	i	j	k	l	A	B	C	D	E	F	G	H	I	J	K	L	M	N	O	
soir	deg.	deg.	deg.	deg.	deg.	deg.	deg.	deg.	deg.	deg.	deg.	deg.	deg.	deg.	deg.	deg.	deg.	deg.	deg.	deg.	deg.	deg.	deg.	deg.	deg.	deg.	deg.	
1h	+ 9	+ 9	13	16.5	14	15	14	15	18	15	13	17	50	67	67	85	44	80	80	37	78	52	70	87	81	56	61	Temps couvert.
2	9	9	13	16.5	16	16.5	16	15	20	16	15	18	32	70	67	83	40	67	70	52	77	51	68	72	70	47	46	do
3	8.5	8.5	13	16	15	16	16	17	20	16	14	17	25	52	55	72	37	61	61	51	68	43	42	57	64	39	32	do
4	8	8	12	15	14.5	15	15	15	19	16	13	15	21	37	47	62	34	57	61	43	55	36	35	47	55	32	25	Pluie.
5	6	7	11	13	13	14	13.5	14.5	17	14	12	14	17	31	33	51	33	48	51	41	46	27	26	38	38	26	20	Temps couvert.
6	7	8	10	11	12	13	13	12	16	13	11	12	13	19	21	37	24	28	37	34	30	17	21	25	25	23	15	do

Consommation de combustibles et prix de revient du chauffage. — Pour obtenir les résultats calorifiques ci-dessus indiqués, on chargeait dans chaque chaufferette les poids de combustible suivants :

4^{kg} de charbon nouveau,
3^{kg} — Cohen,
2^{kg},7 — Grandjean.

D'après la durée moyenne de la combustion de ces agglomérés, la consommation par heure de chauffage a été, pour une voiture de 3e classe, de :

2^{kg},500 de charbon nouveau,
1^{kg},750 — Cohen,
2^{kg} — Grandjean.

Le chauffage d'une voiture de 3e classe reviendrait donc par heure, d'après les prix précédemment indiqués, à :

2^{kg},5 $\times$ 0^{f},16 = 0^{f},40 en employant le charbon nouveau,
1^{kg},75 $\times$ 0^{f},30 = 0^{f},525 — — Cohen,
2^{kg} $\times$ 0^{f},225 = 0^{f},45 — — Grandjean.

Dépenses d'installation des chaufferettes dans les voitures. — D'après nos évaluations, les dépenses nécessaires pour la confection des chaufferettes, leur installation dans les voitures et le surhaussement de ces dernières, s'élèveraient aux chiffres suivants :

480^{f} par voiture de 1re classe (à trois compartiments),
630^{f} — 2e — (à quatre —),
780^{f} — 3e — (à cinq —).

Dans ces chiffres, la dépense du rehaussement entre pour 100^{f} par voiture en moyenne.

Conclusions des expériences faites sur les chaufferettes et sur les combustibles agglomérés. — Pour assurer le succès du chauffage à l'aide de charbons agglomérés brûlant dans des chaufferettes, il faut un combustible s'allumant facilement, brûlant avec lenteur, régularité et constance, enfin dont on puisse faire varier la durée de combustion par de simples changements de dimensions. Il faut que ce combustible soit assez solide pour résister sans trop de déchets aux manipulations, et que, de plus, il ne se désagrége pas sous l'action de la chaleur.

Aux prix actuels, le chauffage par combustibles agglomérés coûte cinq fois plus que le chauffage au moyen des appareils où l'on brûle du coke.

Il faudrait donc que, tout en améliorant considérablement la qualité des agglomérés, on parvînt à en diminuer notablement les prix, et ce résultat nous paraît fort difficile à atteindre. Il n'a pas été obtenu en Allemagne où les agglomérés sont très-employés dans les caisses de chauffage disposées sous les siéges.

On peut songer à diminuer la consommation des agglomérés en limitant la surface en ignition : la proposition en a été faite; mais il en résulte de telles complications dans les appareils, que nous avons rejeté promptement cette idée.

Nous nous résumons donc en disant que la possibilité de chauffer des voitures au moyen de charbons agglomérés brûlant dans des chaufferettes nous semble dépendre exclusivement de la nature et du prix du combustible employé. De notables progrès ont été faits dans la fabrication de ces charbons qui atteignent presque les conditions voulues de qualité et de durée au feu ; mais ces combustibles coûtent encore 300f la tonne, et tant qu'on ne sera pas parvenu à les produire à 100f au maximum, il n'est point téméraire de dire qu'ils n'entreront pas dans le domaine pratique. Le chauffage des voitures ne peut, en effet, être appliqué d'une manière générale que s'il est susceptible d'une solution économique.

CHAPITRE VIII

ESSAIS ET EXPÉRIENCES SUR LE CHAUFFAGE DES VOITURES AU MOYEN D'UN COURANT D'EAU CHAUDE CIRCULANT DANS DES APPAREILS FIXES (THERMO-SYPHON).

APPAREILS A CIRCULATION D'EAU, SYSTÈME WEIBEL ET BRIQUET.

Au moment où la Compagnie de l'Est entreprit ses études, la Compagnie des chemins de fer de la Suisse Occidentale chauffait, depuis le commencement de l'hiver 1872-1873, un certain nombre de ses voitures au moyen d'un appareil construit par MM. Weibel et Briquet, de Genève.

Principe de l'appareil. — Dans cet appareil, l'eau que contient une chaudière placée sous la caisse de chaque véhicule s'échauffe au contact d'un foyer central, et se distribue dans des tuyaux de chauffe horizontaux placés sous les banquettes au moyen d'une canalisation horizontale et verticale fixée en partie à l'intérieur de la caisse. Dans ce système, l'eau est donc employée comme véhicule de chaleur.

L'intérieur de la canalisation communiquant avec l'atmosphère, on n'a pas à redouter le danger d'explosion.

Cet appareil, absolument assimilable aux thermo-syphons employés au chauffage des maisons et des serres, présentait évidemment, dès l'abord, par sa tuyauterie étendue, de sérieux inconvénients pratiques. Néanmoins nous avons jugé utile de l'étudier attentivement pour nous rendre compte de son mode de fonctionnement et des perfectionnements dont il peut être susceptible.

Appareils Weibel et Briquet montés par la Compagnie de l'Est. — Deux appareils, ne différant entre eux que par le diamètre des tuyaux de conduite d'eau et par la position de la chaudière, ont été montés sur des voitures de 3e classe de la Compagnie de l'Est.

Nous décrirons d'abord celui qui nous semble présenter les meilleures dispositions. Il est dessiné sur la planche n° 23 et nous le désignerons sous le nom d'*Appareil n° 1*.

DESCRIPTION DE L'APPAREIL N° 1.

L'appareil n° 1 a été monté sur une voiture de 3e classe, dont le compartiment de l'extrémité voisine de la chaudière était séparé des autres par une cloison pleine allant du plancher au pavillon, les quatre autres compartiments restant en communication en dessous des banquettes et au-dessus des appuie-têtes.

Chaudière. — La chaudière, représentée en détail par les figures 4, 5 et 6 de la planche n° 23, est circulaire. Entre ses parois, l'eau vient s'échauffer au contact du foyer placé au centre. Fondue d'une seule pièce, la chaudière est fermée en dessus par une couronne qui porte la tubulure destinée au départ de la fumée. Cette pièce est surmontée du couvercle du foyer avec lequel fait corps la trémie servant au chargement du combustible.

Position de la chaudière. — La chaudière (voir figures 1, 2 et 3, planche n° 23) est montée à l'une des extrémités de la voiture, dans l'angle du brancard et de la traverse extrême, en dehors et en dessous de la caisse.

La trémie, de peu de longueur, se relève à fleur du brancard de caisse et est fermée par un couvercle à charnière que maintient en place l'inclinaison même du bec de la trémie.

Départ de la cheminée. — Le tuyau de fumée sort horizontalement du dessus de la chaudière, et, après avoir passé sous l'extrémité de la traverse extrême, se relève presque sur l'angle du panneau de bout.

Il était donc exposé à tous les courants d'air résultant de la marche du train. Ayant reconnu les inconvénients de cette disposition, nous avons ramené la cheminée vers le milieu du panneau, ainsi que le représentent les figures 2 et 3.

Contenance de la chaudière. — Le foyer et la trémie peuvent ensemble contenir 13^{kg} de coke de gaz.

Grille. — La grille est en fonte, de forme circulaire et munie de pattes en saillie s'engageant entre des oreilles venues de fonte sur le fond de la chaudière. Elle est maintenue en place par un axe servant à l'articulation, et par un verrou mobile, disposition qui permet de faire rapidement tomber le feu.

La grille est placée à découvert sous la chaudière, les

barreaux formant, avec l'axe de la voiture, un angle de 45°.

Canalisation. — La canalisation des appareils Weibel et Briquet est faite au moyen de tuyaux en fer à gaz; les tuyaux de chauffe et les deux extrémités des conduites de départ et de retour sont en cuivre rouge.

Les figures 1, 2 et 3 de la planche 23 indiquent les dispositions adoptées pour cette canalisation.

Conduite de départ d'eau. — Le tuyau de départ d'eau se raccordant avec une tubulure située à la partie supérieure de la chaudière, pénètre dans la caisse en traversant le plancher presque au-dessus de la chaudière et aboutit à un tuyau de chauffe placé en long sous la banquette du compartiment du bout. A l'extrémité de ce tuyau de chauffe la conduite se relève verticalement dans l'angle opposé à la chaudière et, arrivée à la hauteur des courbes, court horizontalement le long du battant du pavillon jusqu'à l'aplomb du dernier siége double de l'autre extrémité de la voiture. A ce point (fig. 1), la conduite redescend verticalement dans l'angle du dossier et traverse la banquette pour aboutir à un double système de tuyaux de chauffe placé sous les siéges du compartiment extrême et du compartiment voisin. (Fig. 1 et 3.)

Une couple semblable de tuyaux de chauffe se trouve sous la banquette double placée entre le deuxième et le troisième compartiment à partir de la chaudière. Ces tuyaux sont en communication avec la conduite de départ d'eau au moyen d'un branchement descendant le long du dossier des siéges, et contre la paroi latérale de la voiture.

Conduite de retour d'eau. — La conduite de retour d'eau est placée à l'extérieur de la voiture, le long du brancard du châssis, et du côté opposé au tuyau de départ; elle aboutit à une tubulure placée à la partie inférieure de la chaudière. Les extrémités des tuyaux de chauffe communiquent avec cette canalisation au moyen de branchements verticaux qui traversent le plancher.

Section des conduites. — La conduite de départ a été établie en tuyaux de $0^m,027$ de diamètre intérieur depuis la chaudière jusqu'aux tuyaux de chauffe du milieu, et son prolongement en tuyaux de $0^m,021$ de diamètre intérieur.

La canalisation de retour est faite en deux sections dont les tuyaux ont exactement les mêmes diamètres intérieurs que ceux qui constituent les deux sections correspondantes de la conduite de départ.

Tuyaux de chauffe. — Les tuyaux de chauffe sont en cuivre rouge de $0^m,090$ de diamètre extérieur et d'une longueur de 2^m; ils sont accouplés deux à deux à une de leurs extrémités par un tuyau en fer, comme le représentent les figures 7 et 8, planche n° 23.

Par cette disposition un seul branchement vertical alimente deux tuyaux de chauffe.

Un branchement spécial relie chaque tuyau de chauffe à la conduite de retour, comme le montrent les figures 1, 12 et 13.

Le tuyau de chauffe placé dans le compartiment voisin de la chaudière est en communication directe avec celle-ci, et n'est en somme que le commencement de la conduite de départ dont le diamètre a été porté à $0^m,090$ pour augmenter la surface de chauffe sous la banquette.

Vase d'expansion. — Le vase d'expansion (fig. 9 et 10), placé sur le toit de la voiture (fig. 1 et 2) établit la communication de l'appareil avec l'air extérieur, permet la dilatation de l'eau lors de son échauffement, et contient en réserve une certaine quantité de liquide en vue des pertes qui peuvent se produire par évaporation. Ce vase, fait en tôle étamée, est soudé sur la couverture en zinc. Une conduite partant de sa base, et pénétrant dans la voiture, le met en communication avec le tuyau de départ d'eau.

Flotteur. — Un flotteur en zinc (fig. 9), muni d'une tige qui dépasse le vase d'expansion, sert à indiquer la hauteur de l'eau et en même temps à atténuer les mouvements violents du liquide qui pourraient se produire dans les manœuvres des voitures. De plus, un couvercle intérieur, affectant la forme d'un entonnoir, est placé à la partie supérieure du vase d'expansion et offre ainsi une surface oblique sur laquelle viennent se perdre les oscillations du liquide contenu dans le vase. Cet entonnoir est percé pour le passage de la tige du flotteur, et des trous, placés sur sa circonférence, permettent le dégagement de la vapeur et des bulles d'air contenues dans l'eau.

Un couvercle extérieur, que traverse la ligne du flotteur, ferme le vase d'expansion.

Conduite de remplissage de l'appareil. — On remplit l'appareil et on y introduit la quantité d'eau nécessaire pour réparer les pertes, au moyen d'un entonnoir placé contre le vase d'expansion. (Fig. 9 et 11.)

Robinet de vidange. — Sur une tubulure, placée à la partie inférieure de la chaudière, est fixé le robinet destiné à la vidange de l'appareil.

Joints. — Pour les extrémités des conduites de départ

et de retour et pour les milieux des branchements qui relient les tuyaux de chauffe à la conduite de retour, on a adopté des joints à brides ; tous les autres raccords des tuyaux sont faits au moyen de manchons à vis.

Ces joints se sont bien comportés, et nous n'avons eu pendant la durée des expériences qu'une seule fuite un peu sérieuse, qui a été d'ailleurs arrêtée par un simple resserrage.

Volume d'eau contenu dans l'appareil. — La capacité de l'appareil est de 100 litres.

Poids de l'appareil. — On peut évaluer à 400^{kg} le poids total de l'appareil vide.

DISPOSITIONS SPÉCIALES DE L'APPAREIL N° 2.

Comme nous l'avons déjà dit, cet appareil ne diffère du précédent que par la position du montage de la chaudière sur la voiture et par le diamètre des tuyaux de départ et de retour d'eau.

Position de la chaudière. — La chaudière est suspendue sous le plancher de la voiture, à l'intérieur du châssis, contre l'une des traverses extrêmes; entre la tige de tampon et l'attache de l'une des chaînes de sûreté.

La trémie et le tuyau de fumée, partant du dessus de la chaudière, passent à travers le plancher sous la dernière banquette et se dirigent obliquement vers le panneau de fond qu'ils traversent.

La trémie de chargement a, en outre, une position

oblique par rapport à l'axe du châssis, de façon à rapprocher le plus possible son ouverture de la paroi latérale de la voiture.

Contenance de la chaudière. — La chaudière et la trémie contiennent ensemble 16^{kg} de coke à gaz.

Section des conduites de départ et de retour d'eau. — Le diamètre intérieur du tuyau de départ est de 0^{m},033 depuis la sortie de la chaudière jusqu'à la rencontre du branchement vertical des tuyaux de chauffe du milieu. A partir de ce point, la conduite est réduite à 0^{m},027 de diamètre intérieur.

La conduite de retour a un diamètre intérieur de 0^{m},033 dans toute sa longueur.

Position de la cheminée. — Après avoir traversé le panneau de fond de la voiture, la cheminée monte verticalement et se trouve assez voisine du milieu du panneau pour ne pas être frappée par le courant d'air pendant la marche du train.

Volume d'eau contenu dans l'appareil. — Cet appareil contient 120 litres d'eau.

Dépenses d'installation des appareils à circulation d'eau chaude Weibel et Briquet. — Si nous considérons le développement de la tuyauterie et les complications du montage, nous ne croyons pas que l'on puisse estimer à moins de 800^{f} la dépense de l'installation d'un appareil Weibel et Briquet à une de nos voitures actuelles, cette dépense variant avec le type de la voiture et la disposition adoptée pour les tuyaux de chauffe.

RÉSULTATS CALORIFIQUES.

APPAREIL N° 1.

Résultats des expériences faites avec une voiture spéciale occupée par l'expérimentateur. — Effet utile. — La voiture n'étant occupée que par l'agent chargé des essais, et toutes les fenêtres étant tenues constamment closes, l'appareil n° 1 a donné un effet utile moyen de 10°,5.

Résultats obtenus dans les quatre compartiments restés en communication. — Dans les quatre compartiments restés en communication, la chaleur se répartissait comme suit :

Les écarts de température entre les points les plus chauds et les plus froids étaient en moyenne de 4°.

Près du pavillon la température était toujours plus élevée de 2° qu'au niveau du plancher.

Les points les plus froids se trouvaient sous la banquette du compartiment extrême opposé à la chaudière et quelquefois près du pavillon de ce même compartiment.

Le point le plus chaud de la voiture était sous le pavillon, contre la cloison de séparation intérieure du compartiment isolé.

Enfin, l'écart des températures, d'un côté à l'autre de la voiture, était en moyenne de 1°,5, la température étant toujours plus élevée du côté de la conduite d'arrivée d'eau.

Compartiment isolé. — Dans le compartiment isolé du côté de la chaudière, l'air était souvent plus chaud près du plancher qu'en tout autre point; parfois les températures étaient égales ou supérieures de 0°,5 près du pavillon.

Les écarts d'un côté à l'autre du compartiment étaient plus sensibles; ils s'élevèrent à 5° et furent en moyenne de 3° environ.

Temps nécessaire au chauffage des voitures. — Le temps nécessaire pour chauffer la voiture à une température convenable pour être livrée aux voyageurs (soit 10°) était en moyenne de deux heures.

Influence de l'ouverture des portières. — L'ouverture des portières avait une influence assez faible; elle ne déterminait qu'une perte de chaleur de 2 à 3°. Le retour à la température initiale demandait environ une heure.

Influence des chargements. — Les chargements du foyer ne se faisaient pas sentir par un abaissement de température dans l'intérieur de la voiture; avec ces appareils on peut donc limiter le nombre des chargements d'après la consommation du foyer.

Influence du refroidissement de la cheminée. — Comme nous l'avons dit, la cheminée montait primitivement contre l'angle extérieur du panneau de bout. Cette disposition nous a permis de constater l'influence du refroidissement par le courant d'air résultant de la marche du train. L'appareil fonctionnait très-bien lorsque la cheminée se trouvait à l'arrière, tandis que des extinctions fréquentes se produisaient lorsqu'elle était à l'avant. La consommation devenait presque nulle et l'appareil ne chauffait plus. On a reporté la cheminée obliquement vers le milieu du panneau (fig. 2 et 3) pour la garantir dans les deux sens de la marche ; les résultats fournis par l'appareil devinrent alors constants, et simultanément la consommation et la marche du foyer prirent une allure régulière.

Influence du sens de la marche. — Aucune observation n'a pu nous démontrer que le sens de la marche ait eu une influence quelconque sur le fonctionnement de l'appareil, à condition toutefois que la cheminée fût à l'abri des courants d'air.

Voiture occupée par les voyageurs. — Les écarts de température sont moins sensibles lorsque la voiture est occupée par les voyageurs. La différence de température entre le haut et le bas n'a plus été alors que de 1°, la couche d'air près du pavillon étant la plus chaude. L'écart latéral était également réduit à 1° en moyenne.

Résumé des expériences. — Nous résumons dans le tableau ci-après (*voir* page 274) toutes les expériences que nous avons faites sur l'appareil n° 1.

Expérience en marche du 2 mars 1875. — Nous reproduisons *in extenso* le procès-verbal de l'expérience du 2 mars 1875.

Elle montre la lenteur du chauffage à partir du moment où l'on allume le feu dans la chaudière.

Sur la planche n° 29, nous avons tracé les courbes se rapportant au thermomètre extérieur *a* et aux thermomètres intérieurs *d*, *g*, *q*, *r*, *u*, *y*.

Pendant toute la durée de cette expérience, la voiture n'a été occupée que par l'expérimentateur, et toutes les ouvertures ont été tenues fermées. (*Voir* à la page 275 la

Résumé des expériences faites sur l'appareil à circulation d'eau n° 1 (système Weibel et Briquet) **monté sur la voiture de 3e classe C 4261.** — Canalisation de 0m,021 et 0m,027 de diamètre.

DATE de L'EXPÉRIENCE	NUMÉRO du train	CONSOMMATION PAR HEURE		ÉTAT du TEMPS	TEMPÉRATURES MOYENNES		EFFET UTILE	ÉCART MAXIMUM entre la plus haute et la plus basse température de l'intérieur de la voiture	OBSERVATIONS
		de marche	de stationnt à Nancy		extérieure	intérieure			
		kilog.	kilog.		degrés	degrés	degrés	degrés	(Voiture aménagée avec un compartiment de dames isolé; les quatre autres compartiments sont seuls en communication.)
11 janv. 1874.	32	1.018	0.915	brumeux	0	+ 6.5	6.5	3	Cheminée sur l'angle; quatre des sept intervalles des barreaux de la grille sont bouchés. Coke de gaz.
12 —	35	2.036	0.675	beau	+ 3	13	10	5	Cheminée sur l'angle; grille entièrement découverte. Coke de gaz.
13 —	32	1.440	»	pluvieux	+ 4	8	4	3	d°
20 —	35	2.163	0.707	couvert	+10	21	11	4	d°
21 —	32	1.275	»	pluvieux	+10.5	15	4.5	2	d°
24 —	35	2.356	1.111	pluvieux	+ 7.7	20.7	13	5	Cheminée au milieu du panneau de fond; grille complétement découverte. Coke de gaz. Quatre portières ouvertes pendant un quart d'heure.
25 —	32	2.199	»	temps clair	+ 3	16	13	7	d° huit châssis de portières ouvts pendt un quart d'hre.
26 —	35	2.125	1.920	beau	+ 4.4	14.8	10.4	8	d° Ébullition et perte d'eau pendant la marche.
27 —	32			pluvieux	+ 8	18.9	10.9	6	
7 fév. 1874.	35	1.866	1.650	couvert	+ 2	12.4	10.4	3.5	d° Voiture occupée par des voyageurs.
8 —	32			nuageux	+ 4.2	13.8	9.6	2	
15 —	35	»	»	pluie	+ 8.2	15.3	7.1	7.1	d° d°
16 —	32	»	»	couvert	+ 8.5	15.4	6.9	7	d° d°
29 avril 1874.	stationnt	»	0.800	»	+16.1	23.8	7.7	»	d° d°
30 —	d°	»	0.700	»	+19.1	25.3	6.2	»	d°
16 fév. 1875.	35	2.150	»	couvert	+ 4.5	15.5	11	8	d°
17 —	32	2.100	0.800	couvert, neige	+ 2.8	14.2	11.4	3	d°
2 mars 1875.	35	2.119	»	d°	+ 4.3	12.7	8.4	6	d°
3 —	32	2.318	0.846	couvert	+ 3.6	16.2	12.6	7	d°

disposition des Thermomètres, et à la page 276 le tableau des Températures.)

DISPOSITION DES THERMOMÈTRES.

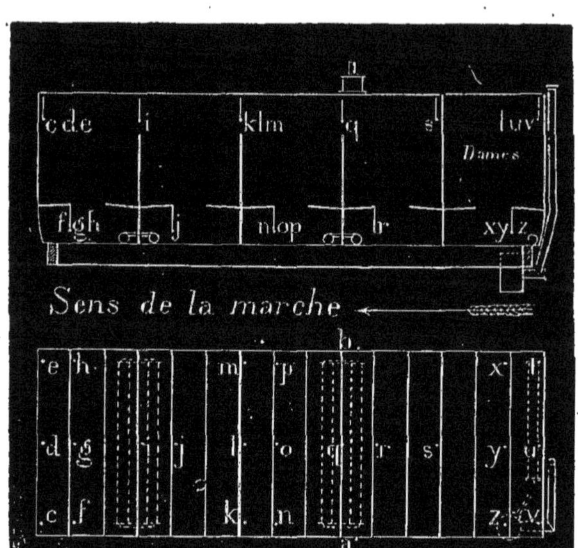

(*Voir* à la page suivante le tableau des Températures.)

Consommation de combustible. — Nous avons exclusivement employé le coke de gaz pour le foyer de l'appareil Briquet. La consommation moyenne, basée sur l'ensemble de toutes nos expériences, a été de 1^{kg},900 pendant la marche et de 1^{kg},100 pendant le stationnement. La consommation est restée sensiblement la même, quel qu'ait été le sens de la marche, depuis le moment où nous avons reporté la cheminée au milieu du panneau de bout.

Prix de revient du chauffage. — Le prix de revient du chauffage, pour le combustible seul, serait donc de :

1^{kg},900 $\times$ 0^{f},04 = 0^{f},076 par heure de marche
et de 1^{kg},100 $\times$ 0^{f},04 = 0^{f},044 d° stationnement.

Expérience du 2 mars 1875. — Tableau des Températures.

STATIONS	HEURES	THERMOMÈT. intérieurs		INDICATIONS DES THERMOMÈTRES INTÉRIEURS																							ÉTAT DU TEMPS CHARGEMENTS ET OBSERVATIONS
		a	b	c	d	e	f	g	h	i	j	k	l	m	n	o	p	q	r	s	t	u	v	x	y	z	
	matin	deg.	deg.	deg.	deg.	deg.	deg.	deg.	deg.	deg.	deg.	deg.	deg.	deg.	deg.	deg.	deg.	deg.	deg.	deg.	deg.	deg.	deg.	deg.	deg.	deg.	
»	10h	+2.5	+3	3	3	3	3	3	3	3	3	3	3	3	3	3	3	3	3	3	3	3	3	3	3	3	Neige. Allumage.
»	11	2.5	3	4	3.5	4	3	3	3	3.5	3	4	4.5	5	3	4	4	4	3	4	5.5	5	5	5.5	5.5	5	Couvert.
Paris (*dép.*)	midi	3	3	5	4.5	5	3	3	3	5	3.5	6	6.5	7	5	6	5	7	6	7.5	8	7	6.5	8	9	6	do
»	1h	6	7	7.5	8	7	5	6	5	9	6	10.5	11	12.5	9	9	9	13	10	13	16	12	11	14	14	11	do Ébullitn et perte d'eau par le vase d'expans.
»	2	7.5	10.5	11	12	12	10	11	9.5	13.5	13	14.5	16	17.5	14	14.5	14	17	16.5	17	18	15	14	17	17	13	Couvert. Chargement de combustible.
»	3	8	11	16	16	16	15	15	14	18.5	17	19.5	21	22	19	18.5	19	21	20	22	22	19	18	21	19	16	Beau. Ébullition et perte d'eau.
»	4	7.5	9	16	17	17	16	16	16	19	19	20	21.5	20.5	20	20	20	22	21	22.5	21.5	19	17	21	20	16.5	Beau. Chargement.
»	5	5	6	15	16	15	15	15	15	18	18.5	18.5	20	21	19	19	19	20	20	21.5	20	18	16	20.5	18	15	do
»	6	3	3.5	14	14.5	14	14	13.5	14	16.5	18	17.5	19	20	18	18	17	19.5	19	20.5	18	16	14	19	18	14	do
»	7	2	2.5	13	14	13.5	13	13	13	16	16	16.5	18	19	16.5	17	17	19	18	19.5	17	15.5	13.5	17.5	16.5	12	Couvert. Chargement.
»	8	1.5	1.5	11	11.5	11	11	11	11	14	14.5	15	16.5	17.5	15	15	15	17	16	18	15	13	12	15	14	11	do
»	9	0	0.5	10	10.5	10	10	10	10	12	13.5	14	15	16	13	12	14	16	15	17	14	12	11	14.5	14.5	10	do
»	10	0	0.5	10	10.5	10	10	10	10	12	13	14	15	16	13	13	13	16	15	17	14.5	13	11	15	15.5	12	do Chargement.
Nancy (*arr.*)	11.25 soir	0	0.5	9	9	9	9	9	9	11.5	12	13	13.5	15	13	12	13	15	14	16	13	11	10	13.5	12.5	9	do

APPAREIL N° 2.

Effet utile. — L'appareil n° 2 nous a donné, dans l'intérieur de la voiture, une température supérieure de 14° en moyenne à celle de l'air extérieur.

La répartition de la chaleur était suffisamment bonne, car nous n'avions que 3°,5 d'écart entre les points les plus chauds et les plus froids ; la température était un peu plus élevée sous le pavillon que près du plancher.

Consommation de combustible. — La consommation moyenne du foyer de cet appareil a été de 2^{kg} de coke de gaz pendant la marche et de 1^{kg},300 en stationnement.

Prix de revient du chauffage. — D'après cette consommation, le chauffage d'une voiture reviendrait, comme dépense de combustible seulement, à :

2^{kg} $\times$ 0^{f},04 = 0^{f},080 par heure de marche
et à 1^{kg},300 $\times$ 0^{f},04 = 0^{f},052 d° stationnement.

Cause de la différence des effets calorifiques fournis par les deux appareils. — Nous venons d'indiquer que l'effet utile de l'appareil n° 2 a été supérieur de 3°,5 à celui de l'appareil n° 1.

Les consommations de combustible de ces appareils étant à peu près les mêmes, nous attribuons ce résultat à la différence des sections des tuyaux de distribution. D'abord la surface de chauffe est un peu plus considérable ; puis, en augmentant dans la limite du possible le diamètre des conduites, on accélère le mouvement du liquide dans l'appareil. Il résulte de là que l'on maintient l'eau plus chaude, la température des parois de la chaudière restant sensiblement constante par suite de l'excès de puissance du foyer.

OBSERVATIONS COMMUNES AUX DEUX APPAREILS.

Consommation d'eau. — Pendant nos expériences de 1873-74, les appareils restaient constamment remplis d'eau, et le feu était entretenu pendant le stationnement du train. On se bornait à réparer les pertes résultant de l'évaporation, en ajoutant l'eau nécessaire par l'entonnoir du vase d'expansion.

La perte d'eau par l'évaporation pour chaque voyage d'une durée de trente heures, y compris six heures de stationnement, était de cinq litres en moyenne.

Marche des foyers des appareils. — La conduite des foyers des appareils Weibel et Briquet est facile. La combustion n'est pas assez vive pour que des scories se forment et obstruent la grille; cependant un piquage régulier à des intervalles de trois heures environ nous a paru indispensable pendant les expériences.

Avec la capacité des foyers, deux chargements en route suffisaient pendant les onze heures que durait le parcours du train d'essai.

La disposition évasée des foyers facilitait beaucoup la descente du combustible, qui ne restait que très-rarement suspendu, si ce n'est toutefois dans la trémie contournée de l'appareil n° 2 dont la forme a donné lieu à plusieurs extinctions.

Entretien des appareils. — Pendant les deux hivers

qu'ont duré nos expériences, les dépenses d'entretien ont été sans importance; aucune partie des chaudières ou des conduites n'a été remplacée par suite d'usure ou de détérioration provenant du fonctionnement des appareils.

AVANTAGES ET INCONVÉNIENTS DES APPAREILS WEIBEL ET BRIQUET.

Bien que les résultats obtenus avec l'appareil de MM. Weibel et Briquet ne nous aient pas entièrement satisfaits, et qu'il soit impossible de considérer cette disposition comme une solution pratique du problème du chauffage, les résultats étaient cependant bien préférables à ceux des appareils à air chaud, et beaucoup mieux appréciés du public.

Avantage dû à l'emploi de l'eau chaude. — Il nous était prouvé qu'on ne pouvait obtenir un chauffage continu qu'en employant comme intermédiaire un corps possédant une capacité calorifique suffisante pour faire en quelque sorte un volant de chaleur mettant les voyageurs à l'abri des brusques changements de température dus aux ouvertures des portières.

On peut reprocher à l'appareil Briquet de donner des températures plus élevées à la partie supérieure que près du plancher, de ne pas permettre aux voyageurs de se chauffer les pieds, et enfin d'exiger une canalisation courante à l'intérieur de la voiture sous le pavillon, dans l'angle des cloisons de séparation et sous les banquettes.

Inconvénients de la canalisation à l'intérieur de la voiture. — La disposition des tuyaux de conduite à l'intérieur de la voiture est évidemment vicieuse, parce qu'elle rend difficiles le montage et l'entretien de l'appareil, et principalement parce qu'elle peut entraîner des dégâts si des fuites se produisent dans les joints des tuyaux.

Ces fuites, sans grande importance dans une voiture de 3ᵉ classe, seraient surtout à craindre dans les voitures de 1ʳᵉ et de 2ᵉ classe dont les conduites devraient être en partie placées sous les garnitures.

Excès de puissance des chaudières. — Dans les deux appareils expérimentés, la surface rayonnante était trop faible pour la puissance des chaudières; aussi, lorsque la température extérieure était au-dessus de $+ 5^o$, l'eau était-elle fréquemment portée à l'ébullition.

Ce fait se produisait surtout en marche, lorsque, le foyer n'étant plus complétement rempli de combustible, toute la masse était en feu. Le flotteur se soulevait alors avec force et un mélange d'eau et de vapeur sortait en abondance par le haut du vase d'expansion. Pour un voyage de onze heures, les pertes par l'ébullition s'élevaient jusqu'à cinq ou six litres.

Excès de surface des grilles. — Les grilles, d'une surface totale de $0^{m2},0415$, nous ont paru sensiblement trop grandes pour la quantité de chaleur que devait fournir l'appareil, et pendant les expériences nous les avons successivement réduites en bouchant les intervalles des barreaux extérieurs.

Examen critique des dispositions de détail. — Nous terminerons notre examen critique des appareils Weibel et Briquet par quelques observations relatives à des dispositions de détail dont nous avons pu constater les inconvénients.

Conduit annulaire de fumée dans la chaudière. — La disposition circulaire du conduit de fumée dans la chaudière nous a occasionné quelques difficultés pour le ramonage du bas de la cheminée, qui devait être fait environ après cent heures de fonctionnement.

Orifice du départ de fumée. — Les dimensions de l'orifice du départ de fumée étaient suffisantes lorsque l'appareil était en bon état de propreté; mais la suie, mélangée à la vapeur d'eau qui se dégage du coke du foyer, formait une pâte qui se déposait sur les saillies du haut de la chaudière, et engorgeait promptement l'orifice du tuyau de fumée.

Une petite ouverture était pratiquée sur la couronne du joint de la chaudière afin de permettre le grattage de ces parties; mais la forme circulaire de la couronne s'opposait à un nettoyage complet que l'on n'eût pu faire qu'en démontant le dessus de la chaudière.

Direction des barreaux des grilles. — Les barreaux des grilles des deux appareils étaient dirigés obliquement sur l'axe de la voiture. Cette direction rendait difficile le piquage des feux; il vaut mieux que les barreaux soient perpendiculaires aux brancards.

Position de la chaudière de l'appareil n° 2. — Nous avons dit que la chaudière de l'appareil n° 2 était suspendue sous le châssis de la voiture, vers le milieu d'un des panneaux de fond.

Le chargement de son foyer offrait beaucoup de difficultés : il fallait se placer entre deux voitures pour faire cette opération, et le bec de la trémie se trouvait trop élevé lorsque la voiture n'était pas contre un quai.

En outre, le coke restait facilement suspendu dans la trémie qui atteignait forcément, avec cette disposition, une longueur démesurée, et il était nécessaire d'employer le tisonnier pour faire descendre le combustible.

La chaudière de l'appareil n° 1 n'offrait aucun de ces inconvénients.

ÉTUDE D'UN NOUVEL APPAREIL A EAU CHAUDE.

L'appareil de MM. Weibel et Briquet présentait trois inconvénients principaux : il nécessitait l'établissement, à l'intérieur de la voiture, d'une longue canalisation remplie d'eau chaude; il ne chauffait point les pieds des voyageurs; enfin il consommait trop de combustible.

D'autre part, le chauffage à l'eau chaude offrait de tels avantages comme constance, comme salubrité, comme indépendance du mouvement du véhicule, que nous résolûmes d'étudier les perfectionnements dont ce système est susceptible.

Il nous semblait facile de chauffer les pieds en engageant dans le plancher des boîtes métalliques où l'eau chaude circulerait, et de supprimer la production inutile de vapeur en limitant la combustion par la réduction de la grille et de la hauteur du feu.

Mais, à ce moment, nous ne savions pas si nous obtiendrions une circulation suffisamment active de l'eau dans les chaufferettes en plaçant toute la canalisation en dessous de la face supérieure du plancher de la voiture, et c'était là le résultat essentiel à obtenir.

Pour éclaircir spécialement ce point, nous avons été ainsi conduits à étudier les conditions de fonctionnement des appareils de chauffage à l'eau chaude par *circulation continue*, puis à faire des expériences de laboratoire pour leur application spéciale aux voitures.

Théorie du chauffage à l'eau chaude par circulation conti-

nue ou par thermo-syphon. — Les appareils de chauffage à l'eau chaude par circulation continue, souvent désignés sous le nom de thermo-syphons, consistent en une chaudière sur laquelle vient aboutir une canalisation métallique parcourant les espaces à échauffer. L'appareil étant rempli d'eau, si l'on allume du feu dans la chaudière, le liquide que celle-ci renferme s'échauffe et monte vers la partie supérieure de la canalisation. Mais, vu l'incompressibilité du liquide, le mouvement ne peut se produire que si les couches inférieures viennent prendre successivement la place de la première couche déplacée, et les choses se passent comme si toute l'eau de la canalisation était poussée par un véritable piston. Il s'établit ainsi un courant continu qui a pour effet de ramener constamment à la chaudière, c'est-à-dire à la source de chaleur, le liquide qui a parcouru l'intérieur des tuyaux.

Principe du thermo-syphon appliqué par la Compagnie de l'Est au chauffage des voitures. — Le thermo-syphon, tel que nous le jugions applicable au chauffage des voitures à voyageurs, devait être disposé de la manière suivante :

Des caisses métalliques engagées dans le plancher de la voiture et servant de chaufferettes ; — une chaudière suspendue contre l'un des brancards en dessous de la caisse ; — un tuyau de distribution partant du haut de la chaudière et reliant les extrémités des chaufferettes sur l'un des côtés de la voiture ; — un tuyau de retour monté parallèlement au précédent, rattachant les autres extrémités des chaufferettes, puis aboutissant à la partie inférieure de la chaudière.

Dans ces conditions, une hauteur de chute réduite à $0^m,700$ ou $0^m,800$ était-elle suffisante pour déterminer dans l'appareil une circulation correspondante à l'émission de chaleur nécessaire pour le chauffage de la voiture, et que nous estimions comprise entre 2,000 et 4,000 calories à l'heure?

La canalisation étant établie comme nous venons de l'indiquer, des quantités d'eau sensiblement égales passeraient-elles dans les diverses chaufferettes, ou bien, au contraire, constaterait-on sur celles-ci de notables différences de température?

Nécessité de faire des expériences. — Le calcul seul ne permet pas de répondre à ces questions, un trop grand nombre de causes variables agissant sur le fonctionnement d'un thermo-syphon (1).

Nous devions donc résoudre le problème expérimentalement, et cela nous conduisit à construire sur des tréteaux un appareil fixe présentant les principales dispositions de celui que nous voulions appliquer aux voitures.

Disposition de l'appareil d'essai. — Cinq tuyaux en cuivre de $0^m,090$ de diamètre extérieur et de 2^m de longueur furent disposés horizontalement sur des chevalets; on les plaça parallèlement les uns aux autres et à des intervalles égaux à ceux auxquels seraient établies, dans une voiture de 3me classe, les chaufferettes qu'ils figuraient. (*Voir* le croquis ci-contre.)

Ces tuyaux étaient reliés par leurs extrémités à deux conduites composées de tubes en fer de $0^m,033$ de diamètre intérieur et $0^m,042$ de diamètre extérieur.

(1) Au point de vue de l'analyse, le problème est complétement déterminé; mais on arrive à des équations et surtout à des intégrations tellement compliquées, qu'il nous a paru impossible d'obtenir par ce moyen aucune formule pratique. La question mériterait, pensons-nous, de tenter l'effort des géomètres.

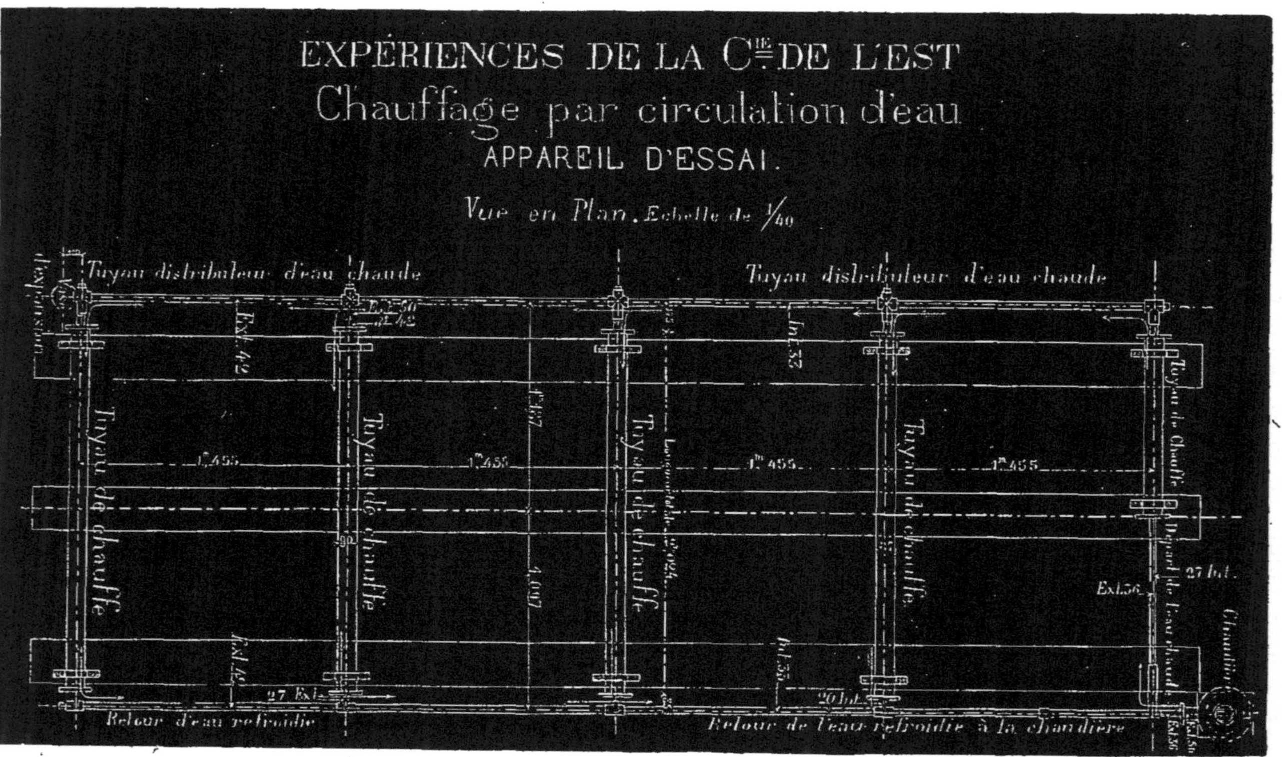
EXPÉRIENCES DE LA Cie DE L'EST
Chauffage par circulation d'eau
APPAREIL D'ESSAI.
Vue en Plan. Echelle de 1/40
Tuyau distributeur d'eau chaude
Tuyau distributeur d'eau chaude
Ext. 42
Int. 33
Tuyau de chauffe
Tuyau de chauffe
Tuyau de chauffe
Tuyau de chauffe
Tuyau de Chauffe
Départ de l'eau chaude
27 Int.
Ext. 36
Chaudière
Ext. 42
27 Ext.
Int. 35
20 Int.
Retour d'eau refroidie
Retour de l'eau refroidie à la chaudière

La conduite qui devait servir de tuyau d'arrivée de l'eau chaude communiquait avec la partie supérieure des tuyaux-chaufferettes, tandis que les raccords établis entre celles-ci et l'autre conduite formant le retour d'eau aboutissaient à la partie inférieure des tuyaux-chaufferettes.

Une petite chaudière verticale nous servait à chauffer l'eau ; elle portait deux tubulures latérales distantes, d'axe en axe, de $0^m,330$ et placées l'une au-dessus de l'autre, sur la même génératrice. Au moyen de tubes en caoutchouc, la tubulure inférieure communiquait avec le tuyau de retour, tandis que la tubulure supérieure était reliée avec l'un des tuyaux-chaufferettes. L'eau, après avoir traversé ce tuyau, se distribuait par le tube d'arrivée entre les quatre autres semblables.

La chaudière fut placée successivement dans deux positions différentes, par rapport aux chaufferettes. D'abord elle fut montée en face de l'une des chaufferettes extrêmes, puis vis-à-vis de celle du milieu. Dans cette disposition, l'eau, après avoir traversé le tuyau, se divisait en deux courants opposés et qui n'alimentaient plus chacun que deux chaufferettes.

Un vase cylindrique, monté à l'extrémité du tuyau d'arrivée, servait de vase d'expansion, et mettait en communication l'intérieur de l'appareil avec l'atmosphère.

De petites viroles, soudées aux deux extrémités des cinq tuyaux-chaufferettes et sur les tubulures de la chaudière, permettaient de plonger des thermomètres dans le liquide et de suivre ainsi constamment les variations de la température de l'eau dans toutes les parties de l'appareil.

Dans toutes nos expériences, la hauteur de chute fut de $0^m,610$.

En ne tenant pas compte de la chaudière, l'appareil contenait 60 litres d'eau, sa surface de chauffe était de $4^{m^2},700$

(dont 2^{m^2},059 de canalisation), et il pesait 141^{kg},400, poids dans lequel le cuivre entrait pour 51^{kg},755 et le fer pour 89^{kg},645.

L'appareil fut monté dans une vaste salle close dont la température restait sensiblement constante pendant la durée de chaque expérience.

Résultats des expériences. — L'appareil étant ainsi disposé, nous avons constaté que l'eau qu'il contenait pouvait être maintenue à une température constante et supérieure de 66° en moyenne à celle de l'air de la pièce.

La faible hauteur de chute de 0^m,610 suffisait pour déterminer le mouvement de l'eau ; la circulation se faisait même dans la cinquième chaufferette lorsque la chaudière était montée à l'une des extrémités de l'appareil.

Ce thermo-syphon pouvait émettre jusqu'à 3,000 calories par heure.

Chaleur émise. — Pour nous rendre compte directement de l'émission de chaleur, nous avons à un certain moment supprimé les deux communications avec la chaudière, en pinçant les tubes en caoutchouc, puis nous avons noté les températures décroissantes marquées par les thermomètres plongés dans le liquide, et le temps écoulé entre chaque observation.

Connaissant le poids de l'eau contenue dans l'appareil et ceux du cuivre et du fer des pièces qui le constituent, nous avons pu calculer le nombre de calories émises par heure pour différentes valeurs de l'excès de la température de l'eau sur celle de la pièce.

C'est d'après cette méthode que nous évaluons à 2,927 calories la quantité de chaleur émise par heure pour un excès de 66°.

Vitesse de l'eau. — Dans une expérience qui nous donna précisément cet excès de 66°, l'eau sortait de la chaudière à 89° et y rentrait à 72°.

D'après la quantité de chaleur émise, nous concluons qu'en une heure 172kg,2 d'eau devaient passer par la chaudière. Par suite, la vitesse de l'eau dans le tuyau de retour était de 0m,0579.

Dans d'autres expériences, la vitesse calculée varia de 0m,045 à 0m,058.

Constatation expérimentale de la vitesse. — En remplaçant un des tuyaux en fer de la canalisation par un tube en verre, et en mettant en suspension dans l'eau de la sciure de bois, nous avons pu, par ce procédé, constater expérimentalement que la vitesse des filets variait de 0m,020 à 0m,060 suivant la distance du filet à la paroi du tube.

Travail dépensé pour maintenir le liquide en mouvement. — Le travail créé par les frottements et par les changements de vitesse et de direction qu'il faut dépenser pour maintenir le liquide en mouvement est extrêmement faible. Dans nos expériences, il a toujours été inférieur à 0kgm,005 par seconde.

Distribution de la chaleur dans les chaufferettes. — Comme nous l'avons déjà dit, la circulation de l'eau s'est produite dans toutes les chaufferettes. Les températures indiquées par les thermomètres plongés dans les tuyaux de chauffe étaient peu différentes. D'autre part, nous avons pu constater expérimentalement qu'il existe dans l'appareil que nous venons de décrire deux courants distincts : un premier courant principal, partant de la chaudière et y revenant après avoir parcouru la canalisation extérieure, et une série de courants secondaires partant du point de soudure de chaque tuyau transversal. Les dérivations obtenues par l'interposition des tuyaux transversaux ont donc pour conséquence d'accélérer la rentrée du liquide dans la chaudière et, par suite, d'améliorer le fonctionnement de l'appareil.

Le thermomètre plongé à l'extrémité de la chaufferette où arrivait l'eau de la chaudière et celui qui était placé à la sortie de la dernière chaufferette présentaient des écarts moyens de 14°,44 quand la chaudière était montée en bout, et de 12°,10 quand elle était montée au milieu de l'appareil.

Position de la chaudière par rapport aux chaufferettes. — De ce qui précède, nous devons conclure qu'il y a intérêt, au point de vue de la répartition de la chaleur dans les voitures, à monter la chaudière vers le milieu de l'appareil, surtout s'il s'agit de voitures de 2e et de 3e classe.

C'est après avoir procédé à ces expériences préparatoires que nous avons étudié et appliqué l'appareil que nous allons décrire.

APPAREIL A CIRCULATION D'EAU CHAUDE AVEC CHAUFFERETTES, TYPE *EST*, 1873.

Les résultats de nos expériences nous décidèrent à monter sur une voiture de 3e classe un thermo-syphon formé de chaufferettes encastrées dans le plancher et alimentées par une canalisation entièrement établie au niveau du plancher.

Pour hâter la construction, nous prîmes la voiture sur laquelle était appliqué l'appareil n° 2 de MM. Weibel et Briquet; on utilisa la chaudière sans en changer la position de montage, et aucune modification ne fut apportée à la trémie de chargement du combustible, ni à la grille, ni à la cheminée.

Canalisation. — Notre thermo-syphon était disposé comme suit :

La conduite de départ pénètre dans la voiture presqu'au dessus de la chaudière et se prolonge le long du panneau de fond jusqu'à l'angle de la voiture, en se maintenant à 0m,50 au-dessus du plancher. La conduite se contourne alors pour suivre le côté longitudinal de la voiture, le long du brancard de caisse, en restant encastrée dans le plancher. L'entaille ainsi produite est recouverte, à l'endroit des passages, par une tôle mince vissée sur le plancher.

Des tubulures, se terminant par des joints à brides, sont rapportées sur la conduite de départ dans l'axe de chaque compartiment et se raccordent avec les chaufferettes.

Le retour d'eau se fait par une conduite placée longitudinalement le long du brancard du châssis à 0m,180 en dessous du plancher et du côté opposé au tuyau de départ.

Cette conduite porte des raccords verticaux se reliant à chaque chaufferette et aboutit à la partie inférieure de la chaudière ; elle est placée horizontalement, ce qui facilite le travail d'installation, — puisque alors tous les raccords sont de même longueur, — sans ralentir cependant la circulation de l'eau.

Les conduites sont en cuivre rouge de 0m,029 de diamètre intérieur et de 0m,033 de diamètre extérieur pour le départ, de 0m,038 et 0m,042 pour le retour. Le cuivre rouge a été employé sur la voiture d'essai pour faciliter et hâter la construction ; mais la canalisation d'un appareil définitif devrait, à notre avis, être composée de tubes en fer.

Chaufferettes. — Les chaufferettes sont en fonte, en

forme de boîtes rectangulaires, ouvertes aux deux extrémités, et sont fermées par des couvercles à joints plats.

Le couvercle placé du côté de l'arrivée d'eau reçoit sur sa face extérieure oblique le joint à bride du tuyau de distribution. Ce tuyau aboutit à la partie supérieure de la chaufferette.

La sortie de l'eau se fait à l'autre extrémité de la chaufferette par un tuyau débouchant à la partie inférieure et se raccordant avec la conduite de retour.

Le dessus de la chaufferette est strié à $0^m,008$ de profondeur afin qu'on ne puisse glisser sur sa surface.

Son épaisseur totale est de $0^m,013$ du côté de l'arrivée d'eau et se trouve portée à $0^m,018$ du côté opposé.

Cette disposition a été adoptée pour éviter que l'air ne séjourne dans l'appareil lors de son remplissage.

Les chaufferettes affleurent le niveau du plancher et présentent chacune une surface de rayonnement de $0^m,200$ de largeur sur $2^m,185$, soit $0^{m2},437$.

Montage des chaufferettes. — Les extrémités des lames du plancher, aboutissant contre chaque chaufferette, sont soutenues par deux traverses en chêne de $0^m,085$ sur $0^m,080$ fixées aux brancards de cette caisse.

Contre le dessous de ces traverses est cloué un plancher de $0^m,025$ d'épaisseur qui constitue ainsi une boîte dans laquelle est placée la chaufferette.

Cette boîte est fermée à ses extrémités par des traverses placées de telle sorte que les joints des tuyaux de raccord restent accessibles.

Pour éviter les pertes de chaleur par les faces latérales et inférieure, on a rempli de sciure de bois le vide existant entre la boîte et la chaufferette.

Quatre oreilles venues de fonte aux extrémités des chaufferettes servent à les fixer par des vis sur les traverses en chêne.

Vase d'expansion. — La disposition vicieuse du vase d'expansion de l'appareil Briquet sur le toit de la voiture nous a conduits à placer celui de notre appareil contre un des panneaux des bouts de la voiture, en baissant considérablement son niveau, ce qui devenait possible après avoir ramené le point le plus haut des conduites à $0^m,050$ au-dessus du plancher.

Dans la crainte qu'une certaine quantité d'air ne restât emprisonné dans les chaufferettes, nous avons placé un vase d'expansion à chaque extrémité de la voiture, en les faisant communiquer tous deux avec la conduite de départ qui est plus élevée que celle de retour.

Les vases d'expansion ont la forme de prismes rectangulaires ; ils sont en tôle et montés sur une embase en fonte qui reçoit le joint de raccord avec les conduites. Leur hauteur, par rapport au niveau de remplissage, est assez grande pour que les mouvements brusques des voitures ne puissent projeter de l'eau en dehors.

Flotteurs. — Des flotteurs mobiles sont placés à l'intérieur des vases ; les tiges qu'ils portent indiquent le niveau de l'eau dans l'appareil.

Conduite de remplissage. — Un entonnoir, muni d'un robinet de fermeture et placé contre l'un des vases d'expansion, sert au remplissage de l'appareil par un tuyau aboutissant près de la tubulure inférieure de la chaudière, point le plus bas de l'appareil.

Dilatation de la conduite de départ d'eau. — L'eau, arrivant dans le tuyau de départ à une température qui peut atteindre 100°, déterminait une dilatation notable des parties métalliques ; d'un autre côté, la conduite, formant une ligne droite d'un bout à l'autre de la voiture, ne pouvait céder sur aucun point, et, par suite de son allongement, agissait obliquement sur les joints de raccord avec les chaufferettes, les décollait et déterminait des fuites qui s'arrêtaient toujours lorsqu'on laissait refroidir l'eau.

Il s'agissait donc simplement de rendre la conduite flexible, et nous y sommes parvenus en la cintrant, entre les chaufferettes, en forme de boucles horizontales.

Alors la dilatation s'est faite sans difficulté et sans fatigue ; les joints ont toujours bien résisté depuis ce moment.

Surface de chauffe. — Les faces supérieures des cinq chaufferettes présentent une surface de $2^{m^2},185$; la surface de la conduite d'arrivée est de $0^{m^2},950$; la surface de chauffe totale de l'appareil dans l'intérieur de la voiture est donc de $3^{m^2},135$.

Capacité de l'appareil. — La capacité de l'appareil est d'environ 120 litres.

Résultats des expériences faites avec une voiture spéciale, ne contenant pas de voyageurs. — Effet utile. — Lorsque la voiture munie de cet appareil était complétement fermée et ne contenait pas de voyageurs, sa température moyenne intérieure s'est élevée à 12°,5 au-dessus de celle de l'air extérieur.

La répartition de la chaleur a été très-satisfaisante.

Les thermomètres placés près du plancher marquaient 3°,8 de plus que ceux fixés sous le pavillon.

Le point le plus froid de la voiture se trouvait toujours

près du pavillon, contre le panneau du bout opposé à la chaudière, tandis que la plus forte chaleur se produisait près du plancher du compartiment touchant à la chaudière.

L'écart entre ces deux points a été de 8° à 9°.

Dans le sens latéral, la température était uniforme près du pavillon ; mais à $0^{m},20$ du plancher l'air du côté de la conduite de départ était plus chaud de 1°,7.

Températures au contact des chaufferettes. — La moyenne de toutes les expériences nous donna au contact des chaufferettes une température de 57°.

Nous considérons ce résultat comme très-satisfaisant, cette température ne pouvant guère être dépassée sans devenir gênante pour les voyageurs.

La température des chaufferettes fut assez régulière, l'écart moyen sur une même chaufferette étant de 5° et ne dépassant jamais 10°.

La différence entre le point le plus chaud et le point le plus froid de toutes les chaufferettes de la voiture examinées au même moment fut ordinairement de 11° à 12° et ne dépassa pas 17°.

La température constatée sur la chaufferette du compartiment voisin de la chaudière n'était que très-peu supérieure à celles qu'indiquaient les thermomètres posés sur les chaufferettes des deux compartiments suivants; la chaufferette du quatrième compartiment donnait en moyenne une température de 5° plus basse que les précédentes, et celle du compartiment extrême, fournissant les résultats les moins favorables, présentait avec la chaufferette de l'autre extrémité de la voiture un écart qui fut en moyenne de 14°.

Influence du sens de la marche. — Malgré la position de

la cheminée au milieu du panneau de fond, le courant d'air qui se produit entre les voitures a une influence sensible sur le tirage du foyer et, par suite, sur le rendement calorifique; mais, lorsque la cheminée se trouve à l'avant, la consommation de combustible est inférieure d'environ $0^{kg},200$ par heure à celle que l'on observe dans le sens inverse de la marche, et la moyenne des températures données au contact des chaufferettes s'abaisse d'environ 15°.

Influence de l'ouverture des portières. — L'ouverture des portières de tout un côté de la voiture pendant quinze minutes a fait descendre de 5° la température intérieure. La température primitive a été de nouveau obtenue une demi-heure après la fermeture.

Influence des chargements. — Nous n'avons pu constater que les chargements du foyer eussent une influence quelconque sur la marche de l'appareil, le refroidissement amené par le combustible neuf ne se traduisant pas par des abaissements de température assez sensibles pour être appréciés.

Temps nécessaire au chauffage des voitures. — Ce n'est qu'une heure et demie après l'allumage que l'on obtient 45° sur les chaufferettes et, dans la voiture, une température de 7° degrés supérieure à celle de l'air extérieur.

Résumé des expériences. — Nous avons résumé, dans le tableau suivant (pages 296-297), toutes les expériences que nous avons faites sur cet appareil pendant les deux hivers 1873-1874 et 1874-1875.

Expériences en marche des 26 et 27 février 1875. — Nous reproduisons ci-après toutes les constatations faites

Appareil à circulation d'eau et à chaufferettes, type EST 1873, monté sur la voiture de 3e classe C 4276.

CANALISATION DE DÉPART AU NIVEAU DU PLANCHER.

DATES des EXPÉRIENCES	NUMÉRO du train	CONSOMMATION PAR HEURE de marche	CONSOMMATION PAR HEURE de stationnt à Nancy	ÉTAT du TEMPS	TEMPÉRATURES MOYENNES extérieure	TEMPÉRATURES MOYENNES intérieure	EFFET UTILE	TEMPÉRATURE MOYENNE sur les chaufferettes	ÉCART MAXIMUM entre la plus haute et la plus basse température de l'intérieur de la voiture	OBSERVATIONS
		kilog.	kilog.		degrés	degrés	degrés	degrés	degrés	
21 fév. 1874.	35	»	»	»	+ 3.2	16.3	13.1	»	6.5	Coke de gaz. Voiture fermée.
22 —	32	1.625	»	»	+ 1.8	15	13.2	»	7	do do
27 —	35	2.400	»	couvert, pluie	+ 9.5	24.2	14.7	75	8	Coke de gaz. Voitre ferm. Les sept intervalles de la grille sont libres. L'appareil arrive deux fois à l'ébullition en cours de route.
28 —	32	1.790	1.140	couvert	+ 8.7	19.4	10.7	62	5.5	do Les sept intervalles de la grille sont libres.
1er mars 1874	35	2.058	1.452	»	+ 8.9	23.4	14.5	85.7	7	do do
2 —	32	1.626	»	»	+ 9.9	24.5	14.6	78.7	4.5	do do
5 —	35	1.685	1.597	»	+ 6.3	21.1	14.8	83.2	6.5	do Deux des intervalles extrêmes d'un même côté de la grille sont bouchés.
6 —	32	1.600	»	»	+ 3.7	16.2	12.5	84.7	6.5	do do
7 —	35	1.920	1.440	»	+ 6.8	21.1	14.3	64.8	7.5	do Les deux plus petits intervalles de la grille sont bouchés.
8 —	32	1.390	1.440	»	+ 7.2	19.4	12.2	46.7	6	do do
23 —	35	1.470	1.170	couvert	+ 11.1	21.5	10.4	53.5	10.5	do Les deux plus petits intervalles contigus d'un côté de la grille et le plus petit de l'autre côté sont bouchs.

24 —	32	1.470	1.170	beau	+ 12.1	25.8	13.7	55.6	3.5	d°	d°
25 —	35	1.402	1.223	d°	+ 7.1	21.7	14.6	65.4	4.5	d°	d°
26 —	32	1.330	»	beau, vent	+ 10.2	23	12.8	68	3	d°	d°
31 —	35	1.262	0.972	couvert, pluie	+ 11.5	22	10.5	48.3	6.5	d°	Les deux ouvertures extrêmes de chaque côté de la grille étaient bouchées; trois ouvertures sur sept restaient libres.
1er avril 1874.	32			couvert, vent	+ 11.9	22	10.1	43	4.5	d°	d°
12 —	35	1.074	0.825	beau	+ 14.3	24.9	10.6	50.2	6	d°	d°
13 —	32			couvert	+ 8.8	17.3	8.5	36.2	5	d°	d°
										(Dans cette dernière expérience, la section de la cheminée se trouvait réduite environ de moitié par la suie.)	
25 —	Statt	»	»	beau	+ 16.1	30.3	14.2	53	8		
27 —	d°	»	»	d°	+ 25.2	37	11.8	56.6	8	Coke de gaz. Voitre ferm.	Les deux plus petits intervalles contigus d'un côté de la grille et le plus petit de l'autre côté sont bouchs.
28 —	d°	»	1.261	d°	+ 22.7	33.2	10.5	58.6	9		
3 janv. 1875.	35	1.950	»	couvert, pluie	+ 6.8	19.5	12.7	61.5	11	d°	Trois ouvertures de la grille bouchées sur sept.
4 —	32	1.600	1.270	couvert	+ 6.3	18.8	12.5	57.2	10	d°	
26 —	32	1.870	0.940	nuageux	+ 7.3	18.5	11.2	60.8	10	d°	
26 fév. 1875.	35	2.310	»	couvert	+ 5.4	17.5	12.1	76.5	13	d°	
27 —	32	2.300	1.666	beau, nuageux	+ 5.2	20.9	15.7	67	11	d°	

pendant un voyage d'aller et retour entre Paris et Nancy.

La voiture n'était occupée que par l'agent chargé de l'essai, et tous les châssis étaient tenus fermés.

Les constatations ayant été faites à partir de l'allumage, l'expérience du 26 février montre la vitesse d'échauffement des chaufferettes et de l'air dans la voiture.

Dans l'expérience du 27, la différence entre les températures intérieures constatées immédiatement avant le départ et celles qui ont été observées après une heure de trajet, met en évidence le refroidissement qui résulte du mouvement de la voiture.

L'abaissement de la température qui se produisit entre 9 heures du matin et 1 heure de l'après-midi eut pour cause un engorgement dans la trémie qui s'opposa à la descente régulière du coke.

Sur la planche n° 29 nous avons reproduit les variations des thermomètres *a*, *c*, *d*, *f*, *i*, *k*, *l*, *B*, *G* et *M* pendant les expériences des 26 et 27 février 1875. (*Voir* à la page suivante pour la disposition des Thermomètres, et aux pages 300 et 301 pour les tableaux des Températures.)

Consommation de combustible et prix de revient du chauffage. — La moyenne des consommations de combustible tirée de l'ensemble de nos expériences a été de :

1kg,800 à l'heure pendant la marche,
1kg,200 — le stationnement,

en employant le coke de gaz qui nous était livré à 40 fr. la tonne.

Le prix de revient du chauffage s'élevait donc par voiture et par heure :

à 0f,072 pendant la marche,
à 0f,048 pendant le stationnement.

Expérience du 26 février 1875.

DISPOSITION DES THERMOMÈTRES.

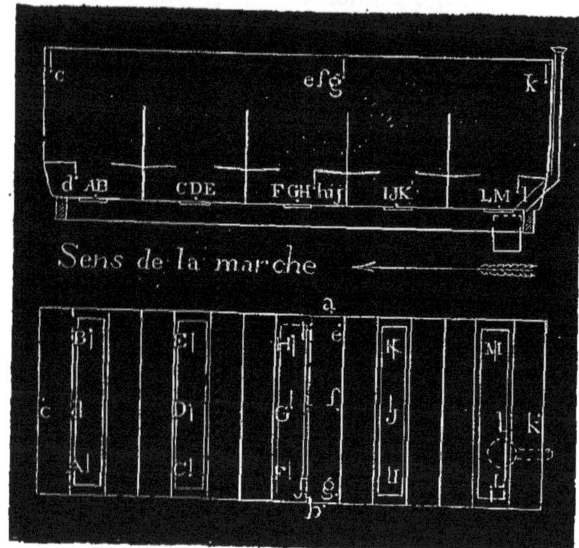

(*Voir* à la page 300 le tableau des Températures.)

Expérience du 27 février 1875.

DISPOSITION DES THERMOMÈTRES.

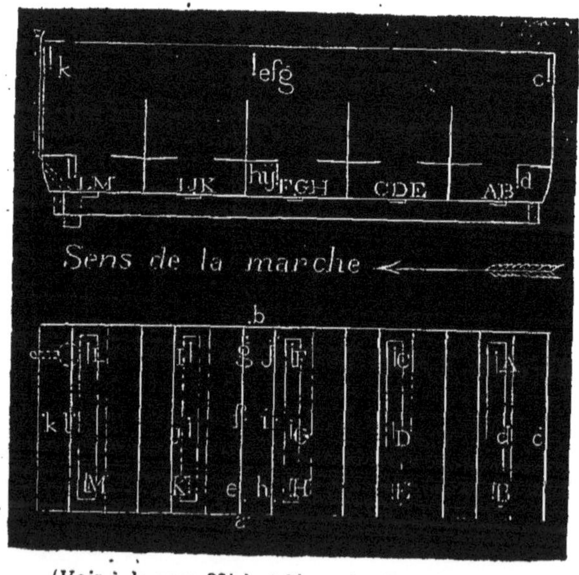

(*Voir* à la page 301 le tableau des Températures.)

Expérience du 26 février 1875. — Tableau des Températures.

STATIONS	HEURES	THERMOMÈT. extérieurs		INDICATIONS DES THERMOMÈTRES INTÉRIEURS										INDICATIONS DES THERMOMÈTRES AU CONTACT DES CHAUFFERETTES													ÉTAT DU TEMPS CHARGEMENTS ET OBSERVATIONS
		a	b	c	d	e	f	g	h	i	j	k	l	A	B	C	D	E	F	G	H	I	J	K	L	M	
	matin	deg.	deg.	deg.	deg.	deg.	deg.	deg.	deg.	deg.	deg.	deg.	deg.	deg.	deg.	deg.	deg.	deg.	deg.	deg.	deg.	deg.	deg.	deg.	deg.	deg.	
»	10h	+ 8	+ 7	7	7	7	7	7	7	7	7	7	7	+ 7	7	7	7	7	7	7	7	7	7	7	7	7	Couvert. Allumage.
»	10.10	»	»	»	»	»	»	»	»	»	»	»	»	7.5	7	8	8	9	7	8	9	7	10	14	7	14	do
»	10.20	»	»	»	»	»	»	»	»	»	»	»	»	8	8	8	8	10	7	8	10	10	17	21.5	7	11	do
»	10.30	»	»	»	»	»	»	»	»	»	»	»	»	8.5	9	8	9	11	8	9	12	11	18.5	25	7	12.5	do
»	10.40	»	»	»	»	»	»	»	»	»	»	»	»	8	17	8	15	25	12	19	20	22	28	31	21.5	33	do
»	10.50	»	»	»	»	»	»	»	»	»	»	»	»	10	26	14	18	27	13	25	26	23	30	31	29	35	do
»	11	8	8	10	9	12	13	11.5	12	11	10	11	15	10	30	16	23	32	21	28	29	28	34	35	30	37	do
»	11.10	»	»	»	»	»	»	»	»	»	»	»	»	14	31	19	25	33	24	29	30	31	36	37	33	41.5	do
»	11.20	»	»	»	»	»	»	»	»	»	»	»	»	16	31	22	26	35	25	31	35	33	38	39	34	42	do
»	11.30	»	»	»	»	»	»	»	»	»	»	»	»	20	31.5	25	29	36	27	33	38	36	41	41	36	43	do
»	11.45	9	8.5	11	11	13	13	13	12	13	12.5	13	17	26	35	30	33	36	34	38	40	39	44	44	41	47.5	do
Paris (*dép.*)	midi	8.5	9	11	12.5	14	14	14	15	14.5	13.5	14	20	32	35	36	41	44	38	44	52	48	51	58	47	57	do
»	1h	9	10	13	15	16.5	17	17	17	19	19	16	26	51	50	58	61	66	63	66	72	69	75	77	69	79	do
»	2	10	10	16	19	20	20	19	22	22	21	19	30	58	66	71	71	79	75	79	81	81	87	86	79.5	90	do
»	3	9	9	18	21	21	21	21	24	24	22	20	31	68	72	77	77	82	81	80	85	81	86	87	83	90	do { Chargement de combust.
»	4	8	9	19	21	22	22	21	25	24	23	20	32	68	74	82	82	86	84	85	89	87	87	91	86	92	do
»	5	6.5	6	18	21	21	21	21	25	25	23	19.5	31	74	78	82	82.5	83	78	84	88	78	89	85	85	92	do
»	6	5.5	5.5	18	20	20	20	19	24	24	22.5	19	31	70	74	77	82	83	83	85.5	89	86	91	89	86	92	do
»	7	5	6	17	21	20	20	19.5	24	24	22	19	31	74	76	79	80	81	81	83	85	82	87	87	85	87	do { Chargement de combust.
»	8	+ 2	+ 2	16	18	18	18	17	20	21	21	17	29	67	68	80	80	80	82	84	85	70	89	88	83	98	Beau.
»	9	− 1	0	14	16	16	16.5	16	20	20	19	16	27	67	68	81	82	83	83	85	87	86	90	91	85	89	do
»	10	0	− 1	13	15.5	15	16	15	19	19	18	14	24	68	69	72	77	81	73	73	81	82	85	87	82	86	Couvert.
Nancy (*arr.*)	11 soir	0	0	12.5	14	15	15	14	18	18	16.5	14	25	64	60	70	70	79	75	78	77	74	83	85	81	86	do

Expérience du 27 février 1875. — Tableau des Températures.

STATIONS	HEURES	THERMOMÈTRES extérieurs		INDICATIONS DES THERMOMÈTRES INTÉRIEURS										INDICATIONS DES THERMOMÈTRES AU CONTACT DES CHAUFFERETTES													ÉTAT DU TEMPS CHARGEMENTS ET OBSERVATIONS
		a	b	c	d	e	f	g	h	i	j	k	l	A	B	C	D	E	F	G	H	I	J	K	L	M	
	matin	deg.	deg.	deg.	deg.	deg.	deg.	deg.	deg.	deg.	deg.	deg.	deg.	deg.	deg.	deg.	deg.	deg.	deg.	deg.	deg.	deg.	deg.	deg.	deg.	deg.	
Nancy . . .	5h	+ 2	+ 2	+14.5	22	21.5	21.5	21	26	25	24	20	32	78	80	85	80	90	86	90	90	90	92	91	88	93	Couvert.
Nancy (*dép.*)	6	1.5	1.5	15	22.5	22	22	22	26	26	25	22	36	78	80	86	87	89	86	86	90	82	86	91	82	92	do
»	7	1	1	12	16	17	17	17	20	21	18	15.5	24	56	57	67	66	70	69	65	72	73	76	75	70	74	Beau.
»	8	1	1	12	15	16	16.5	16	18	18	17	14	23	51	52	61	61	63	62	64	70	64	72	73	63	73	do
»	9	3	5	12	15	17	17	16	19	18	17	14	23	53	60	62	65	63	63	65	70	62	71.5	70	65	72	do
»	10	6	6	15.5	18.5	20	21	19	22	22	22	16	25.5	52	60	60	65	67	64	64	70	66	71	69	66	71	do
»	11	9	6	16.5	19	21	21	20	22	22	20	18	25	50	57	60	61	64	61	61	66	58	61	67	64	69	do } Chargement de combustible.
»	midi	7	6.5	17	19	20	20	19	22	21	21	17.5	24	50	58	54	56	59	56	56	61.5	57	62	59	58	63	Nuageux.
»	1h	10	7	18	19	21	21	20	22	22	21	18	24	45	50	53	53	54	54	57	59	57	61	60	58	62	do
»	2	11	8	17	20	21.5	21.5	21	24	23	23	19	27	51	56	61	62	66	60	62	70	66	71	72	61	72	do
»	3	8	8	18	21	22	22	21	24	23	23	20	27	59	59	64	65	69	61	67	71	70	74	74	69	73	do } Chargement de combustible.
»	4	6	6	17	20	20	20	20	22	21	20	18	25	59	63	66	67	72	68	71	73	70	72	77	69	76	do
Paris (*arr.*)	+ 5 soir	+ 6	6	16	20	19	20	19	22	21.5	21	17	25	61	64	65	69	73	66	71	74	71	74	73	67	78	Pluie.

Conclusions des essais de notre appareil à circulation d'eau et à chaufferette, type 1873. — Notre appareil à circulation d'eau ne réunissait pas toutes les conditions désirables, mais il constituait déjà un progrès sensible sur le système Weibel-Briquet; il donnait, en effet, une répartition de température plus égale en réalisant les meilleures conditions hygiéniques; enfin il permettait aux voyageurs de se chauffer les pieds plus commodément qu'avec les chaufferettes ordinaires.

Les causes de dégâts par les fuites étaient entièrement supprimées, l'entretien facile et l'installation aussi bien applicable aux voitures garnies qu'aux 3es classes.

Le but de nos nouvelles études devait donc être de rechercher le moyen de réduire encore les écarts de température, de diminuer la consommation de combustible en obtenant autant que possible les mêmes résultats calorifiques, et, tout en conservant l'ensemble de l'installation de l'appareil, d'arriver à réduire son prix de revient en corrigeant quelques détails d'exécution reconnus vicieux dans le cours des essais.

Nous nous étions assurés, par l'application sur une voiture, qu'avec des colonnes d'eau chaude et d'eau froide de 0^{m},700 de hauteur, on déterminait dans un thermosyphon un mouvement suffisant pour alimenter des chaufferettes placées dans les cinq compartiments de nos plus grandes voitures de 3e classe.

Les résultats de cette application concordaient avec ceux qui avaient été observés sur notre appareil de laboratoire; c'était là le point essentiel à établir tout d'abord.

Pour examiner la valeur de la nouvelle disposition basée sur ces premiers essais, nous avons construit trois nouveaux appareils semblables, appliqués à des voitures de 1re, 2e et 3e classe, et qui ont été mis en circulation dans les derniers jours de décembre 1874.

APPAREIL A CIRCULATION D'EAU AVEC CHAUFFERETTES, TYPE *EST* 1874.

Chaudière. — La chaudière (fig. 9 à 13, planche n° 25) a été réduite aux plus petites dimensions possibles; la surface de grille a été diminuée de façon à correspondre à la faible quantité de coke que nous voulions brûler par heure, et nous avons cherché à limiter et à maintenir constant le volume du coke en combustion, tout en obtenant une assez grande surface de chauffe.

Cette chaudière a la forme d'un prisme rectangulaire dont la partie inférieure se termine en tronc de pyramide se raccordant au prisme par sa grande base; dans toute sa hauteur, elle est composée de deux parois de $0^m,005$ d'épaisseur, laissant entre elles un espace vide de $0^m,030$.

La section intérieure de la chaudière est de $0^m,190/0^m,190$ en haut, et se réduit à $0^m,120/0^m,120$ à la base.

Au moyen des renflements venus de fonte sur sa paroi extérieure, la chaudière est soutenue par une ceinture en fer méplat (fig. 16), portant elle-même sur les oreilles de deux supports fixés au châssis de la voiture (fig. 14 et 15); des jambes de force relient, en outre, les points d'attache des supports et de la bride au brancard de caisse.

Les tubulures des tuyaux de circulation d'eau et du robinet de vidange sont venues de fonte en haut et en bas de la chaudière, ainsi que les oreilles destinées aux attaches de la grille.

Enveloppe de la chaudière. — Une garniture en feutre et une enveloppe en tôle protégent la chaudière contre le refroidissement.

Robinet de remplissage et de vidange. — Le robinet servant au remplissage et à la vidange de l'appareil est monté sur une des tubulures du bas de la chaudière; son extrémité est filetée, afin qu'au moyen de tuyaux à raccord en cuivre on puisse remplir l'appareil en utilisant la pression des réservoirs d'eau des gares.

Trémie. — La trémie est en fonte et en deux parties, dont l'une pénètre à l'intérieur de la chaudière, et dont l'autre se recourbe à l'extérieur pour faciliter le chargement du combustible.

1° **Partie inférieure.** — La partie inférieure de la trémie repose par une collerette sur le couvercle de la chaudière. La section extérieure de la trémie à l'intérieur du foyer est de $0^m,140/0^m,140$; il reste donc tout autour un espace annulaire de $0^m,025$ pour le départ des gaz de la combustion.

Hauteur du feu. — La hauteur libre entre l'extrémité de la trémie et la grille détermine la hauteur du feu, et, par suite, la puissance calorifique et la consommation de combustible de l'appareil.

Nos expériences nous ont conduits à admettre les hauteurs suivantes pour nos trois types de véhicules :

1re classe	$0^m,190$
2e classe	$0^m,225$
3e classe	$0^m,235$

2° **Partie supérieure.** — La partie supérieure de la trémie porte une collerette qui repose sur celle de la partie inférieure. Elle fait saillie sur le brancard de caisse et présente pour l'introduction du combustible une ouverture verticale que ferme un couvercle en tôle.

Grille. — La grille est en fonte et à charnières (fig. 17 et 18); elle pivote perpendiculairement à l'axe de la voiture sur les oreilles de la chaudière placées du côté intérieur du véhicule. Une poignée mobile sert à dégager la grille de l'autre côté, lorsqu'il est nécessaire de vider le foyer.

La surface totale de la grille est de $0^{m^2},0144$, dont $0^{m^2},0065$ de parties vides.

Les barreaux sont amincis par le bas pour faciliter la chute des cendres et le nettoyage des feux.

Cendrier. — Un cendrier en tôle, avec registre placé au-dessous de la grille, protége celle-ci contre le courant d'air et permet de régler le tirage. Ce cendrier (fig. 10, 12 et 13, planche n° 25) est formé d'un cadre de 0^m105 de hauteur, vissé à la grille et participant ainsi à ses mouvements; il s'applique contre le fond de la chaudière.

Le registre est une plaque en tôle à pivot, qui, par l'action d'un contre-poids, tend toujours à fermer le cendrier. Une manivelle à ressort sert, par l'intermédiaire d'un secteur denté et d'une came appuyant sur la plaque mobile, à maintenir celle-ci dans la position voulue.

La plaque mobile bouche complétement le dessous du cendrier, et l'air ne peut s'introduire que par l'entaille ménagée dans le bas de la face extérieure du cadre.

Le cendrier est d'une construction un peu compliquée, mais nous avons reconnu son utilité : il protége efficacement les feux contre le courant d'air rasant le dessous de la grille; il ne gêne pas l'entretien des foyers et permet de juger rapidement de l'activité de la combustion par l'éclat du reflet du feu sur la plaque mobile.

Conduit de fumée de la chaudière. — A sa partie supérieure, et sur une de ses faces latérales, la chaudière porte la tubulure de raccord du tuyau de fumée. La section de cette tubulure est d'abord rectangulaire, puis elle devient circulaire au dehors de la chaudière.

Positions de la chaudière et de la cheminée. — La position de la chaudière et celle de la cheminée varient dans nos différents types de voitures.

Voiture de 1re classe. — Sur la voiture de 1re classe, la chaudière a été placée à l'extrémité du châssis, dans l'angle du brancard et de la traverse extrême, du côté intérieur de la grande palette du marchepied.

La cheminée se raccorde avec la tubulure de la chaudière en dessous de la traverse de tête et se relève ensuite le long du panneau de fond, d'abord obliquement pour éviter le faux tampon, et ensuite verticalement à $0^m,70$ de l'angle de la voiture. Son diamètre intérieur est de $0^m,080$, et sa hauteur au-dessus du pavillon était primitivement de $0^m,60$.

Hauteur de la cheminée. — Pour diminuer le tirage du foyer, nous avons, pendant nos expériences, réduit de $0^m,50$ la hauteur de la cheminée, ne lui laissant ainsi que $0^m,10$ de saillie sur le pavillon.

Dans ces conditions, et surtout lorsque la cheminée se trouvait à l'arrière, le tirage était presque entièrement anéanti par le remous de l'air entre les véhicules.

Nous avons pu nous assurer, en protégeant par un abat-vent l'orifice du tuyau de fumée, que c'était bien à l'influence de ce remous, et non à la diminution de hauteur de la cheminée, qu'il fallait attribuer la mauvaise marche du foyer. Quand cet abat-vent était en place, l'appareil marchait dans les conditions ordinaires, et le tirage cessait lorsqu'il était enlevé.

Nous avons alors fait monter la cheminée à $0^m,35$ au-dessus du pavillon, et nous lui avons conservé cette hauteur, que nous considérons comme consacrée par l'expérience.

Enveloppe de la cheminée. — Dans toute sa longueur, la cheminée est entourée d'une enveloppe en tôle qui la protége contre le refroidissement par l'air extérieur. Cette enveloppe, laissant autour de la cheminée un espace vide de $0^m,010$, est suffisamment isolante pour que le sens de la marche n'ait plus d'influence sur le tirage du foyer.

Nous croyons qu'il est indispensable d'envelopper ainsi les cheminées, surtout dans leur partie inférieure, toutes les fois qu'elles sont exposées au contact de l'air froid pendant la marche, si l'on ne veut être exposé à un ralentissement considérable de la combustion et souvent à l'extinction du foyer.

Regard. — L'extrémité de la partie horizontale de la cheminée est fermée par un petit regard mobile servant à enlever la suie qui s'accumule dans le coude (fig. 10).

Voitures de 2e et 3e classe. — Les chaudières des voitures de 2e et 3e classe sont placées vers le milieu de la longueur de la voiture afin de partager la circulation en deux parties, et de diminuer, par suite, la longueur du parcours de l'eau. (Fig. 1 de la planche n° 25.)

Dans ces appareils, les cheminées présentent une très-courte partie horizontale et se relèvent entre les baies d'un compartiment, en suivant le profil extérieur de la voiture.

Hauteur des cheminées. — Dans cette position, leur hauteur est très-limitée par le gabarit, et nous n'avons pu les monter qu'à 0m,130 au-dessus de la corniche; mais cette hauteur a été suffisante, et le tirage ne nous a pas semblé gêné par le courant d'air qui rase le dessus des pavillons.

Sections des cheminées. — Les sections des cheminées sont elliptiques et de :

0m,092/0m,050 pour la voiture de 2e classe,
0m,095/0m,060 — 3e classe.

Enveloppe des cheminées. — Les cheminées sont également protégées par une enveloppe concentrique en tôle, et un regard est placé à l'extrémité de la partie horizontale pour le nettoyage.

Canalisation. — La canalisation des trois appareils est entièrement placée à l'extérieur; les deux conduites principales courent le long des brancards du châssis et sont protégées par la saillie de la caisse. La disposition de la canalisation est d'ailleurs semblable pour les appareils de chacune de nos trois classes, sauf le nombre des chaufferettes et quelques modifications de détail nécessitées par la position variable de la chaudière. (Figures 1 de la planche n° 25 et 1 à 6 de la planche n° 26.)

Conduites de départ d'eau : 1° *Voiture de 1re classe.* — Dans la voiture de 1re classe, la conduite d'eau chaude part de la tubulure du haut de la chaudière et, se relevant en col de cygne, atteint le niveau de la tubulure à T de la chaufferette voisine. Elle est placée parallélement et à 0m,150 en dessous du niveau du plancher.

2° *Voitures de 2e et 3e classe.* — Dans la voiture de

2e classe, ainsi que dans celle de 3e classe, la conduite de départ se relève verticalement en quittant la chaudière et se bifurque en deux branches dont chacune alimente un côté de la voiture. Le niveau de la conduite est également à 0m,150 en dessous du plancher.

Dans toutes les voitures, la conduite de départ est en cuivre rouge et de 0m,045 de diamètre intérieur. Elle est coupée entre chaque chaufferette et se raccorde aux tubulures à T par des joints à brides.

Joints. — Nous n'avons pas eu de fuites dans les joints de nos trois appareils pendant toute la durée des expériences; mais il faut ajouter que toutes les surfaces étaient dressées et que le joint, fait au carton et à la céruse, avait très-peu d'épaisseur.

Enveloppes des conduites de départ. — Pour les préserver du refroidissement, les tuyaux de départ d'eau sont entourés d'un feutre épais et roulé en spirale; une forte toile enveloppe le feutre, et le tout est recouvert de peinture. Chaque portion de la conduite de départ est courbée en S entre les chaufferettes, afin de présenter une partie élastique pouvant fléchir lors de la dilatation de la conduite.

Conduite de retour d'eau froide. — La conduite de retour est placée du côté opposé à la chaudière, parallèlement au plancher et à 0m,205 en contre-bas. La différence de niveau entre les deux conduites est donc de 0m,055.

1° *Voiture de 1re classe.* — Dans la voiture de 1re classe, la conduite est en deux pièces, dont la première réunit les trois chaufferettes, et dont la seconde, traversant la voiture en dessous du brancard du châssis, vient aboutir à la tubulure inférieure de la chaudière.

2° *Voitures de 2e et 3e classe.*— Sur les voitures de 2e et 3e classe, les conduites de retour des deux extrémités de la voiture se réunissent dans un conduit commun qui traverse la voiture et aboutit au bas de la chaudière.

Les conduites de retour d'eau sont en cuivre rouge et d'un diamètre intérieur de 0m,050.

Les raccords avec les chaufferettes sont faits par des tuyaux verticaux de 0m,038 de diamètre intérieur brasés sur la conduite et terminés par des brides.

Enveloppe des conduites de retour. — Les conduites de retour d'eau ont été enveloppées de feutre dans toute leur partie horizontale sous le brancard de caisse, et la partie traversant la voiture pour atteindre la chaudière était seule découverte, afin de diminuer la température de l'eau à son retour dans la chaudière et d'activer, par suite, la circulation.

Chaufferettes. — Les chaufferettes, en fonte, ouvertes aux deux extrémités pour le moulage, sont fermées par des couvercles à joints plats. (Fig. 2 à 6 de la planche n° 25.)

Chaque chaufferette se raccorde avec la conduite d'eau chaude par une tubulure à T, venue de fonte, dont la partie horizontale a un diamètre intérieur de 0m,045, et dont la partie verticale, de 0m,030 de diamètre intérieur, débouche sur le fond de la chaufferette.

La sortie de l'eau se fait à l'extrémité opposée de la chaufferette, par une ouverture placée à la partie inférieure, et à laquelle aboutit un branchement vertical de la conduite de retour d'eau, ayant 0m,035 de diamètre intérieur.

Montage des chaufferettes. — Les chaufferettes sont encastrées au niveau du plancher et placées, comme dans l'appareil étudié en 1873, dans des boîtes formées par les traverses supportant l'extrémité des frises du plancher, et remplies de sciure de bois.

Le dessus des chaufferettes est strié et présente une surface de rayonnement de 2m,290 + 0m,200 de largeur. La section de la chaufferette a été réduite au minimum, tout en conservant cependant les dimensions nécessaires pour la réussite des pièces à la fonderie.

Vase d'expansion. — Le vase d'expansion (fig. 7 et 8) est en fonte et placé sur le plancher, à l'intérieur des voitures, afin de le garantir contre les effets de la gelée; sa position varie suivant la classe de la voiture, mais ses dimensions sont telles qu'il peut se placer sous les banquettes sans gêner les voyageurs; il communique avec les conduites par sa partie inférieure.

Le tuyau du trop plein, assurant en même temps la communication de l'appareil avec l'atmosphère, est placé dans un des angles du vase d'expansion; il monte jusqu'à 0m,020 de la partie supérieure et aboutit à l'extérieur en traversant le plancher.

Suppression du flotteur. — Cette disposition nous a permis de supprimer le flotteur et de réduire le vase d'expansion à une simple boîte en fonte.

Pertes d'eau. — Le tuyau de trop plein provenant de la dilatation du liquide indique que l'appareil est rempli et il sert à l'écoulement de l'excès d'eau; sa position est d'ailleurs telle que les pertes d'eau dans les manœuvres brusques sont presque nulles.

Position du vase d'expansion : 1° *Voiture de 1re classe.*

— Dans la voiture de 1re classe, le vase d'expansion est placé contre le panneau de fond du compartiment opposé à la chaudière, et se raccorde avec la conduite d'eau chaude prolongée à cet effet.

2° *Voitures de 2e et 3e classe.* — Dans les voitures de 2e et 3e classe, dont la longueur est plus grande, le vase d'expansion est placé sous une des banquettes d'un compartiment du milieu, et se trouve en communication, soit avec la conduite de départ d'eau, soit avec la conduite de retour.

Il est préférable de placer le vase d'expansion vers le milieu de la voiture, qui se trouve toujours dans une position moyenne de niveau par rapport aux deux extrémités, — fait qui aurait son importance si les voitures devaient circuler sur des profils accidentés.

Conduites de départ d'air. — Pour éviter que l'air ne se trouve emprisonné dans les chaufferettes et, par suite, ne forme obstacle à l'émission de la chaleur par les surfaces rayonnantes, nous avons établi à l'extrémité de chaque chaufferette, aboutissant contre la paroi supérieure et du côté de la conduite d'eau chaude, un tuyau de petit diamètre (0[m],012) assurant la communication avec l'air extérieur. (Fig. 3 et 6 de la planche n° 25.)

Ce tuyau se trouve à son départ encastré de son diamètre dans le plancher et est recouvert par une plaque mobile en tôle; il s'engage sous le siége et se relève à l'intérieur du dossier jusqu'à 0[m],800 du plancher; là, il se recourbe de façon à présenter son orifice vers un entonnoir formant le haut d'un tube de plus gros diamètre qui traverse le plancher pour déboucher à l'extérieur. Ces conduites de départ d'air sont donc formées de deux parties pour rompre leur continuité; elles ne peuvent pas ainsi faire syphon et vider l'appareil si, par une cause quelconque, l'eau vient à atteindre le haut du coude de la conduite.

Surfaces de chauffe. — Les surfaces de chauffe, étant réduites à celles des chaufferettes, sont donc les suivantes :

Voiture de	1re	classe	$0^{m2},458 \times 3 = 1^{m2},374$
d°	2e	d°	$0^{m2},458 \times 4 = 1^{m2},832$
d°	3e	d°	$0^{m2},458 \times 5 = 2^{m2},290$

Capacité des appareils. — La capacité des appareils est d'environ :

80	litres pour la voiture de	1re	classe,
100	d°	2e	classe,
115	d°	3e	classe.

Poids des appareils. — Les poids de la partie métallique des appareils sont les suivants :

550kg	pour l'appareil des voitures de	1re	classe,
650kg	d°	2e	classe,
750kg	d°	3e	classe.

Si l'on tient compte des traverses en chêne rapportées et des autres pièces en bois, les poids des appareils s'élèvent à :

650kg	pour la	1re	classe,
775kg	d°	2e	classe,
900kg	d°	3e	classe.

Dans une nouvelle étude, on pourrait réduire très-notablement ces poids.

Levage des caisses. — L'appareil ne présente aucun obstacle à la séparation de la caisse et du châssis, car il se divise en deux parties par le démontage des joints des conduites sur la chaudière.

Toute la canalisation horizontale et la cheminée s'enlèvent avec la caisse, et la chaudière reste montée sur le châssis.

. . . .

RESULTATS CALORIFIQUES.

Appareil de la voiture de 1re classe. — Nous n'indiquerons ici que les résultats obtenus dans les expériences faites après le moment où les différents organes de l'appareil n'ont plus subi de modifications importantes.

Résultats des expériences faites avec une voiture spéciale occupée par l'expérimentateur. — La voiture de 1re classe, n'étant occupée que par l'expérimentateur, et ses fenêtres étant tenues fermées, nous a donné les résultats suivants :

1° *Températures intérieures.* — La température moyenne des trois compartiments s'élève à 10°,4 au-dessus de la température extérieure. La répartition de la chaleur est très-uniforme.

Les écarts de température des points symétriques d'un côté à l'autre de la voiture, ne s'élevant en moyenne qu'à 0°,1, sont à peine appréciables.

Dans le compartiment où la répartition de la chaleur se fait dans les plus mauvaises conditions, l'écart entre le point le plus chaud et le point le plus froid est en moyenne de 2°,7, et ne dépasse pas 3°,5; on constate toujours cet écart maximum dans le compartiment où la température moyenne est la plus élevée.

L'écart entre les deux points de toute la voiture qui présentent la plus grande différence de température est de 5° en moyenne, et ne s'élève jamais à plus de 7°.

2° *Températures sur les chaufferettes.* — La température moyenne obtenue au contact des chauffe-pieds est de 72° (1), et, dans quelques-unes de nos expériences, elle s'est élevée jusqu'à 85°.

Ces températures sont un peu trop élevées et deviennent incommodantes pour les voyageurs ; mais il sera facile de diminuer cet excès de chaleur en réduisant légèrement la puissance de l'appareil de nos voitures de 1re classe. Du reste, nous avons atteint complètement ce résultat dans l'appareil appliqué à la voiture de 3e classe que nous décrivons plus loin.

Les écarts moyens, constatés sur une même chaufferette, ont été de 3°,3, et n'ont jamais dépassé 7°.

Le point le plus chaud des chauffe-pieds se trouvait généralement du côté de l'arrivée d'eau chaude dans le compartiment du milieu.

Le point le plus froid était toujours situé du côté de la conduite de retour dans le compartiment extrême opposé à la chaudière.

Ces deux points présentaient des différences moyennes de 8°.

Influence du sens de la marche. — Le sens de la marche n'a pas d'influence caractérisée sur le fonctionnement de l'appareil, les conditions de répartition de la température

(1) Les thermomètres placés au contact des chaufferettes indiquaient en moyenne une température inférieure de 6° à celle de l'eau contenue dans l'appareil. Cet écart diminuait sensiblement lorsque la température de l'eau dépassait 90°.

Appareil à circulation d'eau et à chaufferettes, type EST 1874, appliqué à la voiture de 1re classe A 474.

(CHAUDIÈRE PLACÉE A L'EXTRÉMITÉ DE LA VOITURE)

DATE de L'EXPÉRIENCE	NUMÉRO du train	CONSOMMATION PAR HEURE		ÉTAT du TEMPS	TEMPÉRATURES MOYENNES		EFFET UTILE	TEMPÉRATURES moyennes sur les chaufferettes	ÉCART MAXIMUM entre la plus haute et la plus basse TEMPÉRATURE de l'intérieur de la voiture		OBSERVATIONS
		de marche	de stationnt à Nancy		extérieure	intérieure			dans le compartt où l'écart est le plus grand	entre tous les compartiments	
		kilog.	kilog.		degrés	degrés	degrés	degrés	degrés	degrés	(Dans toutes les expériences, on a employé le coke de gaz pour l'alimentation du foyer.)
17 déc. 1874.	35 et 34	»	»	»	— 0.5	+ 6.7	7.2	44.5	3	5	Trémie en fonte de 0m160/0m160 et descendant à 0m190 de la grille. — Registre complétement ouvert au retour depuis Épernay.
19 —	Statt	»	1.180	neige	+ 1.2	6	4.8	40.8	1.5	3	Registre complétement ouvert.
31 —	d°	»	»	beau	— 5.5	1.6	7.1	60.1	»	»	Trémie en tôle de 0m140/0m140 à l'extérieur, et descendant à 0m225 de la grille.
13 janv. 1875.	35	1.595	»	couvert	+ 9.3	18.8	9.5	78	2.5	4	Registre placé au 2e cran du taquet pendant tout le parcours.
14 —	32	1.325	0.870	d°	+ 8.2	20	11.8	77	3.5	5	Registre placé au 2e cran, de 6h du matin à 1h, ouvert au dernier cran jusqu'à l'arrivée. De 1h à 3h, remis environ 20 litres d'eau froide.
24 —	Statt	»	»	beau	+ 8.2	18.3	10.1	70.3	2	4	Trémie de 0m140/0m140 et descendant à 0m190 de la grille. — Grille modifiée (dégagement de la partie inférieure des barreaux).
27 —	35	1.550	»	d°	+ 5.2	16.2	11	78.8	3	4	Registre ouvert au dernier cran, de Meaux à Châlons, fermé à moitié jusqu'à l'arrivée à Nancy.
28 —	32	1.300	0.900	d°	+ 3	17.5	14.5	84	4	6	
29 —	35	1.720	»	pluvieux	+ 7.5	17.2	9.7	79.8	2	6.5	Registre complétement ouvert pendant tout le parcours.
30 —	32	1.960	1.240	nuageux	+ 6	20	14	85.4	2.5	6	Registre fermé au dernier cran pendant tout le parcours.

2 fév. 1875.	35	1.460	»	couvert	+ 4.2	15.7	11.5	79	3	5	Registre fermé au dernier cran pendant tout le parcours. — Grille non modifiée (piquage de la grille à des intervalles réguliers de 3/4 d'heure).
3 —	32	1.760	0.890	d°	+ 3.7	16.3	12.6	77.8	3	6	Registre fermé au dernier cran pendant tout le parcours.
4 —	35	1.480	»	beau	+ 3	16.6	13.6	82.4	2	6	Grille modifiée. — Registre fermé au dernier cran pendant tout le parcours.
5 —	32	1.760	0.880	couvert	+ 2.6	17.5	14.9	86.5	3.5	6	
4 mars 1875.	35	1.320	»	d°	+ 5	18.3	13.3	85.8	5	7.5	Registre complètement ouvert jusqu'à La Ferté, fermé aux trois quarts jusqu'à Nancy.
5 —	32	1.427	0.784	beau	+ 4.5	20.6	16.1	87.2	»	»	Registre fermé à moitié pendt tout le parcours.
8 —	35	1.580	»	couvert	+ 14	26.7	12.7	83	4	6.5	Première expérience avec le tuyau de retour d'eau mis à découvert. — Registre complètement ouvert jusqu'à Château-Thierry, fermé à moitié jusqu'à l'arrivée à Nancy.
9 —	32	1.826	0.828	d°	+ 16	28	12	86.8	4	6	Registre complètement ouvert jusqu'à Bar-le-Duc, fermé à moitié jusqu'à l'arrivée à Paris.
14 —	35	0.710	»	beau	+ 9.3	15	5.7	42.2	2	4	Première expérience avec la cheminée diminuée de $0^{m}50$ de hauteur. — Registre ouvert à moitié jusqu'à Commercy, et complètement jusqu'à Nancy. — Portières ouvertes sur un côté de la voiture pendant dix minutes, à $4^{h}10$ et à $11^{h}55$.
15 —	32	1.120	0.940	d°	+ 8.2	16.6	8.4	51.7	4	5	Registre fermé au 1er cran du taquet. — Ouverture des portières pendant dix minutes, à $9^{h}10$ et à $5^{h}15$.
17 —	Statt	»	1.430	»	+ 6.6	15	8.4	66.6	1	3	Première expérience de stationnement, le cendrier étant supprimé.
18 —	35	0.960	»	beau	+ 4	10.8	6.8	47	2.5	5	Première expérience de route, le cendrier étant supprimé. — Ouverture des portières pendant dix minutes, à $4^{h}10$ et à $11^{h}45$.
19 —	32	0.895	0.830	couvert	+ 2.5	9.5	7	41	2	4	Ouverture des portières pendant dix minutes, à $5^{h}10$ et à $9^{h}10$. — Foyer éteint à Châlons.
20 —	35	0.860	»	d°	+ 2.8	9.7	6.9	46.2	1	4	Première expérience avec le tuyau de retour enveloppé de nouveau. — Ouverture des portières d'un côté de la voiture pendant dix minutes, à $4^{h}20$ et à $11^{h}45$.

Suite du Résumé des expériences sur la voiture de 1re classe A 474.

DATE de l'EXPÉRIENCE	NUMÉRO du train	CONSOMMATION PAR HEURE		ÉTAT du TEMPS	TEMPÉRATURES MOYENNES		EFFET UTILE	TEMPÉRATURES moyennes sur les chaufferettes	ÉCART MAXIMUM entre la plus haute et la plus basse TEMPÉRATURE de l'intérieur de la voiture		OBSERVATIONS
		de marche	de stationnt à Nancy		extérieure	intérieure			dans le compartt où l'écart est le plus grand	entre tous les compartimts	
		kilog.	kilog.		degrés	degrés	degrés	degrés	degrés	degrés	
21 mars 1875.	32	1.280	0.785	couvert	+ 2.8	13.5	10.7	71.7	2	7	Ouverture des portières d'un côté de la voiture pendant dix minutes, à 5h45.
22 —	35	0.860	»	pluvieux	+ 3	13.2	10.2	64.3	2	6	Expérience avec abat-vent sur le pavillon de la cheminée (il a été enlevé de Blesme à Nancy). — Ouverture des portières d'un côté de la voiture pendant dix minutes, à 4h10 et à 11h55.
23 —	32	1.190	0.750	couvert	+ 4.6	16.5	11.9	74.2	4	8	Abat-vent replacé au départ de Nancy (il a été enlevé d'Epernay à Paris). — Ouverture des portières d'un côté de la voiture pendant dix minutes, à 5h10 et à 9h10.
26 —	35	1.030	»	beau	+12.8	22	9.2	74.3	1	4	Première expérience avec cheminée augmentée de 0m25.
27 —	32	1.510	0.840	d°	+ 9.2	20.5	11.3	77.8	3	4	
30 —	35	1.250	»	couvert	+ 8.7	18.5	9.8	77	4	6	Première expérience de route avec le cendrier replacé. — Registre fermé presque entièrement.
31 —	32	1.470	0.815	d°	+ 9.4	22	12.6	84.6	4	7	Expérience avec le cendrier enlevé. — Ouverture des portières pendant dix minutes, à 5h10 et à 9h10.
3 avril 1875.	35	1.230	»	beau	+11.2	20.6	9.4	70.7	2.5	4.5	Expérience avec le cendrier replacé. — Registre fermé aux trois quarts jusqu'à Châlons et entièrement jusqu'à Nancy. — Ouverture des portières d'un côté de la voiture pendant dix minutes, à 4h10 et à 11h10.
4 —	32	1.330	0.800	couvert	+12	23	11	76.4	2	5	Cendrier retiré au départ de Nancy.

restant sensiblement les mêmes, et les légères variations qui se produisent n'offrant pas assez de régularité pour pouvoir être attribuées à l'orientation de la voiture.

Influence de l'ouverture des portières. — L'ouverture des portières pendant dix à quinze minutes produisait un abaissement moyen de 2° dans l'intérieur de la voiture, et cette perte se trouvait réparée environ quarante minutes après la fermeture.

Au contact des chaufferettes, on constatait une diminution moyenne de 7°.

Résumé des expériences. — Nous avons résumé dans le tableau ci-contre (pages 316, 317 et 318) toutes nos expériences sur la voiture de 1re classe. On y trouvera l'influence des modifications apportées successivement aux diverses parties de l'appareil.

Expériences en marche des 4 et 5 février 1875. — Nous reproduisons *in extenso* les procès-verbaux de deux de nos voyages d'essais, pendant lesquels la voiture n'était occupée que par l'expérimentateur.

Les températures indiquées par les thermomètres placés sur les chaufferettes ayant été relevées à partir du moment de l'allumage, l'expérience du 4 février fait connaître la vitesse d'échauffement de l'appareil.

Pendant chacun de ces voyages, les portières d'un côté de la voiture ont été ouvertes pendant dix minutes. On voit quelle a été l'influence de cette ouverture sur la température de l'atmosphère de la voiture et sur celles des chaufferettes.

Sur la planche n° 29, nous avons reproduit pour ces deux expériences les courbes se rapportant aux thermomètres, extérieur *a*, intérieurs *c*, *d*, *f*, *i*, *k*, *l*, et à ceux qui étaient placés au contact des chaufferettes *B*, *E* et *H*.

Expérience du 4 février 1875.

DISPOSITION DES THERMOMÈTRES.

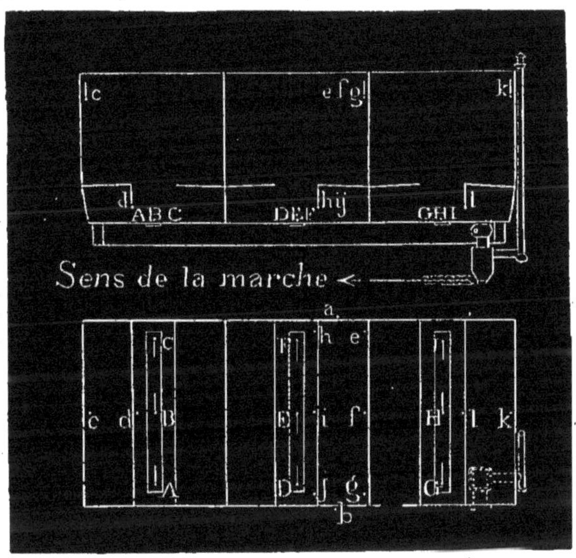

(*Voir* à la page suivante le tableau des Températures.)

Voiture de 3e classe. — Résultats obtenus sur une voiture spéciale occupée par l'expérimentateur. — Dans la voiture de 3e classe munie de notre appareil à eau chaude, un des compartiments extrêmes était entièrement séparé des autres par une cloison pleine; les quatre compartiments suivants étaient seuls en communication.

Températures intérieures : 1° *Résultats obtenus sur les quatre compartiments.* — La voiture n'étant occupée que

Tableau des Températures.

STATIONS	HEURES	THERMOMÈTRES extérieurs		INDICATIONS DES THERMOMÈTRES INTÉRIEURS										INDICATIONS DES THERMOMÈTRES AU CONTACT DES CHAUFFERETTES									ÉTAT DU TEMPS CHARGEMENTS ET OBSERVATIONS
		a	b	c	d	e	f	g	h	i	j	k	l	A	B	C	D	E	F	G	H	I	
	matin	deg.	deg.	deg.	deg.	deg.	deg.	deg.	deg.	deg.	deg.	deg.	deg.	deg.	deg.	deg.	deg.	deg.	deg.	deg.	deg.	deg.	Allumage à 10 heures.
»	10h05	+ 5	+ 5	»	»	»	»	»	»	»	»	»	»	6	6	1.5	6	7	6	7	5.5	6	Couvert.
»	10.15	»	»	»	»	»	»	»	»	»	»	»	»	8	6	1.5	13	11	9	13	10	9	d°
»	10.25	»	»	»	»	»	»	»	»	»	»	»	»	22	17	6	27	19	17	26	19	18	Beau.
»	10.35	»	»	»	»	»	»	»	»	»	»	»	»	28	24	11	35	25	24	29	28	25	d°
»	10.45	»	»	»	»	»	»	»	»	»	»	»	»	36	32	18	42	33	31	39	33	32	d°
»	10.55	»	»	»	»	»	»	»	»	»	»	»	»	38	37	22	45	36	35	43	37	36	d°
»	11.05	+ 5	+5.5	»	»	»	»	»	»	»	»	»	»	41	39	27	49	41	39	46	42	38	d°
»	11.30	»	»	»	»	»	»	»	»	»	»	»	»	48	46.5	34	53	51	47	55	50	49	d°
Paris (*dép.*)	midi	+ 6	+ 7	14	14	13	12	13	12	13	13	12	13	66	61	59	68	66	59	63	63	58	d°
»	1h	+ 7	+ 8	14	15	14	14	15	14	15	14	13	14.5	75	73	67.5	78	78	77	74	75	73	d°
»	2	+ 6	+ 7	18	19	15	16	16	18	16	17	15	16	80	79	78	80	80	78	85	83	82.5	d° } Chargement de combust.
»	3	+ 5	+ 5	19	20	16	17	16	16	15	15	16	17	83	80	80	85	83	81	87	85	82	d°
»	4	+ 4	+ 4	18	19	16	17	16	16	17	16	15	16	82	79	79	84	81	82	85	82	81	d°
»	4.10	+ 4	+ 4	16	16	14	14	14	12.5	14	11	12	14	75	74	71	76	75	75	79	76	77	d° d°
»	5	+ 3	+ 4	18	19	16	16	17	17	16	17	14	15	80	78	78	83	82.5	81	88	86	81	d°
»	6	+1.5	+ 2	18	19	17	16	16	16	17	17	15	16	81	80	78	86	86	82	86	85	84	d° d°
»	7	+ 2	+ 2	18	19	16	16	17	16	18	17	16	17	82	83	78	91	90	78	90	89	88.5	d°
»	8	0	+ 1	19	20	16	17	16	17	17	18	14	15	88	83	78	87	91	86	90	90	88	d° d°
»	9	— 1	0	18	19	17	17	18	19	18	17	16	17	86	83	79	86	89	87	91	89	85	d°
»	10	—1.5	— 1	19	19.5	17	18	18	19	18	18	14	15	89	85	81	88	90	88	92	90	87	d°
Nancy (*arr.*)	11.25 soir	0	0	18	19	18	17	16	19	18	18	19	20	88	85	88	90	90	89	91	92	90	d°

Expérience du 5 février 1875.

DISPOSITION DES THERMOMÈTRES.

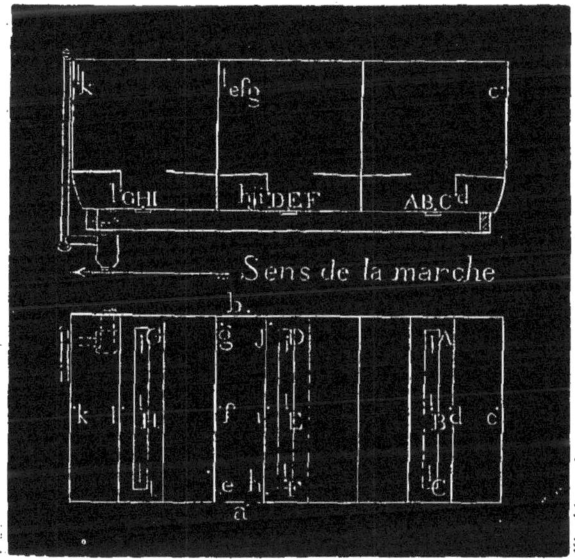

(*Voir* à la page suivante le tableau des Températures.)

par l'expérimentateur et toutes les ouvertures étant tenues fermées, nous avons obtenu dans les quatre compartiments qui communiquent entre eux une température supérieure en moyenne de 9°,88 à celle de l'air extérieur.

La répartition de la chaleur est bonne, la température de la partie inférieure de la voiture étant plus élevée de 2° que celle des couches d'air voisines du pavillon. Les différences, d'un côté à l'autre, sont en moyenne de 0°,2. Les plus grands écarts entre les températures des différents points de la voiture ne dépassent pas 7° et sont ordinairement de 4 à 5°.

Expérience du 5 février 1875. — Tableau des Températures.

STATIONS	HEURES	THERMOMÈTRES extérieurs		INDICATIONS DES THERMOMÈTRES INTÉRIEURS										INDICATIONS DES THERMOMÈTRES AU CONTACT DES CHAUFFERETTES									ÉTAT DU TEMPS	CHARGEMENTS ET OBSERVATIONS
		a	b	c	d	e	f	g	h	i	j	k	l	A	B	C	D	E	F	G	H	I		
	matin	deg.	deg.	deg.	deg.	deg.	deg.	deg.	deg.	deg.	deg.	deg.	deg.	deg.	deg.	deg.	deg.	deg.	deg.	deg.	deg.	deg.		
Nancy	5h	— 2	— 2	19	20	16	15	16	17	17	17	16	17	90	91	88	85	84	80	88	86	83		
Nancy (*dép.*) . .	6	0	0	18	20	16.5	16	17	17	18	17	17	17	92	90	89	87	88	82	90	87	86	Beau.	
»	7	—0.5	— 1	18	19	15	16	15	17	17	17	17	18	88	87	85	86	83	84	85	85	82	do	
»	8	0	0	19	20	15	16	16	17	17	16	18	19	80	78	76	86	85	82	85	84	85	Couvert.	
»	9	+ 2	0	19	20	16	16	17	16	16	17	16	17	75	79	78	88	86	85	91	88	88	do	
»	9h10	3	0	16	17	13	13	15	12	14	14	15	15	74	77	75	81	82	83	87	82	83	do	Chargement de combust.
»	10	4	+ 1	19	21	16	17	17	16	15.5	17	15	16	88	85	80	90	86	87	90	90	89	do	do
»	11	5	2	18	20	17	18	17	16	16	17	17	16	89	89	85	88	87	87	90	88	87	do	
»	midi	6	5	19	20	18	18	17	17	15	18	16	15.5	90	91	89	83	89	88	89	87	85	do	do
»	1h	4	7	18	19	16	19	17	20	18	19	19	18	90	88	85	86	83	83	85	86	84	do	
»	2	7	8	17	16	18	19	17	19	17	16	18	19	85	83	80	87	84	81	82	80	79	do	do
»	3	5	4.5	19	20	16	16.5	16	18	15	14.5	15	17	76	72	74	80	72	80	86	82	81	do	
»	4	4	5	18	19	16	17	17	16	17	15	15	16	79	80	75	78	77	75	81	80	81	do	
Paris (*arr.*) . .	5 soir	3.5	4	20	20	17	17	17	15	17	15.5	15	15	85	84	85	88	88	85	88	85	84	do	

Le point le plus chaud se trouve toujours entre les banquettes du compartiment du milieu, et le point le plus froid vers le pavillon, aux deux extrémités de la voiture.

2° *Compartiment isolé.* — La température moyenne du compartiment extrême isolé est sensiblement égale à celle des autres compartiments. Les couches d'air placées près du pavillon, surtout du côté de la cloison extrême, nous ont donné dans toutes nos expériences les températures les plus basses de l'ensemble de la voiture.

Températures sur les chaufferettes. — La température moyenne au contact des cinq chauffe-pieds est de 59°. Cette température nous semble très-suffisante; elle n'offre aucun inconvénient au point de vue hygiénique, et les voyageurs s'en montrent généralement très-satisfaits.

Sur la même chaufferette, les écarts moyens de température s'élèvent à 3°,8, et les différences maximum que nous avons constatées sont de 8°.

Du point le plus chaud au point le plus froid, au contact des cinq chaufferettes de la voiture, nous n'avons jamais trouvé plus de 9° de différence, et l'écart moyen a été de 7°. Le point donnant la température la plus élevée se trouve toujours du côté de l'arrivée de l'eau chaude, mais il se présente successivement sur les diverses chaufferettes; le point le plus froid passe également d'une chaufferette à l'autre, toutefois il se trouve du côté du retour d'eau froide.

Influence du sens de la marche. — Dans la voiture de 3e classe, le courant d'air résultant de la marche du train frappe alternativement la cheminée d'un côté ou de l'autre, mais toujours dans les mêmes conditions, et, par suite, le fonctionnement de l'appareil ne peut s'en trouver influencé. Aussi n'avons-nous constaté aucune différence appréciable dans les résultats obtenus dans les deux positions inverses de la cheminée.

Influence de l'ouverture des portières. — L'ouverture des portières de tout un côté de la voiture pendant dix à quinze minutes fait éprouver à la température intérieure un abaissement de 3°,5 à 4°. Pendant le même intervalle de temps, la température de la plaque striée des chaufferettes s'abaisse de 4 à 5°.

En service régulier, les ouvertures de portières de cette durée seraient assez rares, et nous ne croyons pas que les chiffres que nous venons de donner soient jamais atteints.

Résumé des expériences. — Le tableau suivant (pages 326 et 327) donne le résumé de toutes les expériences faites sur la voiture de 3e classe.

Expériences en marche des 10 février, 2 avril 1875 et 6 janvier 1876. — Nous reproduisons toutes les constatations faites pendant trois expériences, la voiture n'étant toujours occupée que par l'expérimentateur.

L'expérience du 10 février fait connaître spécialement la vitesse d'échauffement de l'appareil, tandis que celle du 2 avril montre l'influence des ouvertures de portières.

Nous avons retracé sur la planche n° 29 les variations du thermomètre extérieur *a*, et de ceux qui étaient placés dans le plan médian de la voiture : *c*, *d*, *f*, *i*, *m*, *n*, B, H et O.

L'expérience du 6 janvier 1876 a été faite dans un de nos trains express de nuit.

Nous donnons également sur la planche n° 29 les courbes se rapportant aux thermomètres intérieurs *c, d, j, k, l*, B, E, H, et au thermomètre extérieur *a*.

Appareil à circulation d'eau et à chaufferettes, type EST 1874, appliqué à la voiture de 3e classe C 4274.

(CHAUDIÈRE PLACÉE AU MILIEU DE L'UN DES CÔTÉS DE LA VOITURE.)

DATE de L'EXPÉRIENCE	NUMÉRO du train	CONSOMMATION PAR HEURE de marche	CONSOMMATION PAR HEURE de stationnt à Nancy	ÉTAT du TEMPS	TEMPÉRATURES MOYENNES extérieure	TEMPÉRATURES MOYENNES intérieure	EFFET UTILE	TEMPÉRATURES MOYENNES sur les chaufferettes	ÉCART MAXIMUM entre la plus haute et la plus basse température de l'intérieur de la voiture	OBSERVATIONS
		kilog.	kilog.		degrés	degrés	degrés	degrés	degrés	(Dans toutes les expériences, on a employé le coke de gaz pour l'alimentation du foyer. — Un des compartiments extrêmes est isolé par une cloison pleine; les quatre autres compartiments sont seuls en communication.)
30 déc. 1874.	35	1.355	»	Couvert	— 8.7	2	10.7	49.2	»	1re expérience avec trémie en tôle de 0m140/0m140 et descendant à 0m235 de la grille.
31 —	32	1.295	0.883	Beau	— 5.2	5.4	10.6	53.6	7	La partie horizontale du tuyau de fumée n'était pas enveloppée.
7 janv. 1875.	35	1.200	»	Couvert	+ 3.8	10	6.2	53	7	Registre presque complétement fermé pendant tout le parcours.
8 —	32	1.130	0.860	do	+ 5	14.2	9.2	57.6	8	
13 —	35	1.050	»	do	+ 9.5	15	5.5	50	7	Registre fermé au 3e cran du taquet pendant tout le parcours.
14 —	32	1.480	0.660	Beau	+ 7.4	17.2	9.8	60	8	Registre fermé au 2e cran du taquet pendant tout le parcours.
10 fév. 1875.	35	1.390	»	do	— 1.4	6.4	7.8	49	8	Registre complétement ouvert pendant tout le parcours.

11 fév. 1875.	32	1.590	0.770	Beau	— 1	9.3	10.3	54.2	10.5	Registre complétement ouvert pendant tout le parcours.
20 —	35	1.126	»	Couvert	+ 2	11.2	9.2	56.6	5	d° d°
21 —	32	1.276	0.822	d°	— 0.3	11	11.3	58.9	6	d° d°
28 —	35	1.270	»	d°	+ 3.5	12.4	8.9	57.5	5.5	d° d°
1er mars 1875.	32	1.256	0.510	d°	+ 3	12.7	9.7	59.8	7	d° d°
24 —	35	1.046	»	Beau	+ 8.5	16.8	8.3	58	5	Registre ouvert à moitié pendant tout le parcours.
25 —	32	1.200	0.668	Couvert	+ 9	18.5	9.5	68.9	9	d° d°
1er avril 1875.	35	1.350	»	d°	+ 8.7	17	8.3	64	7	1re expérience, le cendrier étant supprimé. — Ouverture des portières d'un côté de la voiture pendant dix minutes, à 4h10 et à 11h45 du soir.
2 —	32	1.430	0.860	d°	+10	19.9	9.9	75.8	9	Ouverture des portières d'un côté de la voiture pendant dix minutes, à 5h50 et à 11h40 du matin.
5 —	35	1.140	»	d°	+14.5	22	7.5	62.8	9	Cendrier replacé jusqu'à moitié parcours, le registre étant ouvert à moitié. — Il a été enlevé pour l'autre moitié du parcours. — Ouverture des portières d'un côté de la voiture pendant dix minutes, à 4h50, 7h40, 8h46 et 12h25.
6 —	32	1.390	0.800	beau	+14.2	23.5	9.3	73.8	»	Cendrier replacé avant le départ. — Registre fermé à moitié jusqu'à Châlons, puis complétement fermé. — Ouverture des portières d'un côté de la voiture pendant dix minutes, à 9h25, 9h50 et 11h45 du matin.

Expérience du 10 février 1875.

DISPOSITION DES THERMOMÈTRES.

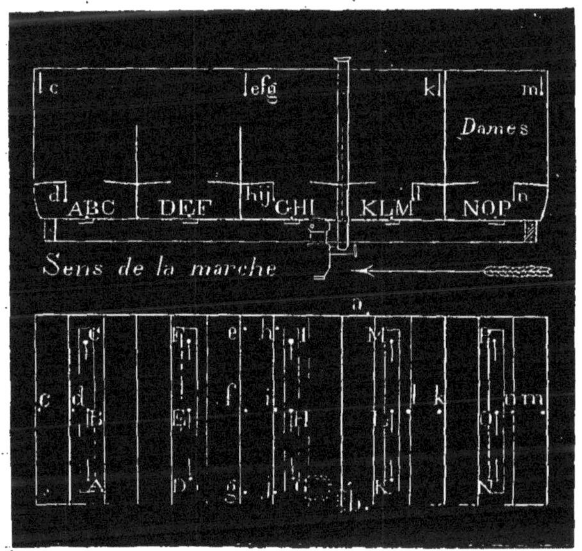

(*Voir* à la page suivante le tableau des Températures.)

Entretien des foyers. — On maintient très-facilement en feu les foyers des appareils, quoique la masse de coke en combustion soit très-faible. Les rares extinctions qui se sont produites résultaient toujours de la négligence des agents.

La position et la forme de la trémie permettent de charger aisément le combustible; le foyer et la trémie contenant ensemble $6^{kg},400$ de coke, l'appareil peut faire un trajet de trois heures sans que l'on ait besoin de le recharger.

Avec ces foyers, la combustion est peu active dans les trains omnibus et les cendres du coke ne s'agglomèrent

Expérience du 10 février 1875. — Tableau des Températures.

STATIONS	HEURES	THERMOMÈT. extérieurs		INDICATIONS DES THERMOMÈTRES INTÉRIEURS												INDICATIONS DES THERMOMÈTRES PLACÉS SUR LES CHAUFFERETTES															ÉTAT DU TEMPS CHARGEMENTS ET OBSERVATIONS
		a	b	c	d	e	f	g	h	i	j	k	l	m	n	A	B	C	D	E	F	G	H	I	K	L	M	N	O	P	
	matin	deg.	deg.	deg.	deg.	deg.	deg.	deg.	deg.	deg.	deg.	deg.	deg.	deg.	deg.	deg.	deg.	deg.	deg.	deg.	deg.	deg.	deg.	deg.	deg.	deg.	deg.	deg.	deg.	deg.	
»	10h	+ 1	+ 2	»	»	»	»	»	»	»	»	»	»	»	»	3	2	2	3	3	2	3	3	3	4	3	2	3	2	2	Beau.
»	10.10	»	»	»	»	»	»	»	»	»	»	»	»	»	»	4	2	2	8	5	3	8	7	5	12	6.5	4	7	3	3	do
»	10.20	»	»	»	»	»	»	»	»	»	»	»	»	»	»	5	2	2	15	12	8.5	18	14	11	17	12	9	14	9	5	do
»	10.30	»	»	»	»	»	»	»	»	»	»	»	»	»	»	9	2	2	18	15	12	21	17	13	20	15	12.5	18	13.5	8	do
»	10.40	»	»	»	»	»	»	»	»	»	»	»	»	»	»	22	7	5	24	21	17	25	22	20	25	21.5	18	23	20	16	do
»	10.50	»	»	»	»	»	»	»	»	»	»	»	»	»	»	25	9	6	28	22	19	29	24	21	29	23	20	25	21	17	do
»	11	»	»	»	»	»	»	»	»	»	»	»	»	»	»	28	10	7	29	23	21	30	26	25	31	25	21	27	22	19	do
»	11.10	»	»	»	»	»	»	»	»	»	»	»	»	»	»	28	23	21	28	25	24	30	26	24	30	26	22	29	25	23	do
»	11.20	1	2	»	»	»	»	»	»	»	»	»	»	»	»	29	26	25	31	26	26	32	29	28	33	26	25	31	27	24	do
»	11.30	»	»	»	»	»	»	»	»	»	»	»	»	»	»	30	27	26	33	27	27	33	29	30	35	27	27	34	29	26	do
»	11.45	»	»	»	»	»	»	»	»	»	»	»	»	»	»	34	31	28	36	29	28	35	32	30	36	31	31	35	32	29	do
Paris (*dép.*)	midi	1	0	3	4	4	4	4	4	5	6	3	4	3	5	35	32	31	35	34	32	37	36	34	38	36	35	39	36	35	do
»	1h	3	2.5	4	5	5	6	6	6	7	8	4.5	6	6	7	45	41	37	45	44	40	45	41	41	46	43	39	45	43	43	do
»	2	5	4	6	8	9	9	10	10	10.5	12	8	9	9	10	49	47	47	51	49	45	49	48	48	54	54	47	52	51	51	do
»	3	3	1	8	9	10	11	11	11	12	15	10	11	10	11	56	55	54	55	50	51.5	59	57	54	55	53	55	59	58	56	do } Chargemt de combble
»	4	2	0	8	9	10	10	10	10	11	15	10	11	8.5	11	58	57	55	57	56	56	56	58	53	55	54	50	55	55	55	do
»	5	— 2	— 2	5	8	8	8	9	9	11.5	13	8	10	6.5	9	54	50	53	53	55	53	53	56	55	57	54	54	56	56	54	do
»	6	— 2	— 2	4	7	7	7	7	8	11	11	7	9	5	7.5	47	52	49	53	53	52	51	52	52	54	53	53	54	53	50	do
»	7	—4.5	— 4	3	6	5	6	6	7	8	9	6	7	4	6	53	47	48	51	45	47	52	52	50	52	48	50	48	50	48	do
»	8	— 5	— 5	2	5	5	5	5	6	7	9	5	6	3	4	52	46	46	50	50	45	49	48	48	53	47	47	50	51	45	do
»	9	— 8	— 7	0	1.5	3	3	3	4	6	8	3	4	0	2.5	50	46	47	52	50	47	51	49	47	52	49	48	50	49	45	do do
»	10	— 8	— 7	— 1	2	3	3	3	3.5	5	7	2	3	0	2.5	52	51	50	55	53	50	54	54	52	58	54	53	54	53	48	do
Nancy (*arr.*)	11 soir	— 8	— 6	— 2	1	2	2	2	4	5	7	1	3	— 1	1	46	50	47	52	50	47	51	49	48	50	46	49	53	52	47	do

Expérience du 2 avril 1875. — Tableau des Températures.

STATIONS	HEURES	THERMOMÈT. extérieurs		INDICATIONS DES THERMOMÈTRES INTÉRIEURS												INDICATIONS DES THERMOMÈTRES AU CONTACT DES CHAUFFERETTES															ÉTAT DU TEMPS CHARGEMENTS ET OBSERVATIONS
		a	b	c	d	e	f	g	h	i	j	k	l	m	n	A	B	C	D	E	F	G	H	I	K	L	M	N	O	P	
	matin	deg.	deg.	deg.	deg.	deg.	deg.	deg.	deg.	deg.	deg.	deg.	deg.	deg.	deg.	deg.	deg.	deg.	deg.	deg.	deg.	deg.	deg.	deg.	deg.	deg.	deg.	deg.	deg.	deg.	
Nancy . . .	5h	7	8	16	15	17	16	18	20	21	17	17	20	20	22	76	77	73	75	74	73	76	74	71	74	72	69	69	71	70	Couvert.
do . . .	5.40	8	9	16.5	16	17	18	18	22	22	19	19	21	21	22	75	74	71	74	74	73	75	73	71	72	71	69	73	70	69	do
do (*dép.*)	5.50	»	»	14	14	15	14	14	19	19.5	18	18	18	17	18	70	71	67	69	70	70	70	69	67	68	69	66	67	68	65	do
»	6.15	10	10	15	15	16	15	16	17	19	10	19	18	19	19	71	69	69	73	71	71	74	71	69	73	73	71	75	74	71	do
»	7h	7	6	15	14	15	15	14	15	15	18	18	16	16.5	17	72	73	70	74	71	70	74	70	68	74	72	69	71	73	70	do
»	8	6	7	15	15	16	15	15	16	17	17	17	18	17	18	75	74	72	71	70	69	73	72	68	69	70	69	72	74	71	do { Chargemt de combust.
»	9.07	7	6	14	16	15	17	16	18	18	19	19	17	18	18	74	70	73	75	76	72	76	73	71	74	74	72	73	71	72	do do
»	9.17	»	»	12	12	12	13	13	14	15	14	14	14	15	15	70	69	69	71	73	70	71	71	69	70	71	69	71	69	68	do
»	10.15	9	11	16	16	14	18.5	14	15.5	14.5	16	16	14	15	16	72	69	68	73	74	71	70	70	71	73	72	70	74	70	69	do
»	11.40	11	11	20	22	20	21	19	20	20	18	18	19	19	21	79	75	76	78	76	76.5	77	75	73	79	80	78	79	75	74	do do
»	1h	12	12	22	23	23	24	21	25	26	22	22	24	25	26	88	85	83	89	86	82	85	83	80	86	83	82	88	87	80	do
»	2	12	12	25	24	25	24	25	28	29	25	25	27	26	29	88	84	82	85	81	82	87	85	84	80	82	80	79	83	81	do do
»	3	13	14	23	25	25	27	26	29	28	25	25	27	21	23	82	82	80	86	83	82	84	80	81	86	84	83	84	81	79	do
»	4	13	14	22	25	25	26	26	30	28	24	24	27	21	24	82	80	79	85	83	85	86	84	85	85	85	79	83	81	82	do
Paris (*arr.*).	5 soir	13	12	21	22	25	24	25	29	30	24	24	26	22	22	80	75	78	84	80	84	87	87	85	87	84	80	85	83	83	do

Expérience du 2 avril 1875.

DISPOSITION DES THERMOMÈTRES.

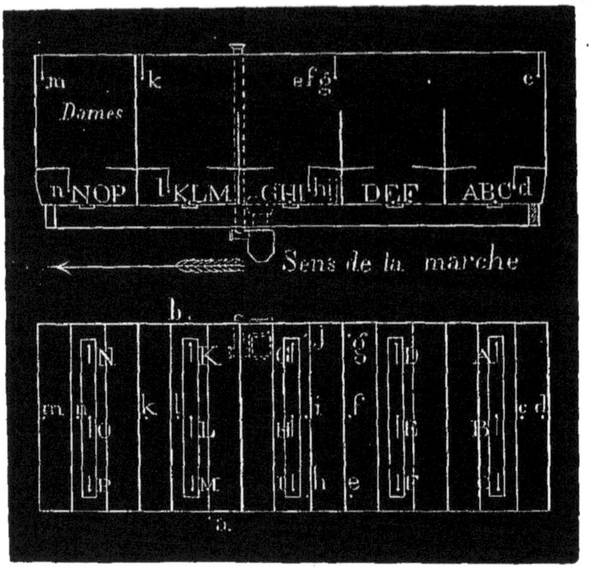

(*Voir* à la page précédente le tableau des Températures.)

pas; la vitesse des trains exprès augmentant le tirage, il se produit alors des scories, mais en petite quantité et faciles à enlever.

Pour que les appareils fonctionnent dans les meilleures conditions, il faut piquer les feux à des intervalles d'une heure et demie en marche, et d'une heure pendant les stationnements.

Le temps nécessaire pour alimenter un foyer et le piquer est en moyenne d'une minute; ainsi, pour mettre en état les appareils d'un train de vingt-quatre voitures pendant un arrêt de cinq minutes, il faudrait employer cinq agents.

Expérience du 6 janvier 1876. — Tableau des Températures.

STATIONS	HEURES	THERMOMÈTRES extérieurs		INDICATIONS DES THERMOMÈTRES INTÉRIEURS											INDICATIONS DES THERMOMÈTRES PLACÉS SUR LES CHAUFFERETTES								ÉTAT DU TEMPS CHARGEMENTS ET OBSERVATIONS
		a	b	c	d	e	f	g	h	i	j	k	l	m	A	B	C	D	E	F	G	H	
	soir	deg.	deg.	deg.	deg.	deg.	deg.	deg.	deg.	deg.	deg.	deg.	deg.	deg.	deg.	deg.	deg.	deg.	deg.	deg.	deg.	deg.	Allumage à 6 heures.
	7h30	— 2	— 4	—1.5	+ 1	—1.5	—1.5	— 2	0	+ 1	—1.5	— 1	— 2	+ 2	38	34	44	36	46	36	45	36	Beau.
Paris (*dép.*)	9	— 2	— 4	0	3	0	— 1	—1.5	+ 1	4	+0.5	+ 6	+ 1	5	50	47	51	46	54	48	53	50	d°
»	10	— 4	— 4	+1.5	4	+ 1	0	0	2.5	5	3.5	7	1.5	6	58	55	55	53	62	57	61	58	d° { Chargement de combust.
»	11	— 6	—5.5	2	3	2	+ 1	1	4	7	4	9	3	8.5	65	61	65	60	65	63	68	64	d° d°
»	minuit	— 5	—5.5	2.5	7	3	2	1.5	4.5	8	4	10.5	3.5	8	66	61	66	62	69	65	68	64	d°
»	1	— 6	— 6	2	5	2.5	1.5	1.5	4.5	7	3.5	9.5	4	8	60	61	62	60	66	60	64	62	Couvert.
»	2	— 7	— 7	2	4	2	1.5	1	4	6	3.5	8	5	7.5	57	57	58	55	63	59	60	58	Neige. d°
»	3.30	—6.5	— 6	1	3.5	1	1.5	1	3	6	3	8	3	7	60	54	59	52	64	60	63	60	Couvert d°
»	5	—6.5	—6.5	1	3	1	1	0.5	3	5.5	3	7.5	3	7	58	56	57	55	63	58	63	60	d°
Belfort (*arr.*)	6.30 matin	— 8	— 8	1	2.5	0.5	0	0	2.5	4.5	3	7	3	8	57	53	57	55	58	55	61	56	d°

Expérience du 6 janvier 1876.

DISPOSITION DES THERMOMÈTRES.

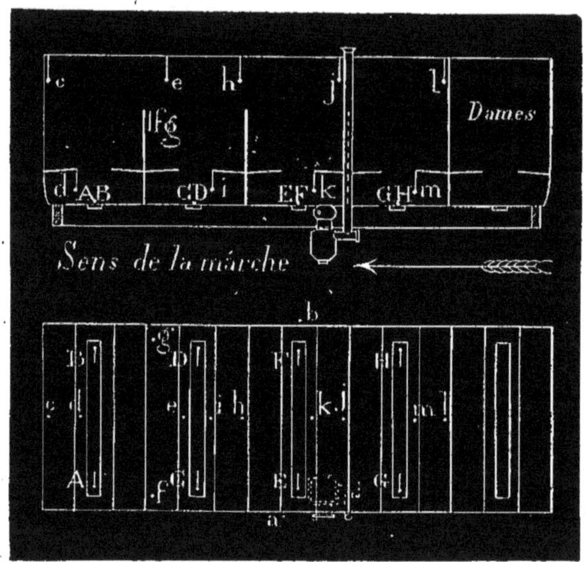

(*Voir* à la page précédente le tableau des Températures.)

Combustible employé. — Les dimensions des foyers sont trop réduites pour que l'on puisse brûler du coke de four; ce combustible s'éteint même dans les trains express.

Nous pensons que le coke de gaz est le combustible le plus convenable à tous les points de vue, et nous l'avons adopté exclusivement dès le début de nos expériences.

Des essais faits avec de la tourbe et du charbon de tourbe ont été complétement négatifs.

Consommation et dépense de combustible. — La consommation, basée sur l'ensemble de toutes nos expériences, s'est élevée à :

1^{kg},400 par voiture et par heure de marche,
0^{kg},800 — d° — stationnement.

Soit une dépense à l'heure de :

0^{f},056 pour une voiture en marche,
0^{f},032 — d° — en stationnement,

(le coke de gaz coûtant 40^{f} la tonne).

Les chiffres précédents comprennent les pertes dans le transport et la manipulation, et sont des moyennes d'exploitation. Ils résultent d'une expérience faite pendant trois mois et demi et représentent une moyenne soigneusement observée sur quatre-vingt-seize trains. Dans ces trains, le parcours total des trois voitures munies de l'appareil à eau chaude a été de 87,048^{km}, leur nombre d'heures de marche de 2,790, et celui des heures de stationnement de 806.

Dépenses d'installation des appareils. — Nous donnons, dans la note annexée au présent ouvrage le devis estimatif de l'installation, dans le matériel de 3e classe actuel, de l'appareil à eau chaude que nous venons de décrire.

D'après nos évaluations, les dépenses d'installation sont les suivantes :

550^{f} par voiture de 1re classe ou mixte (à trois compart.)
650^{f} — 2e classe — (à quatre —
720^{f} — 3e classe — (à cinq —

Si l'on monte ces appareils sur des voitures neuves, nous estimons que les prix ci-dessus seront réduits aux chiffres suivants :

510f par voiture de 1re classe ou mixte;
600f — 2e classe —
650f — 3e classe —

Nos devis admettent l'emploi de tubes en fer pour la canalisation; nous n'avions adopté les tuyaux en cuivre dans nos appareils d'essai que pour en hâter la construction...

Modifications à apporter à l'appareil construit en 1874. — Nous ne présentons pas l'appareil construit par nous en 1874 comme un type définitif; nous le croyons, au contraire, susceptible d'améliorations de détail; mais, dans ses conditions actuelles, il nous permet d'établir que l'on peut chauffer pratiquement les voitures par un appareil à eau chaude spécial à chaque véhicule, que ce mode de chauffage semble très-goûté du public; enfin il donne la possibilité d'évaluer exactement les dépenses de l'application de ce système à tout le matériel.

Dans un appareil définitif, on pourra adopter, soit la disposition des deux canalisations en dessous du châssis de la voiture, soit celle de la canalisation de départ au niveau du plancher, ce qui permet de supprimer les tubes purgeurs d'air des chaufferettes; celles-ci pourront être faites soit en fonte, soit en tôle; dans tous les cas, il ressort de nos expériences que l'on pourra réduire les foyers des appareils destinés aux voitures de 1re classe, où nous dépensons encore une quantité de chaleur surabondante, ainsi que nous l'avons précédemment établi (1).

Des essais entrepris sur un appareil fixe nous conduisent

(1) Nous estimons que chacune des chaufferettes de la voiture de 3e classe émettait quatre cent cinquante calories par heure.

Pour maintenir la température intérieure de la voiture supérieure de

à admettre que les coudes exercent une influence prépondérante dans la résistance au mouvement éprouvée par le liquide et que l'on peut réduire à $0^m,030$ le diamètre intérieur de la canalisation, sans modifier sensiblement l'effet utile de l'appareil.

Inconvénients propres au système de chauffage par l'eau chaude. — Lenteur du chauffage initial et congélation de l'eau. — Nous devons maintenant parler de deux graves inconvénients que présente notre appareil, comme tout autre système basé sur l'emploi de l'eau chaude.

Ces deux inconvénients sont la lenteur du premier chauffage des voitures et les dangers de congélation de l'eau pendant les temps de gelée, — en cas d'extinction du feu ou par suite de négligence, — si l'on ne vide pas les appareils en même temps que l'on cesse de chauffer.

Nous avons dû étudier les moyens les plus sûrs et les plus économiques de supprimer ces inconvénients, qui pourraient suffire à faire rejeter le système dont nous parlons s'il n'était pas possible de les éviter d'une manière simple et pratique.

D'abord nous avions pensé empêcher la congélation de l'eau en y faisant dissoudre soit un sel, soit de la glycérine. Après expériences spéciales, ces expédients nous semblent devoir être rejetés : les dissolutions salines, en corrodant les métaux, amènent une prompte détérioration des appareils.

10° à celle de l'air extérieur, il fallait donc dépenser par heure de marche 2,250 calories.

La quantité de chaleur totale contenue dans le combustible étant approximativement de $8000 \times 1^{kg},4 = 11200$ calories, le rendement de l'appareil est d'environ 20 0/0, ce qui démontre que, quoique cet appareil soit un des plus perfectionnés, il laisse perdre encore 80 0/0 de la chaleur du combustible.

D'autre part, pour retarder jusqu'à — 15° la congélation de l'eau, il faut déjà employer 20 0/0 en poids de glycérine, d'où résultent une dépense première d'environ 20f par voiture, et des frais notables pour réparer les pertes de liquide.

En tenant compte de la nécessité de commencer l'allumage des voitures deux heures et demie avant le départ pour que les voyageurs montent dans un train convenablement chauffé, de la perte de combustible qui se produit nécessairement lors de l'extinction des foyers, — opération qui ne peut se faire dès l'arrivée des trains, — enfin des dépenses de matières et de main-d'œuvre pour le remplissage des appareils et pour l'allumage, nos calculs ont finalement établi que, si les feux sont constamment maintenus allumés pendant les stationnements en gare dans les intervalles des trains, la dépense annuelle, dans les conditions du service de la Compagnie de l'Est, sera sensiblement égale à celle qui résulterait de l'allumage des appareils avant chaque voyage (1).

Le maintien en feu des appareils de toutes les voitures

(1) Les dépenses d'allumage et de remplissage d'une voiture avant le départ du train sont les suivantes :

1° Temps nécessaire au remplissage de l'appareil et à l'allumage du foyer, évalué à 15′ par voiture, au prix moyen de 0f,30 l'heure	0f,075
2° Matières employées pour l'allumage.	0f,050
Soit, en total.	0f,125

Le nombre de départs de voitures étant de deux mille cinq cent cinq par vingt-quatre heures, la dépense d'allumage sera, pour la saison du chauffage, de

$0{,}125 \times 2{,}505 \times 182 =$. 56,988f,75

L'appareil devant être allumé deux heures et demie avant le départ et l'extinction n'étant faite en moyenne qu'une heure après l'arrivée, il faut compter trois heures et demie

en service supprime simultanément les deux graves inconvénients du chauffage par l'eau chaude.

Cette méthode n'accroît donc nullement les dépenses; elle est simple et d'une efficacité certaine, et nous la supposerons adoptée dans l'établissement du devis de nos dépenses de chauffage.

Résumé des expériences faites sur les appareils à circulation d'eau chaude. — Les appareils à circulation d'eau chaude dans des chaufferettes fixes, et surtout le dernier type étudié et mis en circulation régulière par la Compagnie de l'Est, étaient, comme nous l'avons déjà dit, très-appréciés du public, qui leur a donné une préférence unanime sur tous les autres systèmes. Les avantages de ces appareils, bien constatés par l'expérience, sont en effet les suivants :

1° Les pieds reposent sur une plate-forme maintenue à une température constante de 50 à 60°.

2° La tête plonge dans des couches d'air peu chauffées, dont la température moyenne dépasse de 8 à 10° seulement la température extérieure, ce qui, dans nos climats, est très-suffisant.

Report.	56,988f,75
de combustion par départ et par voiture, soit pour la durée du chauffage, une dépense de :	
$3{,}5 \times 0{,}800 \times 2{,}505 \times 182 \times 0{,}04 =$	51,061f,92
En allumant les appareils avant chaque départ, les dépenses annuelles s'élèvent donc à.	108,050f,67
tandis que la consommation de combustible en stationnement pour maintenir les foyers constamment allumés pendant tout l'hiver entraînera une dépense de :	
$3{,}198{,}181^h \times 0{,}800 \times 0{,}04 =$	102,341f,79
Soit, en faveur de cette dernière manière de procéder, une économie de.	5,708f,88

3° Le voyageur n'est pas dérangé par l'ouverture des portières que nécessite le renouvellement des chaufferettes mobiles ordinaires, avantage très-goûté des voyageurs de 1re classe.

Quant aux dépenses d'installation et d'entretien des appareils, ainsi qu'aux objections de toute nature auxquelles ils peuvent donner lieu, nous les apprécierons un peu plus loin, dans le Résumé général et l'Examen critique de nos diverses expériences.

CHAPITRE IX

EXPÉRIENCES SUR LE CHAUFFAGE AVEC BOUILLOTTES MOBILES A EAU CHAUDE, ET ÉTUDE DES AMÉLIORATIONS A Y APPORTER.

CHAUFFAGE DES VOITURES AVEC CHAUFFERETTES MOBILES A EAU CHAUDE.

Chaufferettes mobiles. – La Compagnie de l'Est, ainsi que les autres Compagnies françaises, emploie actuellement des chaufferettes à eau chaude pour chauffer tous les compartiments de 1re classe, et ceux des voitures de 2e et de 3e réservés aux dames voyageant seules.

Les chaufferettes de l'Est ont une section ovale de $0^{m},078$ sur $0^{m},200$ de largeur; leur longueur totale est de $0^{m},910$.

Elles sont faites en tôle étamée de $0^{m},0015$ d'épaisseur; des cercles en laiton renforcent leurs extrémités. On les remplit d'eau et on les vide par une ouverture percée dans un des fonds, et que ferme un bouchon à vis garni d'une rondelle de cuir.

Le poids d'une chaufferette vide est de $7^{kg},700$ environ; sa contenance est de 10 litres.

Construites dans les ateliers de la Compagnie, les chaufferettes reviennent à 18^{f} la pièce.

La Compagnie de l'Ouest a adopté une chaufferette ayant

la forme d'une caisse plate, dont le dessus est légèrement bombé, tandis que la paroi inférieure et les deux fonds sont garnis de bois d'orme. La garniture inférieure a pour but de moins user les tapis dans les frottements et dans les chocs ; les garnitures des fonds permettent aux agents de prendre plus facilement les chauffferettes.

Le trou de remplissage est placé sur le dessus dans une cavité emboutie, afin que le bouchon ne fasse pas saillie.

La chaufferette de la Compagnie du Nord est semblable à celle de l'Ouest.

Les Compagnies de Lyon et d'Orléans emploient des chaufferettes de même forme que celle de l'Est, mais recouvertes de moquette.

Chaudières. — Les chaudières servant à chauffer l'eau consistent généralement en un cylindre vertical ouvert à la partie supérieure, au centre duquel se trouve un foyer complètement entouré d'eau et que surmonte une cheminée verticale.

Ainsi construites, les chaudières présentent une faible surface de chauffe, quoique volumineuses ; en raison de leur tirage direct, elles utilisent mal le combustible. La Compagnie de Lyon a installé plusieurs chaudières du système Field qui semblent bien supérieures aux précédentes comme économie de combustible et comme production d'eau chaude par heure.

Afin de pouvoir remplir simultanément plusieurs chaufferettes, le tube de prise d'eau dans la chaudière se termine par une partie horizontale sur laquelle on a fixé un certain nombre de robinets à $0^m,300$ environ les uns des autres. La planche n° 31, figures 10 et 11, représente cette disposition.

Résultats calorifiques donnés par les chaufferettes. — Nous avons fait plusieurs expériences pour déterminer la loi de la décroissance de la température des chaufferettes et la chaleur qu'elles peuvent donner dans les voitures.

La courbe tracée sur le graphique ci-dessous exprime les conditions moyennes de température d'une chaufferette depuis le moment de son remplissage jusqu'au moment où elle est retirée de la voiture :

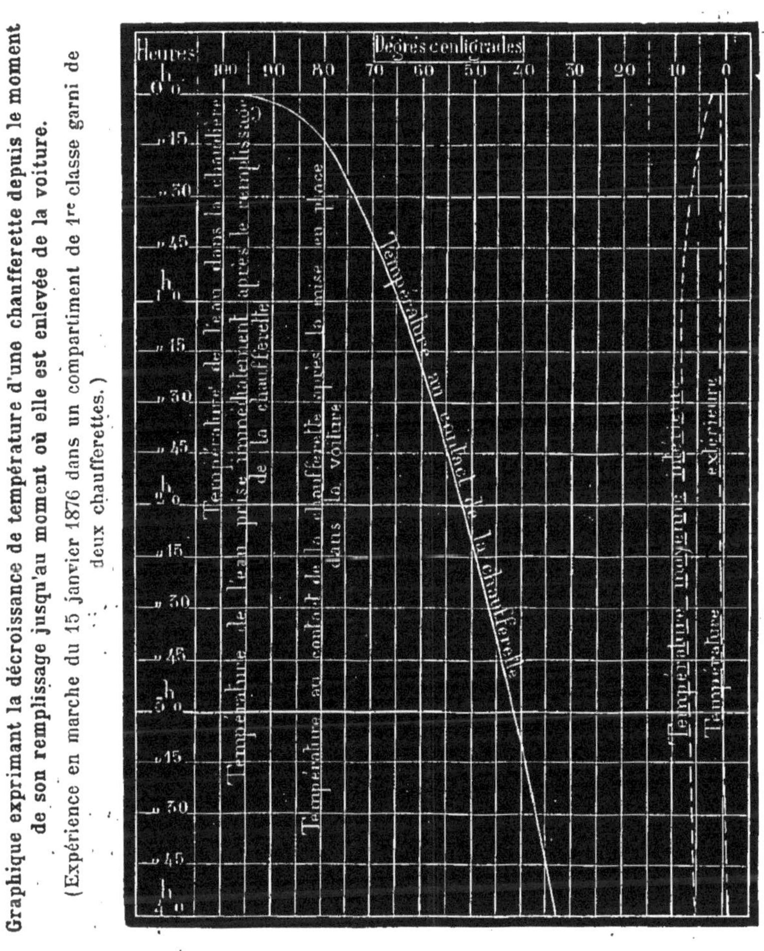

Graphique exprimant la décroissance de température d'une chaufferette depuis le moment de son remplissage jusqu'au moment où elle est enlevée de la voiture.

(Expérience en marche du 15 janvier 1876 dans un compartiment de 1re classe garni de deux chaufferettes.)

L'expérience a été faite pendant la marche d'un train

dans un compartiment de 1re classe garni de deux chaufferettes. On voit que la température de l'eau s'abaisse de 100 à 95° par son seul passage à travers le tuyau et le robinet de prise.

Après le remplissage, les chaufferettes sont placées sur un chariot, puis conduites au train et mises dans les voitures; dans la pratique journalière, ces opérations durent un quart d'heure en moyenne, et pendant ce temps les chaufferettes restent exposées à l'air; de là résulte un abaissement de température tel que la chaufferette, au moment où elle est mise dans la voiture, a perdu 22°.

Nous reproduisons ci-après une expérience faite en plaçant dix chaufferettes dans une voiture de 3e classe, pendant le trajet de Paris à Château-Thierry.

DISPOSITION DES THERMOMÈTRES.

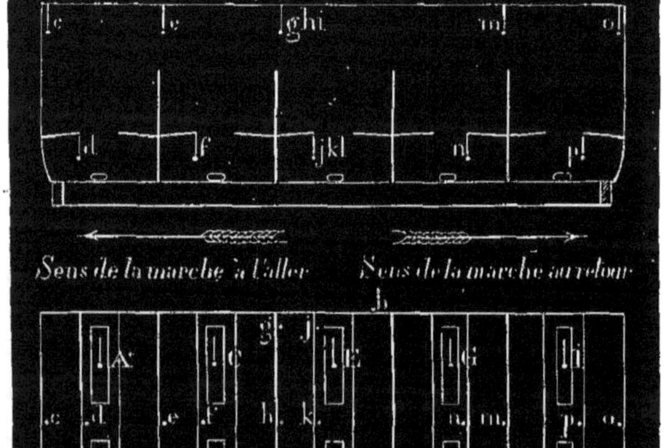

(Voir à la page 344 le tableau des Températures.)

Tableau des Températures.

STATIONS	HEURES	THERMOMÈTRES extérieurs		INDICATIONS DES THERMOMÈTRES INTÉRIEURS														INDICATIONS DES THERMOMÈTRES AU CONTACT DES CHAUFFERETTES										ÉTAT DU TEMPS
		a	b	c	d	e	f	g	h	i	j	k	l	m	n	o	p	A	B	C	D	E	F	G	H	I	J	
ALLER :	matin	deg.	deg.	deg.	deg.	deg.	deg.	deg.	deg.	deg.	deg.	deg.	deg.	deg.	deg.	deg.	deg.	deg.	deg.	deg.	deg.	deg.	deg.	deg.	deg.	deg.	deg.	
Paris (*dép.*).	9h20	— 4	—4.5	— 2	—0.5	— 1	— 2	0	— 1	+ 1	0	— 1	+ 1	0	— 1	— 1	+ 1	45	47	47	51	50	50	51	51	50	51	Couvert.
»	9.50	»	»	»	»	»	»	»	»	»	»	»	»	»	»	»	»	44	44	44	45	48	46	46	46	46	48	d°
»	10.20	— 6	— 6	—0.5	+0.5	—0.5	0	+ 1	— 1	+ 1	— 1	+ 1	+ 1	0	— 1	— 1	+ 1	36	40	40	41	40	40	41	41	41	42	d°
»	10.50	»	»	»	»	»	»	»	»	»	»	»	»	»	»	»	»	32	35	35	36	37	36	36	36	36	37	d°
»	11.20	— 5	— 5	— 1	0	—0.5	0	0	— 1	+ 1	— 1	0	+ 1	—0.5	— 1	—1.5	+0.5	30	31	31	33	33	32	32	32	33	34	d°
Chât.-Th. (*arr.*)	12.20	— 5	— 5	—0.5	+ 1	—0.5	0	+ 1	— 1	+ 1	0	0	+ 1	0	— 1	—1.5	0	22	25	26	27	27	27	27	27	26	27	d°
RETOUR :																												
Chât.-Th. (*dép.*)	1h20	— 4	— 2	+ 3	+ 5	+ 2	+4.5	+5.5	+ 4	+ 6	+ 4	+ 5	+ 6	+5.5	+ 4	+ 3	+4.5	65	61	63	65	64	64	63	66	69	64	d°
»	2	— 4	—3.5	4.5	5	4.5	5	5	3	5	5	5	5	3.5	3	2	5	51	52	53	52	52	49	48	52	55	51	d°
»	2.30	»	»	»	»	»	»	»	»	»	»	»	»	»	»	»	»	45	47	46	49	48	48	47	48	49	50	d°
»	3	— 4	— 4	3.5	5	3	4	4	2.5	4	3.5	4	5	2	2	1	3	43	44	42	44	41	42	40	43	44	42	d°
»	3.30	»	»	»	»	»	»	»	»	»	»	»	»	»	»	»	»	37	38	39	38	38	36	36	38	40	37	Neige.
Paris (*arr.*).	4.10 soir	—5.5	—5.5	2.5	4	2	2.5	3	1.5	3	3	2.5	4	1	1	0	2	33	32	34	33	33	32	32	34	35	32	

Pendant ces expériences, la voiture n'était occupée que par deux observateurs, et toutes les ouvertures en étaient tenues soigneusement closes.

Dépenses du chauffage avec des chaufferettes. — Dans l'état actuel, les éléments les plus importants de la dépense du chauffage avec des chaufferettes sont le combustible et la main-d'œuvre.

En raison de la production intermittente de l'eau chaude, on consomme 0^{kg},050 de houille pour chauffer un litre d'eau, et les agents spéciaux ne remplissent pas en moyenne plus de cent vingt-cinq chaufferettes pendant la durée de leur service qui est de douze heures.

En comprenant l'intérêt et l'amortissement du capital de premier établissement, et les frais de réparation des chaudières et des chaufferettes, le chauffage des voitures de 1re classe seulement revient à 80,000^{f} par an sur le réseau de l'Est ; cette somme correspond à une dépense de 0^{f},14 par chaufferette livrée aux voyageurs.

Avantages et inconvénients des chaufferettes à eau chaude. — Les chaufferettes à eau chaude présentent l'avantage de n'exiger aucune modification au matériel roulant, d'être indépendantes de ce matériel, de telle sorte que les avaries de l'appareil de chauffage n'entraînent pas l'immobilisation des voitures ; enfin, tout compte fait, ce mode de chauffage est le moins coûteux.

Mais, d'autre part, on connaît la gêne que cause aux voyageurs le renouvellement des chaufferettes, surtout pendant la nuit.

Ce chauffage est peu énergique : il permet aux voyageurs de se tenir les pieds chauds pendant un certain temps si, à l'origine, les chaufferettes sont suffisamment chaudes; mais il ne produit pas d'élévation sensible de température dans les voitures à cause des ouvertures fréquentes des portes et des fenêtres.

Si la température des chaufferettes est quelquefois trop élevée au début d'un trajet, au bout de deux heures et demie elle n'est plus suffisante, et les exigences du service ne permettent pas toujours de les changer à ce moment.

Pour améliorer ce chauffage, il faudrait que le renouvellement pût se faire sans gêner les voyageurs, que la vitesse de refroidissement fût ralentie, que les chaufferettes fussent toujours remplies d'eau à une température voisine de 100°, que l'on pût enfin se dispenser de les vider.

Les dispositions du matériel actuel ne nous semblent pas permettre de réaliser la première de ces améliorations. Certaines Compagnies allemandes avaient encastré les chaufferettes dans le plancher; mais cette disposition, reconnue encore plus gênante, a été abandonnée.

Influence des enveloppes protectrices sur la vitesse du refroidissement. — Nous avons essayé de diminuer la vitesse de refroidissement en plaçant sur une des faces et sur les deux côtés de la chaufferette des enveloppes, soit de bois, soit de liége, protégées elles-mêmes par une tôle mince étamée. Ces deux enveloppes ont produit peu d'effet; trois heures et demie après le remplissage avec de l'eau à 100°, les thermomètres placés sur les chaufferettes à enveloppes n'indiquaient que 8° de plus que ceux placés sur des chaufferettes ordinaires. Ce résultat ne motiverait évidemment pas la complication de construction à laquelle entraînent les enveloppes.

Examen des perfectionnements dont ce mode de chauffage

est susceptible. — Les deux dernières améliorations indiquées plus haut, — l'emploi de l'eau très-chaude et la suppression de la vidange et du remplissage, — sont réalisables, et, pour les obtenir, il suffit d'injecter de la vapeur à haute pression dans les chaufferettes. Ce procédé est déjà employé depuis longtemps, mais sur une échelle très-réduite, au chemin de fer de l'Est où, sur les petits embranchements de faible trafic, on chauffe l'eau des chaufferettes par une injection de vapeur provenant de la locomotive. Il est également, à ce qu'on nous a affirmé, employé d'une manière courante sur quelques chemins anglais comme moyen permanent de chauffage de l'eau. Il fonctionne couramment en Autriche, sur les chemins de fer de la Société I. R. P. de l'État, où, depuis cinq ans, on injecte de la vapeur à 5 atmosphères dans les chaufferettes, sans en changer l'eau.

Ce procédé a été appliqué enfin sur une assez grande échelle à la gare de Paris du chemin de fer d'Orléans, où l'on a chauffé par ce moyen, pendant le mois d'avril 1876, les chaufferettes des voitures de 1re classe, ainsi que des compartiments de dames seules de 2e et de 3e classe.

Injection de vapeur. — Dispositions appliquées par la Compagnie d'Orléans. — A cette occasion, M. Forquenot a étudié certaines dispositions ingénieuses, au sujet desquelles il a bien voulu nous fournir une note que nous nous empressons de reproduire :

« Le but à atteindre était de supprimer l'opération très-« longue du vidage et du remplissage des chaufferettes, et « de la remplacer par un procédé assez rapide pour per-« mettre l'emploi de ces chaufferettes au chauffage des « voitures de toutes classes.

« Ce procédé consiste à réchauffer, au moyen de jets « de vapeur, l'eau refroidie d'un certain nombre de chauf- « ferettes à la fois, sans remplacer cette eau.

« La vapeur employée au réchauffage, produite au « moyen de chaudières tubulaires à haute pression, est in- « troduite dans les chaufferettes au moyen des appareils « figurés dans les trois dessins ci-joints.

« Un chariot tricycle (planche n° 31, figures 5 à 7) est « disposé pour recevoir, dans des cases de dimensions ap- « propriées, un certain nombre de chaufferettes (vingt dans « le modèle actuellement employé). Le casier, supporté « par deux tourillons, pivote de manière que les chauf- « ferettes qui y sont placées puissent prendre à volonté « la position horizontale pour le chargement et le déchar- « gement, ou la position verticale pour l'opération du « réchauffage. On le fixe dans ces deux positions au moyen « de crochets.

« Lorsque les chaufferettes froides retirées des voitures « sont chargées dans le casier, on le redresse et on amène « le chariot dans le local des chaudières, on débouche « les chaufferettes et l'on pousse le chariot sous le bâti « (planche n° 31, fig. 1 à 3), dans une position déterminée « par un guide fixé sur le plancher et que les galets sont « forcés de suivre. Ce bâti supporte un système de tuyaux « communiquant avec la chaudière, en nombre égal à celui « des cases du chariot, et disposés de manière à corres- « pondre aux goulots des chaufferettes. Ils sont munis de « robinets qu'on ouvre à volonté selon le nombre de chauf- « ferettes placées dans le casier, et sont guidés par une « plaque trouée qui les empêche de dévier.

« Au moyen d'un levier à main, on abaisse ces tuyaux « pour les faire pénétrer dans les orifices ; le tuyau de « prise de vapeur qui les met en communication avec la

« chaudière est, à cet effet, muni d'un plongeur avec boîte « à étoupes. On ouvre le robinet d'introduction de vapeur « placé sur ce tuyau et, lorsque l'eau est échauffée à la « température convenable, on referme le robinet, on relève « les tubes, on sort le chariot de dessous le bâti et on « remet les bouchons des chaufferettes.

« Par leur juxtaposition dans le casier, elles se con- « servent longtemps chaudes, ce qui permet de les prépa- « rer à l'avance et ajoute une facilité au service.

« Le bouchon des chaufferettes (planche n° 31, fig. 8 et 9) « a une fermeture à baïonnette qui se manœuvre au moyen « d'une clef pénétrant dans le trou carré de la partie supé- « rieure. Ce système de fermeture est plus rapide que « celui des bouchons à vis (1). »

La Compagnie d'Orléans se propose de généraliser ce système en l'adaptant au chauffage de toutes ses voitures.

Calcul du nombre de calories nécessaires pour réchauffer une chaufferette de 0° à 90° par injection de vapeur. — Il est fort intéressant de se rendre compte de la quantité de vapeur nécessaire dans ce système pour porter de 0 à 90° la température d'une chaufferette.

Nous supposerons que cet appareil renferme 10^{kg} d'eau à 90° et pèse lui-même 8^{kg}.

Le cas le plus favorable serait celui où l'eau provenant de la condensation de la vapeur resterait contenue dans la chaufferette. Celle-ci renfermerait donc, à 90°, $10 \times 90 =$ 900 calories, qui seraient fournies par la condensation de $\frac{900}{650} = 1^{kg},384$ de vapeur à la pression de $3^{kg},5$.

(1) Les appareils ci-dessus décrits sont brevetés.

Si nous tenons compte de la chaleur absorbée pour le réchauffage de l'enveloppe, il faudra ajouter au nombre précédent $\frac{8 \times 0.114 \times 90}{560} = 0^{kg},146$ de vapeur.

La dépense totale serait donc de $1^{kg},530$.

Pour obtenir les résultats précédents, il serait nécessaire de faire écouler de la chaufferette, avant l'injection, $1^{kg},384$ d'eau froide qui sera ultérieurement remplacée par l'eau de condensation, ce qui est impossible en pratique.

En réalité, on perdra à chaque opération la quantité d'eau chaude provenant de la condensation de la vapeur, et alors la dépense sur laquelle il faut compter sera pour l'échauffement à 90° des 10^{kg} d'eau primitive à 0°,

900 calories ou $\frac{900}{560} = 1^{kg},610$ de vapeur, et, pour l'échauffement de l'enveloppe, $0^{kg},146$, soit un total de $1^{kg},756$ de vapeur.

Ce calcul ne tient pas compte des pertes de vapeur par fuites, condensation dans les tuyaux, ni des pertes de chaleur des chaufferettes par rayonnement et contact de l'air, et nous ne pensons pas nous écarter beaucoup des faits pratiques en avançant que la dépense de vapeur sera en moyenne de 2 litres par chaufferette.

Inconvénients du bouchage et du débouchage, du métal blanc et du ressort formant le joint. — Dans le procédé que nous venons de décrire, les chaufferettes doivent être *ouvertes*, puis *fermées lors de chaque injection;* pour accélérer cette opération, la Compagnie d'Orléans a adopté un bouchon à emmanchement à baïonnette ingénieux et dont la manœuvre se fait en une fraction de tour au lieu d'en exiger plusieurs comme les bouchons à vis ordinaires.

Malgré ce perfectionnement, la manœuvre prend encore un temps assez long, et il y aurait intérêt à la supprimer complétement pour des installations d'une certaine importance.

En outre, les bouchons, manœuvrés à des intervalles de temps très-rapprochés, seront exposés à des détériorations rapides, car, pour former le joint, on a remplacé par une rondelle en métal blanc le cuir que la vapeur rend cassant. Par suite de sa malléabilité, qui l'a fait d'ailleurs choisir, il est à craindre que ce métal ne se macule très-promptement et que des corps étrangers ne s'incrustent à sa surface.

Le clapet en métal blanc est d'ailleurs appliqué sur son siége par un petit ressort à boudin, fortement bandé, afin de suppléer à l'insuffisance du filetage et de s'opposer au dévissage. Ce ressort, fréquemment et brusquement comprimé, souvent mouillé, sera fort exposé soit à perdre sa bande, soit à être brisé, et, dans l'un ou l'autre cas, la fermeture n'étant plus étanche, l'eau de la chaufferette s'écoulera dans le compartiment.

Enfin, ce procédé exige des chariots spéciaux, destinés à assurer l'exactitude des positions relatives des chaufferettes qui doivent être injectées simultanément. Ces chariots, munis d'un mouvement de bascule pour passer de la position horizontale, convenable pour les manœuvres des chaufferettes sur les quais, à la position verticale indispensable pour l'injection, sont lourds et coûteux; enfin, comme ils ne peuvent guère contenir plus de vingt chaufferettes, leur nombre sera considérable.

Nous avons cherché un mode de réchauffage exempt des inconvénients que nous venons de signaler.

APPAREIL A NORIA

POUR RÉCHAUFFAGE RAPIDE DES BOUILLOTTES PAR SIMPLE IMMERSION, SANS BOUCHAGE NI DÉBOUCHAGE.

Ce procédé consiste à remplacer l'injection de vapeur par l'immersion pure et simple des chaufferettes dans un bain d'eau chaude. Ces deux modes d'opérer ont la même efficacité et demandent sensiblement le même temps; nous avons, en effet, reconnu expérimentalement qu'une chaufferette métallique ordinaire remplie d'eau à 0° et bien bouchée, puis plongée dans un bassin contenant de l'eau maintenue à une température voisine de 100°, acquérait à l'intérieur, dans un espace de cinq minutes, la température uniforme de 90° (1).

Une fois le principe de l'immersion reconnu, il s'agissait d'établir un appareil permettant de plonger simultanément, sans les boucher ni les déboucher, un nombre de chaufferettes proportionné à la fréquence des trains à desservir.

L'appareil que nous avons imaginé et exécuté consiste dans une sorte de noria composée de deux chaînes sans fin, dont les maillons successifs peuvent recevoir chacun une chaufferette et qui plongent dans un puits rempli d'eau chaude.

(1) D'une manière plus générale, le temps t, nécessaire pour élever de la température Θ_0 à la température Θ une bouillotte plongée dans un bain-marie dont la température est T, est exprimé par la formule suivante :

$$t = 250 \log. \frac{T - \Theta_0}{T - \Theta}$$

Voir aux Pièces annexes la démonstration de cette formule et les expériences qui la justifient.

Un tambour, animé d'un mouvement continu suffisamment lent, amène successivement les maillons à la hauteur convenable, d'un côté pour le chargement de la bouillotte froide, de l'autre pour l'enlèvement de la bouillotte réchauffée.

Des courbes directrices font pivoter les maillons de manière que les manœuvres d'introduction et de sortie de chaque chaufferette s'opèrent en quelque sorte automatiquement. A sa sortie, la chaufferette passe entre deux brosses croisées qui épongent l'eau, en faible quantité d'ailleurs, attachée à sa surface.

L'eau du puits est maintenue à une température voisine de 100° par la condensation d'un jet de vapeur provenant d'une chaudière spéciale, système qui nous paraît le mieux procurer la réserve de calorique que les besoins intermittents du service rendent nécessaire.

Le trop plein résultant de la condensation de la vapeur se rend dans une bâche où l'eau est reprise pour l'alimentation du générateur, disposition qui réduit au minimum la perte de calorique.

Une petite locomobile à pompe de deux chevaux sert à cette alimentation et donne en même temps aux tambours de la noria le mouvement nécessaire. La force absorbée par la rotation de l'appareil est d'ailleurs insignifiante, et un homme pourrait parfaitement le faire mouvoir à la main.

Application à la gare de Paris du chauffage par immersion. — Le transport des chaufferettes des trains à la chaufferie et réciproquement se fait au moyen des tricycles et brouettes usités aujourd'hui, sans qu'il soit besoin de modifier en rien le matériel existant.

Comme exemple de la détermination de puissance des appareils nécessaires pour un réseau de chemins de fer, nous donnerons le dessin de l'installation de la gare de Paris (Est).

Calcul du nombre maximum des chaufferettes à fournir en une heure. — L'étude du service de l'hiver 1875-76 montre qu'il faut fournir par vingt-quatre heures 2,600 chaufferettes pour le service des compartiments de toutes classes dans tous les trains dont la durée de trajet dépasse deux heures. Ce nombre de 2,600 ne se répartit pas également pendant la journée, et c'est entre cinq et six heures du soir que la puissance de production devra être maxima, le nombre des chaufferettes nécessaires étant, pendant ce temps, de 370 environ.

Les appareils adoptés devront suffire au moins à cette production; mais il y a lieu de les établir dans de plus grandes proportions pour les considérations suivantes :

1° Employer un personnel très-restreint pour placer et enlever les chaufferettes alternativement dans les voitures, puis dans les norias;

2° Prévoir les modifications possibles du nombre, de la composition et des heures de départ des trains;

3° Réchauffer les chaufferettes peu de temps avant leur emploi pour éviter leur refroidissement;

4° Pouvoir diviser l'appareil en deux parties, dont l'une pourrait, en cas d'avarie de l'autre, assurer seule le service.

En conséquence, nous avons installé à la gare de Paris deux norias de même puissance, contenant chacune 24 chaufferettes immergées en même temps.

La durée de l'immersion de chaque bouillotte devant être de cinq minutes, chaque appareil fonctionnant d'une manière continue pourra donner 24 chaufferettes par cinq minutes, ou $24 \times 12 = 288$ à l'heure, soit pour les deux appareils 576 chaufferettes.

Le nombre de chaufferettes fournies *en 10 minutes* par cette installation est donc de 96 et correspond à la composition de 12 voitures, qui est celle de nos trains omnibus de grande ligne.

Le temps qui séparera l'immersion de deux bouillottes consécutives sera de

$$\frac{5}{24} \text{ minutes} = 12''5,$$

ce qui suffit largement à l'enlèvement ou à la pose des chaufferettes dans les anneaux de la noria, comme l'expérience l'a démontré.

Calcul de la force de production du générateur à vapeur destiné au chauffage des cuves. — Comme il faut dépenser 982 calories pour porter de 0° à 90° une chaufferette remplie d'eau, le réchauffage de 576 bouillottes exigera $982 \times 576 = 565,632$ calories,

Soit une consommation de :

$$\frac{565632}{560} = 1010^{\text{kg}} \text{ de vapeur.}$$

La production des générateurs fixes variant entre 12 et 20^{kg} de vapeur par mètre carré et par heure, la surface de chauffe devrait donc être comprise entre 84 et 50 mètres carrés, s'il s'agissait d'assurer ce travail maximum sans interruption; mais, en fait, il suffira d'une chaudière beaucoup plus faible, pourvu que celle qu'on adoptera permette d'emmagasiner, pendant les arrêts, la quantité de vapeur nécessaire au réchauffage du bain pendant le mouvement de la noria. Dans ces conditions, une chaudière de 40 mètres carrés de surface de chauffe suffit parfaitement.

Cet appareil nous paraît appelé à rendre d'importants services dans toutes les gares de grandes villes, où la surface disponible est toujours restreinte et coûteuse; il présente, en effet, l'avantage de prendre peu de place en plan et de se développer surtout dans le sens de la hauteur.

Essayé sur le réseau de l'Est, il a donné de bons résultats et sera appliqué, dès l'hiver 1876, sur une plus grande échelle, pour les chaufferies des grandes gares.

La planche n° 32 donne tous les dessins d'ensemble et de détail de cet appareil.

CHAPITRE X

EXAMEN DES PROPOSITIONS DIVERSES, DES IDÉES ORIGINALES ÉMISES PAR UN GRAND NOMBRE D'INVENTEURS, DONT LES PROJETS N'ONT POINT REÇU D'APPLICATION.

Réflexions générales. — L'étude que nous venons de faire serait incomplète si nous ne disions quelques mots des communications nombreuses que nous avons reçues, de divers côtés, au sujet de systèmes nouveaux appuyés sur des idées originales, souvent ingénieuses, mais d'une réalisation impossible ou excessivement coûteuse. Ces communications, émanant non-seulement d'ingénieurs, mais encore de personnes de toutes professions et conditions, indiquent d'ailleurs combien la solution du problème est poursuivie dans toutes les classes de la société, et combien d'esprits s'en préoccupent.

En général, tous les systèmes nouveaux qu'on nous a proposés reposent sur une préoccupation unique : utiliser avant tout, au profit du chauffage, la chaleur perdue. Tantôt la chaleur est demandée au mouvement de rotation des roues, tantôt à la vapeur d'échappement, tantôt aux gaz chauds qui circulent dans la boîte à fumée, tantôt à la fumée elle-même.

Un savant éminent nous a proposé un système consistant à supprimer l'échappement de la machine-locomotive et à obtenir le tirage par un ventilateur spécial; ce ventilateur refoulerait la fumée provenant de la combustion dans une canalisation de grand diamètre qui traverserait toutes les voitures et chaufferait le train. L'idée est certainement des plus ingénieuses; mais si on se rend compte de la quantité de vapeur nécessaire pour faire marcher le ventilateur et chasser au dehors, avec une vitesse suffisante, la fumée et les gaz à travers une canalisation dont la longueur pourra dépasser 150^{m}, on trouve qu'il faut dépenser autant et plus de vapeur que n'en consomme l'échappement, indépendamment des difficultés et des dépenses qu'entraîneraient la jonction et le ramonage de ces tuyaux, ainsi que des chances d'asphyxie qui résulteraient pour les voyageurs d'une fissure dans la canalisation.

Il serait certainement très-désirable d'utiliser partout la chaleur perdue, mais encore est-il indispensable que les moyens à mettre en œuvre pour cette utilisation ne coûtent pas plus que la production directe de la chaleur qu'on veut économiser.

Qu'on nous permette deux comparaisons pour mieux faire saisir notre pensée :

Les cours d'eau, qui coulent à la surface du globe, entraînent avec eux une prodigieuse quantité de force motrice, et on a calculé le nombre de milliards de chevaux-vapeur qui sont jetés chaque jour à la mer sans profit pour personne. Il est tout simple, chaque fois qu'on a besoin de force motrice, qu'on cherche à utiliser les forces naturelles pour économiser le charbon. Cependant il arrive souvent qu'on doit renoncer à cette combinaison : même avec des conditions favorables, même à côté d'un cours d'eau, on est fréquemment conduit à abandonner la force motrice naturelle et à se servir d'une machine à vapeur, parce qu'on s'aperçoit, après un examen approfondi, que les dépenses à faire pour économiser le charbon sont beaucoup plus élevées que la valeur du charbon lui-même.

Depuis les progrès récents de la thermo-dynamique, on est arrivé à considérer le mouvement et la chaleur comme deux manifestations d'une même cause. Pouillet a calculé que la chaleur envoyée par le soleil à la surface de la terre pourrait fondre une calotte de glace enveloppant complétement le globe et ayant une épaisseur de 30m. Cette quantité de chaleur, transformée en travail, représente un nombre formidable de chevaux-vapeur. Le célèbre ingénieur Ericson, reprenant les résultats de Pouillet, a calculé toutes ces forces perdues et a exprimé l'idée que, dans un temps plus ou moins éloigné, c'est au soleil lui-même qu'on demanderait directement la production de la chaleur et de la force. Cette idée a fait son chemin. On a construit des chaudières enveloppées de miroirs qui, sous la seule influence de la radiation solaire, ont vaporisé 20 litres d'eau à 5 atmosphères, et, à l'aide de cette vapeur, on a fait fonctionner une petite machine qui démontrait, d'une manière satisfaisante, la transformation thermo-dynamique. Dans un ordre de faits plus modestes, et en attendant des applications plus élevées, un ingénieur français, M. Mouchot, a construit une *marmite solaire*, sorte de bocal en verre enveloppé de miroirs, dans lequel on peut à la rigueur faire cuire le pot-au-feu lorsque des nuages intempestifs ne viennent pas se mettre à la traverse. Toutes ces recherches sont pleines d'intérêt, nous sommes de ceux qui les croient pleines d'avenir; mais il est probable, cependant, que la vieille marmite de nos pères fonctionnera longtemps encore.

Pour en revenir au chauffage des trains, nous ferons observer que la dépense de combustible n'est point l'élément unique dont on doive tenir compte. Il faut très-peu de combustible pour chauffer une voiture, et si on veut bien jeter les yeux sur le tableau que nous donnons à la page 399, dans lequel nous avons fait ressortir tous les éléments qui influent sur la dépense totale des divers modes de chauffage essayés jusqu'à ce jour, on se convaincra que la dépense de combustible proprement dite est de beaucoup dépassée par l'ensemble de toutes les autres, telles que frais d'installation, d'entretien, de conduite, etc. En conséquence, tout appareil qui ne rachètera l'économie de combustible que par des dispositions compliquées et coûteuses ne pourra entrer dans la pratique journalière des chemins de fer. Nous donnons ci-après un résumé rapide des solutions qui nous ont été proposées et qui nous paraissent rentrer dans cette catégorie.

Systèmes Beaumont, Madaule, Macé, Boccard, Azéma et Mougey. — M. Beaumont produit de la chaleur par le frottement d'un cône en bois garni de chanvre, que le mouvement du train fait tourner dans une cavité de même forme ménagée, soit dans une chaudière, soit dans un calorifère à air chaud monté sur chaque voiture.

M. Madaule veut utiliser la chaleur que perdent, d'après lui, les calorifères des gares; il chaufferait dans ces appareils des briques en terre qu'il substituerait à l'eau chaude dans les chaufferettes actuelles.

M. Macé a voulu éviter les raccordements des conduites d'air chaud; il se sert des tiges de tampon qu'il perce et relie par des tubes en caoutchouc aux tuyaux établis sous chaque véhicule.

M. Boccard place un calorifère dans un fourgon et, au moyen d'un ventilateur, envoie l'air chaud dans une canalisation placée sous les voitures.

M. Azéma propose un procédé analogue, mais il échauffe l'air en le faisant passer dans des tubes qui constituent la grille de la locomotive.

Le système de M. Mougey consiste à chauffer, par la vapeur d'échappement de la machine, une partie de l'eau du tender contenue dans un réservoir assez élevé, et à utiliser l'action de la pesanteur pour faire circuler l'eau chaude dans toute la longueur du train.

Quelques systèmes, moins théoriques que les précédents, ont donné lieu de notre part à des essais qui permettent de les juger définitivement.

Chauffage au moyen de la chaux vive éteinte. — M. Grange proposait d'employer, dans les chaufferettes ordinaires, de la chaux vive, éteinte au moment de placer les appareils dans les voitures : il disait que les Compagnies revendraient la chaux éteinte au même prix qu'elles auraient acheté la chaux vive.

Il est inutile d'insister sur cette combinaison économique, évidemment impraticable; d'ailleurs, nous avons constaté qu'une chaufferette remplie de chaux en pâte (3^{kg} de chaux vive et $0^{kg},760$ d'eau) et une chaufferette de même dimension remplie d'eau chaude ne se refroidissaient pas de la même manière. Le refroidissement allait plus vite pour la chaufferette à chaux que pour celle à eau, ce qui n'a rien de surprenant si l'on compare les capacités calorifiques respectives de la pâte de chaux et de l'eau proprement dite. Le système serait donc beaucoup plus coûteux que celui de l'eau chaude, et il serait également à rejeter en raison des difficultés et même des dangers que présente la manipulation de la chaux.

Le chauffage avec des lampes a été proposé par plusieurs inventeurs.

Système Lemeunier. — M. Lemeunier, dont l'appareil est en réalité un thermo-syphon de dimensions réduites, place sur le plancher une chaufferette métallique de $0^{m},02$ de hauteur qui communique avec une petite chaudière chauffée par une lampe solaire; tandis que MM. Faure et Cie reproduisent l'appareil de M. Chaumont (décrit page 144), en substituant deux lampes à huile aux becs de gaz.

Dans ces appareils, la consommation d'huile par compartiment et par heure serait de $0^{kg},270$ pour obtenir une température moyenne de 69° sur la chaufferette, soit une dépense de $0^{f},225$ pour chauffer une voiture de 3e classe pendant une heure.

Système Belleroche. — M. Belleroche, ingénieur au chemin de fer du Grand-Central Belge, chauffe de l'eau dans un réservoir et dans des tubes disposés dans la boîte à fumée et autour de la cheminée de la machine, puis, au moyen d'une pompe, il fait circuler cette eau dans des chaufferettes placées à demeure sur les voitures.

Quoique nous ne connaissions pas les résultats des essais entrepris par le Grand-Central Belge et promptement abandonnés du reste par cette Compagnie, ce système nous semble inadmissible en raison de sa complication.

Nous terminerons cet examen par le tableau suivant, dans lequel nous avons reproduit les divers modes proposés par ordre de dates et par groupe de systèmes, et nous accompagnerons cette énumération de quelques observations sommaires sur les impossibilités ou les difficultés d'application de chacun d'eux.

RÉSUMÉ DES DIVERS SYSTÈMES PROPOSÉS, AVEC L'EXAMEN CRITIQUE SOMMAIRE DE CHACUN D'EUX.

NOM de L'INVENTEUR	DATE de la PROPOSITION	OBJET	OBSERVATIONS auxquelles DONNERAIT LIEU L'APPLICATION de l'appareil
		Appareils de chauffage à air chaud.	
JAUREGUIBER	26 déc. 1873	Emploi des gaz chauds pris dans le foyer ou la boîte à fumée et refoulés dans toute la longueur du train par un tuyau en communication avec des chaufferettes placées dans chaque compartiment.	Ces dispositions, qui ne permettent pas de chauffer les voitures en stationnement, exigent un accouplement spécial entre les voitures, ce qui empêche l'introduction des véhicules étrangers dans les trains. En outre, la complication du système le rend extrêmement coûteux et impraticable.
BOCCARD	20 janv. 1875	Application d'un calorifère avec ventilateur sur le véhicule de tête du train et distribution de l'air chaud par une canalisation placée sous les voitures.	
RICHARD	26 juill. 1875	Système de chauffage consistant à placer, dans le plancher de chaque compartiment, deux petits fourneaux recouverts d'un simple tampon en fonte.	L'introduction des fourneaux allumés dans l'intérieur des voitures présente des dangers d'incendie et ne permet pas le renouvellement du combustible en cours de route. Aucune disposition ne s'oppose du reste à l'entrée des gaz de la combustion dans les compartimts.
OBLIN	24 août 1875	Système consistant à chauffer les voitures par de l'air chaud, dont la température est élevée dans des calorifères à vapeur placés sous les véhicules et alimentés par la machine au moyen d'une conduite courant le long du train.	L'emploi de calorifères à vapeur pour chauffer l'air est une combinaison inadmissible. Cet appareil présenterait du reste les inconvénients des précédents : obligation de mettre le train en marche pour assurer le chauffage et nécessité d'établir entre les voitures une communication spéciale.
MOULY	2 nov. 1875	Appareil basé sur les mêmes principes que l'appareil Mousseron.	Ce système présente tous les inconvénients des appareils

NOM de L'INVENTEUR	DATE de la PROPOSITION	OBJET	OBSERVATIONS auxquelles DONNERAIT LIEU L'APPLICATION de l'appareil
		Appareils de chauffage à air chaud. (*Suite.*)	
		Un tube rempli d'eau, dont la vapeur se répand dans les conduites de chauffage, est placé à l'intérieur du foyer pour restituer à l'air chaud ses qualités hygrométriques.	Mousseron avec des dispositions très-défectueuses.
GOUDARD	24 janv. 1876	Utilisation des gaz de la combustion pris dans la cheminée de la machine, et conduits le long du train par une conduite placée à l'intérieur de la voiture.	L'inventeur ne dit pas comment il conduit les gaz qu'il veut utiliser.
MAITRÉHUT	26 janv. 1876	Calorifère à air chaud placé dans un compartiment spécial au milieu du train, et en communication avec deux conduites de distribution qui parcourent toute la longueur du train.	Ce système exige l'introduction de véhicules spéciaux dans la composition des trains, et l'établissement d'un double système de raccords mobiles entre les véhicules. Il présente, avec de grandes complications, tous les inconvénients de l'air chaud.
PAPIN	27 janv. 1876	Emploi de la chaleur de la locomotive aspirée par une pompe placée dans le véhicule de queue, au moyen d'une conduite régnant dans toute la longueur du train.	La source de chaleur, ainsi que les moyens employés pour faire fonctionner la pompe, ne sont pas suffisamment déterminés par cet inventeur. Cet appareil ne chaufferait pas les voitures en stationnement et demanderait l'établissement de conduites mobiles entre les véhicules.
AZÉMA	28 janv. 1876	La grille de la locomotive est formée de tubes dans lesquels l'air doit s'échauffer; ces tubes sont en communication avec une pompe qui refoule l'air échauffé dans une conduite centrale qui parcourt toutes les voitures.	Les tubes formant la grille de la locomotive ne fourniraient qu'un mauvais tirage et seraient promptement hors de service. De plus, la marche du train est nécessaire pour le chauffage, et les voitures doivent être reliées entre elles par un accouplement spécial.

NOM de L'INVENTEUR	DATE de la PROPOSITION	OBJET	OBSERVATIONS auxquelles DONNERAIT LIEU L'APPLICATION de l'appareil
		Appareils de chauffage à air chaud. (*Suite.*)	
MACÉ	19 fév. 1876	Système de chauffage consistant en un serpentin dans lequel l'air extérieur trouve accès. Ce serpentin, placé dans la chaudière de la machine, aboutit à une double canalisation qui parcourt toute la longueur du train, en se contournant transversalement dans chaque compartiment, et revient directement jusqu'à la machine, où elle se termine par une pompe aspirante à portée du mécanicien. — La communication entre les voitures se fait par les tiges de tampon qui sont percées et reliées à la conduite établie sur chaque véhicule.	Cette disposition, d'une extrême complication, est inadmissible. La proposition de relier les conduites par les tiges de tampons ne supporte pas l'examen et est impraticable, vu la longueur variable des attelages pendant la marche.
		Appareils de chauffage avec combustibles agglomérés.	
D'HALLU	Fév. 1874	Chaufferette à agglomérés avec disposition spéciale pour assurer la sortie des gaz à l'extérieur.	Chaufferette se chargeant de l'intérieur du compartiment et présentant, par suite, la possibilité d'émanations nuisibles pour les voyageurs, ainsi que de nombreux risques d'incendie lors du chargement du combustible.
FOURNIER & THOUZET	12 juill. 1875	Chaufferette à agglomérés à chargement extérieur, alimentée au moyen de tablettes de charbon de petites dimensions placées dans six foyers répartis sur la surface de l'appareil.	Aparoil d'une construction très-délicate, qui donnerait lieu à des dépenses d'entretien très-élevées, et dont l'application exigerait un personnel nombreux, en raison de la multiplicité des foyers.

NOM de L'INVENTEUR	DATE de la PROPOSITION	OBJET	OBSERVATIONS auxquelles DONNERAIT LIEU L'APPLICATION de l'appareil
Appareils de chauffage avec combustibles agglomérés. (*Suite.*)			
FUCHEZ	8 sept. 1875	Chaufferettes à agglomérés dont le chargement se fait de l'intérieur des compartiments.	Disposition pouvant présenter des dangers d'incendie lors de la mise en place du combustible allumé. De plus, les produits de la combustion trouveront accès dans les compartiments, dès que les portes de fermeture des foyers seront gondolées par l'usage.
Appareils de chauffage avec la vapeur.			
D'HALLU	Janv. 1874	Emploi *d'une partie* de la vapeur de l'échappement de la locomotive, qui est distribuée dans toute la longueur du train par un tuyau de petit diamètre. Aucune disposition spéciale n'est indiquée.	L'emploi d'*une partie* de la vapeur d'échappement nuirait au tirage de la locomotive et créerait dans les cylindres une contre-pression qui affaiblirait la puissance du moteur. Cette disposition n'assurerait du reste le chauffage que dans les voitures placées près de la machine et ne permettrait pas de faire entrer dans la composition des trains les véhicules des Compagnies étrangères non munis de conduites et de raccords mobiles.
OBLIN	22 juill. 1874	Proposition d'un système de chauffage avec la vapeur tirée de la locomotive. La vapeur circule dans des bouillottes en tôle où elle se condense. L'eau est expulsée au moyen d'appareils à flotteurs.	Ce système, qui ne présente aucune idée nouvelle, nécessite, comme le précédent, l'emploi de raccords mobiles entre les véhicules.
AUDENIER	6 juill. 1875	Emploi de la vapeur ou de la chaleur perdue par la locomotive pour chauffer de l'air qui passerait dans les voitures par deux canalisations. Le refoulement de	Cet appareil ne chaufferait pas les voitures au repos et exigerait la réunion des véhicules par des raccords mobiles.

NOM de L'INVENTEUR	DATE de la PROPOSITION	OBJET	OBSERVATIONS auxquelles DONNERAIT LIEU L'APPLICATION de l'appareil
		Appareils de chauffage avec la vapeur. (*Suite.*)	
		l'air serait assuré par des hélices mises en mouvement par la marche du train.	
FRAICHET	31 août 1875	Appareil à vapeur établi sur les mêmes principes que les appareils allemands du même genre.	Cet inventeur n'a soumis aucune proposition qui permette d'apprécier son système.
MOUGEY	19 oct. 1875	Emploi d'une partie de la vapeur d'échappement, détournée avant son passage dans la tuyère et dirigée le long du train par une conduite avec raccords placés sous les véhicules. Chaque voiture est munie d'un appareil spécial dont la disposition n'est pas indiquée. Pour remplacer l'effet de la vapeur d'échappement sur le tirage, l'inventeur établit une manche à vent en communication avec le foyer et dans laquelle l'air est refoulé pendant la marche.	Les observations que nous avons faites ci-contre sur l'emploi de la vapeur de l'échappement s'appliquent également à ce système. L'établissement d'une manche à vent, destinée à activer la combustion, doit être rejeté en raison du travail supplémentaire du moteur résultant de la résistance de l'air à la marche du train.
GUITARD	7 déc. 1875	Appareil à circulation de vapeur, identique au système employé par la Compagnie des Charentes.	Déjà apprécié, page 155.
BILLARDEL	22 janv. 1876	Propose l'*idée* de chauffer les voitures avec la vapeur prise à la machine.	Aucune disposition particulière n'a été indiquée par cet inventeur.
BESSON	26 janv. 1876	« Utilisation de la chaleur perdue par la locomotive. »	D°

NOM de L'INVENTEUR	DATE de la PROPOSITION	OBJET	OBSERVATIONS auxquelles DONNERAIT LIEU L'APPLICATION de l'appareil
		Appareils de chauffage avec la vapeur. (*Suite.*)	
CAILLAT	5 fév. 1876	Chauffage par la vapeur de l'échappement.	Ces dispositions, qui consistent à employer la *totalité* de la vapeur de l'échappement, sont inadmissibles pour les raisons que nous avons déjà données : « Augmentation du travail du moteur, obligation de réunir entre eux tous les véhicules, et chauffage limité aux premières voitures du train. »
BROWN	6 mars 1876	D°.	(*Idem.*)
		Appareils de chauffage à eau.	
FARNAC	16 juill. 1872	Des chaufferettes sont mises en communication avec les boîtes des essieux dans lesquelles la graisse est remplacée par l'eau. — L'inventeur se propose « d'utiliser la chaleur produite par le frottement des essieux dans leurs boîtes. »	Disposition inadmissible, puisqu'elle suppose le chauffage permanent des fusées dans leurs boîtes.
THÉZARD	27 déc. 1873	Bouillottes fixes reliées entre elles dans chaque véhicule, et dont l'eau serait renouvelée au passage des trains dans les gares.	Ce système nécessiterait des arrêts de longue durée dans les gares, pour le renouvellement de l'eau des chaufferettes, et, en cas de détresse d'un train par un temps froid, les appareils seraient avariés par la gelée.
LEMEUNIER	16 nov. 1874	Appareil à circulation continue, « avec courant d'air et d'eau combinés, » et foyer extérieur à l'extrémité de la voiture.	Les documents fournis par l'inventeur ne permettent pas d'apprécier cet appareil.
GRY	28 déc. 1874	Bouillottes mobiles à enveloppe protectrice.	Disposition déjà étudiée et adoptée depuis longtemps, et qui présente d'ailleurs peu d'avantages contre le refroidisse-

NOM de L'INVENTEUR	DATE de la PROPOSITION	OBJET	OBSERVATIONS auxquelles DONNERAIT LIEU L'APPLICATION de l'appareil
		Appareils de chauffage à eau. (*Suite.*)	
			ment, d'après les expériences faites par la Compagnie de l'Est (Voir page 346).
MOUGEY	12 déc. 1875	Système consistant à chauffer, par la condensation d'une certaine quantité de vapeur prise à la machine, une partie de l'eau contenue au niveau supérieur du tender, et à utiliser l'action de la pesanteur pour faire circuler cette eau chaude dans toute la longueur du train.	Les voitures placées en tête du train seraient seules convenablement chauffées, indépendamment des inconvénients résultant de la jonction des véhicules.
OGÉ	5 mars 1876	Chaque compartiment reçoit, sous l'un de ses siéges, une caisse métallique en communication par une conduite principale et des raccords mobiles avec tous les autres appareils d'un train. Ces caisses sont remplies d'eau chaude au départ, et l'eau est renouvelée aux intervalles convenables.	Cet appareil présente les mêmes inconvénients que le précédent et demandera de plus, dans les gares, pour le renouvellement de l'eau des bouillottes, des arrêts dont la durée est inadmissible.
		Appareils de chauffage divers.	
GRANGE	Nov. 1873	Emploi de la chaux vive que l'on éteint dans des bouillottes ordinaires au moment de garnir les voitures.	Système coûteux et inadmissible en raison des difficultés que l'on éprouve pour enlever la chaux de l'intérieur des chaufferettes, et des dangers que présente la manipulation de cette substance.
LEMEUNIER	17 déc. 1873	Chaufferette placée à demeure sur le plancher et en communication, à une de ses extrémités, avec	Appareil coûteux et demandant un très-nombreux personnel pour l'allumage et l'entretien

NOM de L'INVENTEUR	DATE de la PROPOSITION	OBJET	OBSERVATIONS auxquelles DONNERAIT LIEU L'APPLICATION de l'appareil
		Appareils de chauffage divers. (*Suite.*)	
		une petite chaudière chauffée par une lampe solaire.	des lampes. Pour obtenir une température suffisante, il faudrait employer des huiles ou essences minérales qui sont absolument à rejeter, vu les risques d'incendie.
Beaumont	24 juill. 1875	Utilisation de la chaleur produite par le frottement d'un cône en bois garni de chanvre, que le mouvement du train fait tourner dans une cavité de forme correspondante ménagée dans une chaudière, ou dans un calorifère à air chaud appliqué à chaque véhicule.	Le travail supplémentaire à développer par le moteur serait considérable et ne saurait être fourni par nos machines actuelles; de plus, les voitures ne seraient pas chauffées en stationnement.
Sequard & Doutreleau	31 juill. 1875	Ces inventeurs ont fait breveter l'*idée* de chauffer les voitures au moyen des lampes d'éclairage.	Les détails donnés par ces inventeurs ne permettent pas d'apprécier les dispositions de leur appareil.
Madaule	21 janv. 1876	Substitution de briques en terre réfractaire à l'eau employée actuellement dans les bouillottes.	La haute température à laquelle devraient être portées les briques réfractaires pour fournir un chauffage de quelque durée, présenterait de graves dangers pour les voyageurs.
Faure	26 janv. 1876	Chaufferette en saillie sur le plancher de chaque compartiment et chauffée par les produits de la combustion de deux lampes placées à l'extérieur et à chacune des extrémités.	Cet appareil, qui paraît une reproduction de l'appareil Chaumont, déjà décrit page 144, demanderait un personnel très-nombreux pour l'allumage et l'entretien des lampes. La dépense d'huile serait considérable.

TROISIÈME PARTIE

RÉSUMÉ GÉNÉRAL ET CONCLUSIONS

Cette partie se divise en deux chapitres :

CHAPITRE XI. — *Indication des dépenses de toute nature auxquelles donnerait lieu l'application à un réseau de chemins de fer déterminé, et en particulier au réseau des chemins de fer de l'Est, des divers systèmes de chauffage employés ou essayés sur les principaux chemins de fer du continent.*

CHAPITRE XII. — *Résumé général de ces Études. Examen critique des divers systèmes existants. Conclusion, en ce qui touche spécialement le réseau français.*

CHAPITRE XI

ESTIMATION DES DÉPENSES DE TOUTE NATURE AUXQUELLES DONNERAIT LIEU L'APPLICATION A UN RÉSEAU DE CHEMINS DE FER DÉTERMINÉ, ET EN PARTICULIER AU RÉSEAU DE LA COMPAGNIE DE L'EST, DES PRINCIPAUX SYSTÈMES DE CHAUFFAGE ÉTUDIÉS DANS LES PRÉCÉDENTS CHAPITRES.

Nous venons de donner, dans les chapitres précédents, la description détaillée des divers systèmes de chauffage essayés ou appliqués, soit sur les réseaux étrangers, soit sur notre propre réseau. En ce qui concerne les réseaux étrangers, nous avons accompagné cette analyse de tous les chiffres qu'il nous a été donné de recueillir, soit par des observations directes, soit par des renseignements fournis par les administrations elles-mêmes; mais il n'aura pas échappé au lecteur que ces chiffres sont fréquemment incomplets et sont loin de présenter le degré de concordance nécessaire. C'est précisément pour nous éclairer sur la valeur réelle des chiffres douteux que nous avons renouvelé, pour notre propre compte, des expériences directes dont nous avons également donné le détail et les résultats. Nous sommes maintenant en mesure d'indiquer ce que coûterait la mise en pratique de ces divers systèmes, en limitant cette indication à ceux d'entre eux qui peuvent seuls être considérés comme ayant quelque chance d'utilisation. Afin d'apporter dans cette partie importante de nos études toute la précision nécessaire, nous supposerons qu'on applique les divers systèmes de chauffage à un même réseau, et nous prendrons pour exemple le réseau de l'Est, tel qu'il existait au 1er janvier 1876; ce réseau, en y comprenant les lignes de banlieue et d'intérêt local, comporte une étendue de 2,248km et une recette totale de voyageurs de 34,729,000f.

Nombre de véhicules à munir d'appareils de chauffage. — Le nombre de voitures à voyageurs en service régulier ou en stationnement pour la formation des trains, dans les gares du réseau de l'Est (non compris la ligne de Vincennes), est :

1° *En semaine,*

De	155	voitures	de 1re classe,
	110	d°	mixtes,
	185	d°	de 2e classe,
	443	d°	de 3e classe.
	893	voitures	de toutes classes.

2° *Le dimanche,*

De	197	voitures	de 1re classe,
	130	d°	mixtes,
	255	d°	de 2e classe,
	581	d°	de 3e classe.
	1,163	voitures	de toutes classes.

Les appareils devant être montés sur un nombre de véhicules suffisant pour assurer le service régulier, la réserve, la réparation, etc., le nombre total des voitures à munir d'appareils doit, d'après les données du service de l'Exploitation, être de 1,916, se décomposant comme suit :

300	voitures	de 1re	classe,
230	d°		mixtes,
440	d°	de 2e	classe,
946	d°	de 3e	classe.
1,916	voitures	de toutes	classes.

Ligne de Vincennes. — Le matériel nécessaire pour le service actuel de la ligne de Vincennes est le suivant :

41	voitures	de 1re	classe,
174	d°	de 2e	classe,
24	d°	de 3e	classe.
239	voitures	de toutes	classes.

Répartition du matériel en circulation et en stationnement dans les gares. — Durée du chauffage. — Nous admettons que les voitures doivent être chauffées pendant six mois de l'année, du 15 octobre au 15 avril, période comprenant environ 156 jours de semaine et 26 dimanches.

Réseau de l'Est. — Les 893 véhicules circulant chaque jour de semaine dans les trains nous donnent par 24 heures :

61,575 heures de marche,
14,857 d° de stationnement.

Les 1,163 véhicules circulant le dimanche dans les trains nous donnent :

8,563 heures de marche,
19,349 d° de stationnement,

Soit, pour la durée du chauffage :

Heures de marche	6,575	×	156	=	1,025,700
	8,563	×	26	=	222,638
					1,248,338
Heures de stationnement.	14,857	×	156	=	2,317,692
	19,349	×	26	=	503,074
					2,820,766

Ligne de Vincennes. — Les véhicules circulant sur la ligne de Vincennes nous donnent, pour les 182 jours de chauffage :

96,825 heures de marche,
377,415 d° de stationnement.

Prix des diverses natures de combustibles. — Dans l'établissement de ces devis, nous adopterons, pour les différents combustibles, les prix de revient ci-après :

Coke de gaz	40f	les 1000kg.
Combustibles agglomérés . . .	300f	d°
Houille.	30f	d°

Ces diverses données préalables étant établies, nous allons faire le devis des dépenses de toute nature auxquelles donnerait lieu l'application, au réseau ci-dessus défini, des appareils de chauffage suivants :

1° Poêle.
2° Appareils à air chaud.
3° Chaufferettes avec combustibles agglomérés.
4° Chauffage à la vapeur.
5° Chauffage à circulation d'eau dans des chaufferettes fixes.
6° Chauffage avec chaufferettes mobiles ordinaires.

I. — Chauffage au moyen d'un poêle.

Dépenses d'installation. — Dans les conditions actuelles du matériel roulant des Compagnies françaises divisé en compartiments distincts, le chauffage au moyen de poêles est évidemment inapplicable aux voitures de 1re et de 2e classe. Nous ferons donc le devis d'établissement en le supposant appliqué exclusivement aux 3es classes, afin d'en déduire les éléments de dépenses qui nous serviront aux comparaisons ultérieures.

Un appareil convenablement étudié et construit dans de bonnes conditions pourrait être installé au prix de 250f dans nos voitures de 3e classe.

Nous aurons donc pour dépenses d'installation des appareils sur les 970 voitures de 3e classe nécessaires à l'exploitation :

970 × 250f = ...	242,500f »
Construction d'abris pour le combustible et outillage des gares faisant le service des trains chauffés :	
82 installations au prix moyen de 500f l'une.	41,000 »
Total général des dépenses de première installation.	283,500f »

Dépenses annuelles. — Combustible. — En adoptant pour moyenne d'exploitation les consommations de combustibles suivantes :

Par heure et par voiture en circulation, 1kg,300 de houille,

Par heure et par voiture en stationnement, $0^{kg},800$ de houille,

Nous aurons pour consommation totale de combustible pendant la saison du chauffage :

574,943 heures de circulation
à $1^{kg},300$ . . . . = $747,425^{kg},9$
658,242 heures de stationnement à $0^{kg},800$. . . . . . . = 526,593 ,6

1,274,019 ,5

Soit 1,274 tonnes de houille à 30 fr. . . 38,220f »

Matières nécessaires à l'allumage des poêles : $0^{f},05$ par appareil et par allumage.

Pour la saison du chauffage. 11,514 30

Personnel. — D'après nos évaluations, le personnel nécessaire au chauffage et les dépenses qui en résultent se décomposent comme suit :

Agents spéciaux du service de jour, 30 }
Agents spéciaux du service de nuit, 15 } 45 à $3^{f},75$ = $168^{f},75$

Hommes d'équipe détachés pour le service du chauffage au passage des trains dans les gares.
290 heures à $0^{f},30$ = 87 »

Frais de main-d'œuvre pour 24 heures. . . . . $255^{f},75$

Soit pour la saison du chauffage. . . . 46,546 50

A reporter. 96,280f 80

Report.	96,280f 80
Entretien des appareils. — Nous admettons que la durée des appareils est limitée à dix années. Nos dépenses d'entretien seront alors très-réduites, car les appareils placés à l'intérieur des voitures sont efficacement protégés contre les intempéries atmosphériques. Nous évaluerons donc la dépense annuelle à 30f par voiture, ce qui nous donnera pour la dépense totale d'entretien la somme de.	29,100 »
Intérêt et amortissement du capital de première installation. — Le capital de première installation devant être amorti en 10 années exige une annuité de.	36,713 20
Total général des dépenses prévues. . . .	162,094f »
Dépenses imprévues, destruction et avaries des appareils par accident, déchets de combustible, etc.	12,906 »
Total général des dépenses annuelles. . .	175,000f »

II. — Appareil a air chaud, système Mousseron.

De tous les appareils à air chaud essayés en France et à l'étranger, l'appareil Mousseron étant celui qui nous semble le plus perfectionné, c'est celui-là même que nous avons dû prendre comme type pour l'évaluation des dépenses qui se rapportent à ce mode de chauffage.

Dépenses d'installation. — Nous admettrons comme dépenses de construction et d'installation des appareils les chiffres ci-dessous, établis d'après les prix de revient des appareils que nous avons construits :

App. à chauff. pour voitures de	1re classe et mixtes	—	700f
—	—	2e	—	— 800f
—	—	3e	—	— 900f

Les frais de première installation consisteront donc en :

341	app. pr voit. de 1re classe	à 700f = 238,700f	
230	— mixtes	à 700f = 161,000f	
614	— 2e classe	à 800f = 491,200f	
970	— 3e —	à 900f = 873,000f	
2155	app. pr une dépense totale de	1,763,900f	1,763,900

Constrution d'abris pour le combustible et outillage des gares faisant le service des trains chauffés :

82 installations au prix moyen de 500f l'une, 41,000

Total général des dépenses de 1re installation, 1,804,900

Dépenses annuelles. — Combustible. — Il résulte de nos expériences que l'on peut considérer comme moyennes d'exploitation les consommations suivantes :

Par hre et par voiture en circulation . . 1kg,660 coke de gaz
— . . . . stationnement 1kg,100 —

Dans notre devis nous admettons que les foyers doivent être éteints pendant le stationnement des voitures ; mais en raison du service spécial de la ligne de Vincennes, nous avons supposé que les véhicules qui circulent sur cette partie du réseau conservent leurs foyers constamment allumés pendant 18 heures, durée du service journalier.

Cependant nous compterons une heure de consommation en gare par foyer pour la durée des opérations d'extinction.

De plus, il est nécessaire de faire l'allumage deux heures avant le départ des trains à cause de la lenteur du chauffage dans les voitures au repos.

Nous aurons donc, pour chaque voiture mise en circulation et pour chaque train dont elle fait partie, 3 heures de consommation en stationnement (1).

Le nombre total de véhicules chauffés que doivent fournir les diverses gares du réseau, pour la formation de tous les trains, est en moyenne de 2,505 par période de 24 heures.

La consommation de combustible pendant la saison entière du chauffage sera donc :

1,345,163^{h} de marche à 1^{kg},660 = 2,232,970^{kg}
1,602,640 — stat^{t} à 1^{kg},100 = 1,762,904^{kg}

Consommation pour l'ensemble du réseau. . . . . 3,995,874^{kg}

Soit 3,996 tonnes de coke de gaz à 40^{f}. . 159,840^{f} »

Matières nécessaires à l'allumage des foyers : 0^{f},05 par appareil et par allumage.

Pour la saison du chauffage. 22,795 50

Personnel. — Dans les conditions de fonctionnement que nous venons d'énumérer, le

A reporter. . . . . 182,635^{f} 50

(1) Il reste à apprécier s'il ne sera pas quelquefois préférable de maintenir les foyers en feu pendant le stationnement, car, dans certains cas, les frais de main-d'œuvre pour l'extinction et l'allumage pourront excéder la dépense de combustible de l'appareil au repos.

Report. 182,635f 50

personnel nécessaire au service des appareils consistera en :

68 agents spéciaux du service de jour,
30 — nuit.
98
au prix moyen de 3f,75 = ... 367f,50

Hommes d'équipe détachés pour le service du chauffage au passage du train dans les gares, 567 hes à 0f30 = 170f,10

Frais de main-d'œuvre pour 24 h. . 537f,60

Soit pour la saison du chauffage 97,843 20

Entretien des appareils. — Les appareils étant supposés complètement hors de service dix années après leur installation, l'entretien annuel ne consistera qu'en réparations de peu d'importance dont le montant peut être fixé à 40f par voiture.

La dépense totale d'entretien s'élèvera donc pour chaque année à. 86,200

Intérêt et amortissement du capital de première installation. — Le capital de première installation, devant être amorti en dix ans, exige une annuité de. 233,734 55

Total général des dépenses prévues. . . . 600,413f 25

Dépenses imprévues, destruction et avaries des appareils par accident, déchets de combustible, etc. 29,586 75

Total général des dépenses annuelles. . . 630,000 »

III. — Appareil a combustibles agglomérés.

Dépenses d'installation. — D'après nos évaluations, les dépenses de construction des appareils, les frais de montage et de rehaussement des caisses des voitures, s'élèveraient aux chiffres suivants pour nos diverses séries de véhicules :

Voitures de 1re classe et mixte		(3 chaufferettes)	— 480f
—	2e —	(4 chaufferettes)	— 630f
—	3e —	(5 —)	— 780f

Les frais d'établissement des appareils sur les voitures nécessaires au service se résumeront donc ainsi :

341	voitures de 1re classe	à 480f	=	163,680f	
230	— mixtes	à 480f	=	110,400f	
614	— 2e classe	à 630f	=	386,820f	
970	— 3e —	780f	=	756,600f	
2,155	appareils pr une dép. totale de			1,417,500f	1,417,500

Construction de hangars pour l'allumage et d'abris pour le combustible, frais de construction et d'installation des fourneaux d'allumage, établissement du petit matériel pour le transport des briquettes allumées, etc.

Dépense moyenne : 1,200f.

Pour les 82 gares faisant le service des trains chauffés 98,400

Total général des dépenses de 1re installation 1,515,900f

Dépenses annuelles. — Combustible. — Nous pensons que d'après les progrès faits journellement dans la fabrication des combustibles agglomérés, le prix moyen des briquettes peut être évalué à 30f les 100kg et la consommation fixée à 0kg,300 par heure pour les deux foyers nécessaires à chaque compartiment (1).

Nous considérons cette consommation comme assez élevée pour admettre qu'elle comprend les déchets résultant de la friabilité du combustible.

Dans l'établissement de notre devis, nous supposons que pour le réseau de l'Est les voitures seront chauffées une heure avant le départ, et que les foyers des voitures de 1re et de 2e classe de la ligne de Vincennes resteront allumés pendant 18 heures.

Nous aurons ainsi pour la saison entière du chauffage :

1° Voitures en circulation.

1res classes et mixtes (3 appareils)	440,986h	de chauffage
2es classes — (4 —)	552,268h	—
3es classes — (5 —)	582,372h	—
	1,575,626h	de chauffage.

Ces chiffres, comparés au nombre d'appareils montés sur les voitures de 3e classe, nous donnent :

(1) Nous rappellerons que les chemins de fer allemands nous ont indiqué les consommations suivantes de combustibles agglomérés par compartiment et par heure :

Berlin-Anhalt	0kg,255
Berlin-Potsdam-Magdebourg	0kg,200 à 0kg,250
Hanovre	0kg,250 à 0kg,390
Alsace-Lorraine	0kg,333

1res classes et mixtes	440,986 × 3 =	$1,322,958^{h}$
2es classes —	552,268 × 4 =	2,209,072
3es classes —	582,372 × 5 =	2,911,860
		$6,443,890^{h}$

La consommation pour le chauffage des voitures en circulation sera donc de :

$6,443,890^{h} \times 0^{kg},300 = 1,932,167^{kg}$

Auxquels il y a lieu d'ajouter $1/10^{e}$ de la consommation ci-dessus pour perte de combustible résultant de l'obligation de l'emploi d'un type unique de briquettes	$193,216^{kg}$ 70
	$2,125,383^{kg}$ 70

2° *Chauffage des voitures avant le départ.*

Le nombre total de véhicules que doivent fournir les gares est, en moyenne, de 2,505 par période de 24 heures.

Ces 2,505 véhicules se répartissent ainsi :

Voitures de 1re classe et mixtes	743
— 2e classe	519
— 3e classe	1,243

Le chauffage de ces voitures avant le départ des trains occasionnera alors pour 24 heures, et proportionnellement au nombre d'appareils installés dans chaque classe, la consommation suivante :

Voit. de 1re cl. et mixtes.	743 × 3 × 0^{kg},300 =	668^{kg},700
— 2e cl.	519 × 4 × 0^{kg},300 =	622^{kg},800
— 3e cl.	1,243 × 5 × 0^{kg},300 =	$1,864^{kg}$,500
		$3,156^{kg}$,000

Et, pour les 182 jours de chauffage :

$$3{,}156^{k} \times 182 = 574{,}392^{kg}.$$

La consommation de combustible se résume donc ainsi :

Chauff^{ge} des voit. en circul^{on}.	2,125,383^{kg},70
— avant le départ.	574,392^{kg}
	2,699,775^{kg},70

Soit 2,700 tonnes à 300^{f}............. 810,000 »

Allumage des briquettes.

Les 2,505 véhicules entrant chaque jour dans la composition des trains comprennent un chiffre total de 10,520 compartiments dont les foyers doivent être allumés une fois par 24 heures.

Nous admettons que la briquette placée dans chacun des foyers exigera pour son allumage 5 litres de gaz ou 1^{gr},5 de pétrole.

Le prix de revient du gaz étant de 0^{f},30 le mètre cube et celui du pétrole de 1^{f} le kilogramme, nous aurons comme dépense journalière :

$$10{,}520 \times 2 \times 0{,}0015 = 31^{f}{,}56$$

Et pour la saison du chauffage........ 5,743 95

Personnel. — Nous considérons que toutes les opérations qui précèdent et qui suivent la mise en place des briquettes exigent un temps moyen de six minutes pour les deux foyers de chaque chaufferette.

Le personnel nécessaire aux diverses

A reporter. . . . . . 815,743^{f} 95

Report. 815,743f 95

gares du réseau pour le chauffage des voitures par les chaufferettes à combustibles agglomérés, se décomposera alors ainsi :

44 Agents spéciaux du service de jour
5 — nuit
49

Au prix moyen de 3f,75 = . . . 183f,75

Hommes d'équipe détachés pour le service du chauffage, 600 heures à 0f,30 = ... 180 »

Frais de main-d'œuvre pour 24 h. 363f,75

Soit pour les 182 jours de chauffage. . . 66,202 50

Entretien des appareils. — Comme dans les devis précédents, nous fixons la limite de durée des appareils à dix années, et nous estimons alors que les dépenses annuelles d'entretien, ne consistant qu'en petites réparations et dans le renouvellement des paniers à combustibles, ne dépasseront pas 10f par chaufferette.

Nous aurons donc pour les trois classes de voitures :

1res classes et mixtes (3 appareils)
571 × 3 × 10f = 17,130f
2mes — (4 app.) 614 × 4 × 10f = 24,560f
3mes — (5 app.) 970 × 5 × 10f = 48,500f

Dépense totale d'entretien. . . 90,190f 90,190 »

A reporter. 972,136f 45

Report.	972,136f 45
Intérêts et amortissement du capital de première installation. — Le capital de première installation, devant être amorti en dix années, exige une annuité de.	196,309 05
Total général des dépenses prévues. .	1,168,445f 50
Dépenses imprévues, destruction et avaries d'appareils par accident, déchets et excédants de combustible.	21,554 50
Total général des dépenses annuelles	1,190,000f »

IV. — Appareil a circulation de vapeur.

Dépenses d'installation. — D'après nos appréciations, le prix moyen d'établissement et d'installation des appareils sur nos différents types de véhicules s'élèverait aux chiffres suivants :

Voitures de 1re classe et mixtes (6 tuyaux de chauffe et appareils de réglage)	600f
Voitures de 2e classe et mixtes (8 tuyaux de chauffe et appareils de réglage)	750f
Voitures de 3e classe (10 tuyaux de chauffe sans appareil de réglage).	800f

La dépense d'application des appareils sur le matériel à voyageurs nécessaire au service se décomposera donc en :

341	voites	de 1re classe	à 600f	= 204,600f
230	—	mixtes	à 600f	= 138,000f
614	—	de 2e classe	à 750f	= 460,500f
970	—	de 3e classe	à 800f	= 776,000f

2,155 app. pour la somme de *(à reporter)*. 1.579,100f »

Report. . . . . . . 1,579,100f »

D'après le roulement que nous avons établi, le chauffage de tous les trains du réseau exigera l'établissement de 134 chaudières spéciales.

Le service des trains facultatifs, la réserve pour les trains imprévus et les réparations, demanderont un supplément de 28 appareils, ce qui portera le nombre total des chaudières à 162.

Ces chaudières devront être installées dans des véhicules spécialement construits pour les recevoir, et dont elles occuperont environ un tiers de la surface.

Le prix de revient de chaque chaudière se résumera donc comme suit :

Dépense de construction et d'installation. 2,500f

Un tiers du prix de revient du véhicule. 2,000f

4,500f

L'établissement des 162 chaudières nécessaires au service demandera donc une dépense totale de . . . . 729,000f »

Installation de magasins à combustible dans 82 gares à 100f l'un. . . . . 8,200f »

Total général des dépenses de première installation . . . . 2,316,300f »

Dépenses annuelles. — Combustible. — Nous admettrons

qu'en exploitation la consommation ne dépassera pas 2^{kg} de houille par voiture et par heure.

Nous supposerons que le chauffage des voitures commencera deux heures avant le départ des trains, et que la consommation de combustible en stationnement pour les 2,505 véhicules qui partent chaque jour des diverses gares du réseau sera de :

1^{kg} par voiture pour la première heure d'allumage,
2^{kg} — deuxième — ,

Soit 3^{kg} par voiture et par chaque départ.

Nous aurons donc pour consommation de combustible pendant la saison du chauffage :

(1) 1,575,626 heures de chauffage de voitures en marche à 2^{kg}. . . . . = $3,151,252^{kg}$

911,820 heures de chauffage de voit. en stationn^{t} à $1^{kg},5$ = $1,367,730^{kg}$

$4,518,982^{kg}$

Soit 4,519 tonnes de houille à 30^{f} . . . $135,570^{f}$ »

Eau. — En admettant que 1^{kg} de houille vaporise 4^{kg} d'eau, la consommation totale pour la durée du chauffage s'élèvera à $18,076^{m3}$ à $0^{f},10$, soit une dépense de . . $1,807^{f}$ 60

Dépenses accessoires des chaudières.

Fagots d'allumage, huile, graisse, entretien et renouvellement du petit outillage, balais, etc.

A reporter . . . . . . $137,377^{f}$ 60

(1) Ce chiffre comprend les heures de stationnement du matériel de Vincennes supposé chauffé constamment en raison de son service spécial.

Report.	137,377f 60
0f,20 par jour et par chaudière pour la durée du chauffage.	5,387f 20

Personnel. — En fixant à dix heures sur vingt-quatre la durée moyenne du service des chauffeurs de route, le nombre de ces agents nécessaires pour assurer le roulement journalier sera de 183.

Le salaire des chauffeurs de route, y compris l'indemnité de déplacement, étant de 6f par jour, la dépense quotidienne pour le personnel de route s'élèvera à :

$$183 \times 6 = 1{,}098^{f}$$

Nous admettons en outre que le départ de chaque train nécessitera la présence d'un homme d'équipe pendant les deux heures qui précèdent le départ.

Le nombre des trains étant d'environ 412 par vingt-quatre heures, nous aurons pour dépense du personnel à poste fixe :

$$412 \times 2 \times 0^{f},30 = 247^{f},20.$$

Les frais de personnel se résument donc ainsi pour la saison du chauffage :

Personnel de route . . .	199,836f »	
— à poste fixe. .	44,990f 40	
	244,826f 40	244,826f 40

Entretien des appareils. — La durée des appareils étant limitée à dix années, nous

A reporter.	387,591f 20

Report.	387,591f 20
pouvons admettre que les frais annuels d'entretien ne dépasseront pas 65f par voiture, en comprenant dans cette somme le renouvellement des conduits en caoutchouc qui établissent la communication entre les véhicules.	
Dans les mêmes conditions de durée, l'entretien des chaudières ne consistera que dans leur nettoyage complet, la réfection des joints et le renouvellement des grilles, et nous pensons que la dépense annuelle n'excédera pas 80f.	
Nous aurons donc, comme frais d'entretien :	
2,155 appareils de voitures à 65f 140,075f	
162 chaudières à 80f. 12,960f	
Dépense totale . . . 153,035f	153,035f »
Intérêt et amortissement du capital de première installation. — Le capital de première installation, devant être amorti en dix années, exige une annuité de	299,960f 85
Total général des dépenses prévues . .	840,587f 05
Dépenses imprévues, destruction et avaries des appareils et des chaudières par accidents, déchets et excédants de combustible	34,412f 95
Total général des dépenses annuelles. .	875,000f »

V. — Appareil à circulation d'eau.

Dépenses d'installation. — D'après les prix de revient que nous avons établis, les frais de construction et d'installation des appareils s'élèveraient à :

550f pour les voitures de 1re classe et mixtes,
650f — 2e classe,
720f — 3e classe.

La dépense de première installation, pour tout le réseau de l'Est (y compris la ligne de Vincennes), se décomposera donc ainsi :

341 voitures de 1re classe à 550f = 187,550f				
230 — mixtes à 550f = 126,500f				
614 — de 2e classe à 650f = 399,100f				
970 — de 3e classe à 720f = 698,400f				
2,155 appareils pour une dépense totale de.	1,411,550f		1,411,550f	»
Construction d'abris pour combustible et outillage des gares faisant le service des trains chauffés :				
82 installations au prix moyen de 500f l'une.			41,000f	»
Total général des dépenses de première installation			1,452,550f	»

Dépenses annuelles. — Nous avons établi qu'il était préférable, au point de vue de l'économie de la main-d'œuvre, d'un chauffage convenable et surtout pour éviter tout risque de congélation, de maintenir les foyers constamment allumés pendant la saison du chauffage.

Nous admettons donc l'entretien continu des foyers, et, dans ces conditions, nous avons déterminé les consommations de combustible et le personnel nécessaires au service du chauffage.

Combustible. — Les consommations de $1^{kg},400$ à l'heure par voiture en marche et de $0^{kg},800$ par voiture en stationnement, que nous considérons comme moyennes d'exploitation, étant admises, nous aurons pour la saison entière du chauffage :

$1,345,163^{h}$ de marche à $1^{kg},400$ = $1,883,228^{kg},2$
$3,198,181^{h}$ de station^{t} à $0^{kg},800$ = $2,558,544^{kg},8$

$4,441,773^{kg},0$

Soit 4,442 tonnes de coke de gaz à 40^{f} . . $177,680^{f}$ »

Personnel. — Le personnel nécessaire au service du chauffage se résume ainsi :

71 Agents spéciaux du service de jour.
48 d° de nuit.

119

Au prix moyen de $3^{f},75$ = . . $446^{f},25$

Hommes d'équipe détachés pour le service du chauffage au passage des trains dans les gares, 578^{h} à $0^{f},30$ = ... 173,40

Frais de main-d'œuvre pour 24^{h} $619^{f},65$

Soit, pour toute la saison du chauffage,

$619^{f}65 \times 182$ = ... 112,776 30

A reporter. . . . . . $290,456^{f}$ 30

Report.	290,456f	30
Entretien des appareils. — En limitant à dix années la durée des appareils, l'entretien actuel ne consistera qu'en de légères réparations et dans le remplacement de quelques pièces détériorées par le feu. Les frais d'entretien peuvent alors être évalués à 50f par voiture, ce qui occasionnera une dépense totale de : 2,155 × 50f = ...	107,750	»
Intérêt et amortissement du capital de première installation. — Le capital de première installation, devant être amorti en dix années, exige une annuité de.	188,105	25
Total général des dépenses prévues. . .	586,311	55
Dépenses imprévues, destruction et avaries d'appareils par accident, excédants et déchets de combustibles.	33,688	45
Total général des dépenses annuelles. .	620,000	»

VI. — Chaufferettes mobiles a eau chaude.

Dépenses d'installation. — 1° *Bouillottes.* — D'après les conditions actuelles du chauffage de nos voitures de 1re classe, le nombre de chaufferettes nécessaires pour assurer le service dans les gares, ainsi que pour faire face aux besoins de la réserve centrale et au remplacement des appareils en réparation, est de deux par compartiment.

Si nous admettons ce même chiffre pour le chauffage des voitures des trois classes, nous trouvons que les 1,916 véhicules nécessaires à l'exploitation du réseau principal exigent 16,160 chaufferettes, et que les 239 voitures de la ligne de Vincennes nécessitent 1,960 chaufferettes, soit pour l'ensemble du réseau un chiffre total de 18,120 appareils, entraînant, au prix de 18f la chaufferette, une dépense de. . . . . 326,160f »

2° *Chaudières.* — Dans ce devis, nous supposons que l'on adopte la chaudière Field, à air libre, qui nous paraît devoir donner de bons résultats comme rapidité de production et économie de combustible.

L'examen de l'importance du service dans les 72 gares du réseau (Est et Vincennes) où s'effectueront la préparation des trains et le renouvellement des chaufferettes, nous conduit à installer :

42 chaud. d'un vol. d'eau utilisable de 1,000 litres au prix de 1,415f. . .	59,430f	
33 chaud. d'un vol. d'eau utilisable de 500 litres au prix de 900f. . . .	29,700	
14 chaud. d'un vol. d'eau utilisable de 250 litres au prix de 685f. . . .	9,590	
6 chaud. d'un vol. d'eau utilisable de 120 litres au prix de 510f. . . .	3,060	
Soit 95 ch. pr une dépense tot. de	101,780f	101,780 »

3° *Dépenses d'installation dans les gares.* — L'établissement des conduites d'eau,

A reporter. . . . . . 427,940f »

Report.	427,940f	»
les frais d'installation des chaudières, la construction d'abris ou l'appropriation des locaux pour les chaudières et les bouillottes, etc., s'élevant en moyenne à 3,000f dans chaque gare, monteront à la somme totale de.	216,000	»
4° *Petit matériel.* — Chaque gare doit posséder 2 chariots pour le transport des bouillottes, soit pour 144 chariots, au prix de 90f l'un, une dépense de.	12,960	»
Total général des dépenses de 1re install.	656,900	»

Dépenses annuelles. — Combustible. — La consommation moyenne de combustible peut être évaluée à 50 grammes de houille par litre d'eau élevé à 100°, cette consommation comprenant les excédants de combustible nécessaires pour maintenir l'eau à une température convenable pendant les intervalles des trains.

La quantité d'eau chaude que devront fournir chaque jour les diverses gares du réseau s'élèvera à environ 300,000 litres.

Par 24 heures, la consommation de combustible sera donc de 15,000kg, soit pour la saison de chauffage, 2,730 tonnes qui, au prix de 30f, nous occasionneront une dépense de . . . . 81,900f »

Eau. — La consommation d'eau, étant de 300,000 litres par 24 heures, donnera pour les 182 jours de chauffage une dépense de 54,600 mètres cubes à 0f10, soit. . . .	5,460	»
A reporter.	87,360	»

Report . . . . 87,360ᶠ »

Personnel. — Nous avons fixé le personnel nécessaire au service d'après le nombre de bouillottes qui devaient être manutentionnées par chaque gare.

Le nombre d'agents nécessaires dans ce système de chauffage sera de 253 par 24 heures.

La dépense de personnel, au prix moyen de 3ᶠ,75 par agent, s'élèvera à 948ᶠ,75 par jour, et pour toute la durée du chauffage à 172,672 50

Entretien des appareils. — 1° *Chaufferettes.* — La durée moyenne des chaufferettes est de cinq années. Pendant ce temps de service, les dépenses annuelles d'entretien sont peu importantes et consistent en quelques réparations aux corps, dans l'étamage et le remplacement des bouchons obturateurs. On peut les évaluer à 1ᶠ,50 par appareil.

La dépense totale annuelle d'entretien sera donc de 18,000 × 1ᶠ,50 . . . . . . 27,000 »

2° *Chaudières et conduites d'eau.* — Les chaudières et conduites convenablement entretenues pourront être maintenues en service pendant quinze années, et leur entretien annuel entraînera à une dépense de 100ᶠ par installation.

A reporter 287,032ᶠ 50

Report.	287,032f	50
Pour l'ensemble du réseau, la dépense annuelle de ce chef sera de	7,200	»
3° *Chariots.* — Les chariots auront une durée moyenne de dix années et la dépense d'entretien annuelle de chacun d'eux sera de 15f, soit pour dépense totale une somme annuelle de.	2,160	»
Intérêt et amortissement du capital de première installation. — Le capital de première installation des chaufferettes, devant être amorti en cinq années, exige une annuité de.	75,310f	35
Le capital de premier établissement des chaudières, ainsi que les dépenses d'installation dans les gares, devant être amortis en quinze années, exigent une annuité de.	30,602f	20
Le capital de première installation des chariots, dont l'amortissement doit avoir lieu en dix ans, demande une annuité de .	1,678	30
Total général des dépenses prévues. .	403,983f	35
Dépenses imprévues	6,016	65
Total général des dépenses annuelles.	410,000f	»

Nous résumerons ce chapitre dans le tableau ci-contre qui présente, sous une forme synoptique, l'indication générale des dépenses de toute nature auxquelles donnerait lieu l'application, à un même réseau, des six principaux systèmes de chauffage essayés sur les chemins de fer.

TABLEAU RÉCAPITULATIF des Dépenses résultant de l'application, sur les lignes de la Compagnie de l'Est, des divers systèmes de chauffage des trains.

SYSTÈME DE CHAUFFAGE	DÉPENSES D'INSTALLATION	DÉPENSES ANNUELLES						
		COMBUSTIBLES et frais d'allumage	EAU	PERSONNEL	ENTRETIEN des appareils	INTÉRÊT et amortissement	DÉPENSES imprévues	TOTAL des dépenses annuelles
	fr. c.	fr. c.	fr. c.	fr. c.	fr. c.	fr. c.	fr. c.	fr. c.
Poêle *appliqué seulement aux voitures de 3e cl.* . .	283,500 »	49,734 30	»	46,546 50	29,100 »	36,713 20	12,906 »	175,000 »
Chaufferettes mobiles à eau chaude	656,900 »	81,900 »	5,460 »	172,672 50	36,360 »	107,590 85	6,016 65	410,000 »
Appareil à circulaton d'eau chaude dans des chaufferettes fixes	1,452,550 »	177,680 »	»	112,776 30	107,750 »	188,105 25	33,688 45	620,000 »
Appareil à air chaud (système Mousseron) . . .	1,804,900 »	182,635 50	»	97,843 20	86,200 »	233,734 55	29,586 75	630,000 »
Chauffage par circulation de vapeur.	2,316,300 »	140,957 20	1,807 60	244,826 40	153,035 »	299,960 85	34,412 95	875,000 »
Appareil à chaufferettes chauffées par combustibles agglomérés	1,515,900 »	815,743 95	»	66,202 50	90,190 »	196,309 05	21,554 50	1,190,000 »

En rapportant les dépenses totales indiquées dans le tableau précédent aux éléments caractéristiques d'un réseau quelconque, tels que longueur kilométrique, recettes des voyageurs, voiture-kilométrique, voyageur-kilomètre, il sera possible de tirer de ces chiffres des données générales qui pourront s'appliquer, sans trop d'erreurs, à tout autre réseau de chemins de fer. C'est ce que nous ferons dans le chapitre suivant, consacré à nos conclusions.

TABLEAU SYNOPTIQUE RÉSUMANT L'ÉTAT ACTUEL DES SOLUTIONS ESSAYÉES OU ADOPTÉES PAR LES DIVERS CHEMINS DE FER DE L'EUROPE POUR LE CHAUFFAGE DES VOITURES (AVRIL 1876)

Mode de chauffage	Allemagne	Autriche	Russie	Suède	Norvège	Suisse	Belgique	Hollande	Angleterre	Italie	France
Poêles montés dans les voitures.	[illegible]	[illegible]	[illegible]			[illegible]					[illegible]
Appareils à air chaud.	[illegible]	[illegible]				[illegible]	[illegible]				[illegible]
Appareils à combustibles agglomérés.	[illegible]	[illegible]			[illegible]		[illegible]	[illegible]	[illegible]		[illegible]
Chauffage à la vapeur.	[illegible]	[illegible]	[illegible]	[illegible]							[illegible]
Chauffage au gaz.							[illegible]				
Circulation d'eau chaude dans des appareils fixes (Thermo-Syphon.)	[illegible]						[illegible]				[illegible]
Chaufferettes mobiles à eau chaude (Bouillottes.)	[illegible]	[illegible]			[illegible]	[illegible]	[illegible]	[illegible]	[illegible]	[illegible]	[illegible]

CHAPITRE XII

RÉSUMÉ GÉNÉRAL DE CES ÉTUDES. — EXAMEN CRITIQUE DES DIVERS SYSTÈMES. — CONCLUSIONS, SPÉCIALEMENT EN CE QUI CONCERNE LE RÉSEAU FRANÇAIS.

Maintenant que nous avons terminé les études techniques auxquelles sont consacrés les chapitres précédents, nous allons tirer de cette sorte d'enquête générale, ainsi que des expériences auxquelles nous nous sommes livrés, les résultats pratiques et les conclusions qui s'en dégagent.

Commençons par jeter un coup d'œil d'ensemble sur la série des solutions adoptées ou tentées sur les divers chemins de fer européens. Pour faciliter cet examen, nous avons dressé le tableau ci-contre, qui donne le moyen d'embrasser la situation d'une manière en quelque sorte panoramique.

Ce tableau fait ressortir trois faits principaux qu'il nous paraît important de mettre en lumière.

Le nombre des solutions appliquées en Europe se réduit à sept. — On remarquera d'abord que le nombre des solutions adoptées ou tentées par les Administrations de chemins de fer n'est pas aussi multiplié qu'on aurait pu le supposer. Toutes ces Compagnies, qui exploitent plus de 100,000 kilomètres de chemins de fer répandus en

26

Europe dans les conditions les plus diverses, et qui ont évidemment étudié la question, chacune avec son programme et ses idées individuelles, toutes ces Compagnies ont été amenées, en quelque sorte fatalement, par la pente naturelle de la pratique des choses, à un nombre très-limité de systèmes. Elles ont écarté, soit d'instinct, soit à la suite d'études spéciales, ces solutions excentriques, quelquefois séduisantes au premier abord, dont nous avons parlé au chapitre X, et tous les systèmes essayés ou adoptés sur les chemins de fer du continent se réduisent à sept.

L'Angleterre s'en tient à la bouillotte d'eau chaude. — En second lieu, l'Angleterre, ce pays que l'on considère comme la terre classique du confortable, du bon sens et de la vie pratique, est restée complétement en dehors du mouvement qui s'est produit sur le continent. Malgré les rigueurs de leur climat, nos voisins s'en tiennent simplement à la boule d'eau chaude pour les premières classes, et quelquefois pour les secondes et troisièmes classes, mais à titre facultatif et moyennant payement par les voyageurs d'une légère indemnité. Les Chemins de fer anglais, consultés par nous, ont presque tous invariablement répondu « qu'ils « n'avaient fait aucune recherche ni aucune dépense pour « étudier d'autres appareils de chauffage, les boules à eau « chaude satisfaisant suffisamment leur clientèle. »

L'Allemagne et l'Autriche appliquent tous les systèmes. — C'est en Allemagne et en Autriche que le problème du chauffage des voitures a été poursuivi avec le plus d'ardeur. L'Allemagne du Nord s'est particulièrement distinguée dans ces recherches qui ont été poussées fort loin, dans lesquelles chaque Administration de chemins de fer a tenu à honneur de figurer et où des sommes considérables ont été dépensées. Mais, contrairement à une opinion assez généralement répandue dans le public français, la question n'est point résolue en Allemagne.

Le problème du chauffage en Allemagne en est toujours à la période des essais. — Les Administrations de chemins de fer désirent arriver à chauffer les voitures de toutes classes et ne négligent aucun effort pour y parvenir ; mais, en fait, *ces voitures ne sont pas toutes chauffées* : on en est encore, dans ce pays, à la période des tâtonnements et des essais. Ce qui le prouve suffisamment, ce sont les déclarations des Chemins allemands eux-mêmes, que nous avons déjà fait connaître, et que nous allons rappeler. On y verra que si certaines Administrations se déclarent complétement satisfaites du système qu'elles ont essayé ou adopté, d'autres au contraire trouvent que ce même système laisse subsister encore de nombreuses difficultés d'application. Tout d'abord, voici quelle est la conclusion des administrations allemandes au congrès tenu à Dusseldorff en 1874 : « De « ces nombreux systèmes de chauffage, en partie appliqués, « *en partie restés à l'état d'essais*, aucun n'a acquis jus- « qu'à ce jour une préférence marquée. » (*Voir*, dans les Pièces annexes, la traduction de ce document.)

Les chemins de fer royaux de la Westphalie déclarent que le chauffage au moyen de briquettes est le *meilleur pour les voitures divisées en compartiments*, tandis que l'Administration de l'Alsace-Lorraine nous écrit (page 31) « qu'elle n'étendra plus l'application de ce système, et « qu'elle fera l'essai du chauffage à la vapeur. Elle trouve « trop considérables les dépenses d'achat et de manipula- « tion du combustible aggloméré, et surtout elle a eu à « constater divers accidents provenant de l'installation de « l'appareil entre les pièces de bois du plancher. »

Le chauffage à la vapeur est très en faveur en Bavière, où il a été installé avec un très-grand soin et une parfaite intelligence des conditions à remplir. Mais ce mode de chauffage n'est point apprécié partout de la même manière. Ainsi la Direction des chemins de fer du Hanovre nous a écrit (page 30) : « En 1868 on a expérimenté le chauffage « par la vapeur sur deux trains-postes de Cologne à Ber- « lin. La vapeur était produite par une chaudière spéciale. « On a renoncé à ce système, à cause de la grande diffi- « culté de chauffer au degré convenable chaque comparti- « ment (*le plus souvent la chaleur s'élevait au point de « provoquer les plaintes des voyageurs*), de bien raccor- « der entre elles les conduites, d'obtenir promptement en- « fin des diverses Compagnies les voitures aménagées né- « cessaires pour la composition des trains express allant « de Cologne à Berlin. Les frais d'entretien et de premier « établissement étaient en outre *très-considérables*. »

La Compagnie des chemins de fer de Brunswick nous dit de son côté (page 86) : « On a abandonné définitive- « ment le chauffage à la vapeur, parce que la pose des « raccords entre les voitures retarde la composition des « trains et exige une main-d'œuvre coûteuse; enfin on dimi- « nue la puissance de traction de la locomotive, si l'on « prend à la chaudière la vapeur nécessaire au chauffage « des trains. »

D'autre part, la Direction des chemins de fer suédois ne se montre pas très-satisfaite, puisqu'elle s'exprime ainsi (page 127) : « Dans les trains mixtes la vapeur est fournie « par une chaudière spéciale, et dans les trains express « par la locomotive. *Pendant les deux derniers hivers, « qui ont été très-rigoureux, des accidents provenant « de l'engorgement des tuyaux* de conduite et de distri- « bution par de la glace ou par des morceaux de caout-

« chouc, ont souvent interrompu le service des appareils.
« De plus, des fuites de vapeur se sont souvent produites
« dans les raccords. »

Mais ce qui nous semble caractériser le mieux l'état d'indécision des esprits en Allemagne, c'est cette déclaration des Chemins de fer de l'Etat du grand-duché de Bade : « La « Direction a l'intention d'abandonner l'emploi des chauffe- « rettes à eau chaude, mais elle ne sait pas encore par quel « système de chauffage elle les remplacera. » (Page 79.)

Nous nous arrêtons dans ces citations; mais nous pourrions les multiplier encore, car, ainsi qu'on aura pu le constater à la lecture de la première partie de ce travail, il n'est pas un mode de chauffage essayé en Allemagne qui n'ait à la fois ses partisans et ses détracteurs. Et si nous insistons sur ces divergences d'opinion, ce n'est nullement, qu'on veuille bien le croire, par un stérile amour de critique, mais pour bien établir combien la question est difficile et combien elle est susceptible de diviser les esprits les plus sensés. Les Administrations allemandes sont de la plus entière bonne foi dans leurs objections comme dans leurs éloges, et elles méritent la reconnaissance de tous pour les efforts qu'elles ont tentés afin de résoudre un problème qui intéresse à un aussi haut degré le bien-être du plus grand nombre. Mais ce qui ressort bien clairement de ces aveux pleins de sincérité, c'est que le chauffage d'un train de chemin de fer, cette question si simple en apparence, sur laquelle chacun en France a, en quelque sorte, sa solution toute prête, est en réalité pleine de difficultés et de complications.

Quoi qu'il en soit, lorsqu'on examine dans leur ensemble les divers systèmes essayés, on reconnaît qu'ils se divisent en deux catégories. Les uns entraînent l'obligation d'établir entre les diverses voitures d'un train une canalisation continue; les autres, au contraire, s'appliquent séparément à chaque véhicule sans exiger entre eux aucune communication.

Dans les conditions actuelles de l'exploitation française, il faut rejeter tout système exigeant la solidarité des voitures. — Dès l'abord se pose cette question, en quelque sorte préjudicielle : *Les études faites par la Compagnie de l'Est sur les réseaux étrangers et sur son propre réseau ont-elles révélé quelques faits précis à l'appui d'un système ou d'un autre?*

Nous n'hésitons pas à répondre à cette question que dans la pratique la jonction des voitures présente les plus grandes difficultés. Les conduites de raccordement des chauffages à la vapeur sont munies, comme nous l'avons dit, de soupapes qui se lèvent automatiquement pour dégager ces conduites de l'eau de condensation. Ces soupapes sont des organes délicats donnant lieu à un entretien coûteux, et il est arrivé fréquemment qu'elles ne fonctionnaient pas et que les tuyaux de raccordement étaient dès lors exposés à tous les inconvénients de la congélation. Or, si un tuyau de jonction crève, non seulement la voiture à laquelle il appartient cesse d'être chauffée, mais toutes celles qui suivent sont instantanément privées de chauffage.

Nous ne pouvons guère admettre que le système essayé à la Compagnie des Charentes pendant les hivers de 1873-1874 et 1874-1875 puisse apporter un nouvel argument en faveur du principe de la solidarité des voitures; nous rappelons que les expériences tentées sur un petit nombre de voitures sont loin d'avoir donné de bons résultats, et que la Compagnie a complétement abandonné ce mode de chauffage pour les motifs fort sérieux développés à la page 172.

Quant au chauffage au gaz essayé sur une très-petite

échelle par les chemins de fer de l'État Belge, il présente cette particularité ingénieuse que la conduite générale qui amène le gaz pour l'éclairage des voitures sert en même temps à alimenter les becs établis sous les planchers, de sorte que le chauffage n'entraîne aucune sujétion spéciale, la communication entre les voitures étant assurée au préalable pour l'éclairage du train. Cette disposition rend la question du chauffage solidaire de celle de l'éclairage.

Malheureusement, cette question de l'éclairage par le gaz n'est point encore entrée dans une voie qu'il soit permis de considérer comme définitive et vraiment pratique. Le gaz distribué dans le train provient d'un réservoir unique placé dans un fourgon et est amené dans chaque voiture à l'aide de tuyaux fixes reliés entre eux par des raccords mobiles en caoutchouc. Mais l'Etat Belge n'a pas tardé à s'apercevoir qu'une telle disposition rendait absolument impossible le retrait ou l'addition d'une voiture en cours de route et, pour répondre à ce besoin impérieux de toute exploitation de chemins de fer, il a placé, de distance en distance, un certain nombre de voitures munies de réservoirs secondaires destinés à alimenter le train pendant la durée limitée des manœuvres. Cette disposition complique beaucoup le système : si la manœuvre dure trop de temps, les voitures séparées du réservoir principal sont subitement plongées dans l'obscurité. Aussi beaucoup d'Ingénieurs en Belgique pensent-ils que, si l'on veut éclairer les voitures au gaz, il faut, comme sur un certain nombre de chemins anglais, et sur le *Métropolitain* en particulier, munir chaque voiture d'un réservoir distinct et spécial. Dans ce cas, le principe de la jonction des voitures n'existe plus, et nous rentrons, au contraire, dans le principe opposé. L'éclairage au gaz est d'ailleurs extrêmement coûteux, et, si, à titre d'essai, il a été appliqué à un certain nombre de trains express, l'Etat Belge a reculé jusqu'à ce jour devant une application plus générale. Il n'est donc point permis de dire que les expériences tentées pour le chauffage par le gaz aient apporté des arguments en faveur du principe de la jonction des voitures. Nous rappelons d'ailleurs que les frais considérables d'installation et de consommation auxquels donne lieu le chauffage au gaz l'ont fait abandonner par l'Etat Belge après un petit nombre d'essais.

Déjà nous l'avons remarqué dans le cours de ce travail, et nous le répéterons encore : S'il s'agissait d'établir un chemin de fer dans un pays nouveau, avec un matériel neuf et créé en quelque sorte de toutes pièces, il serait possible de l'étudier en vue de la jonction des appareils de chauffage. Mais il n'en est point ainsi : le matériel des compagnies françaises doit être utilisé tel qu'il est, et ce matériel, provenant de Compagnies diverses fusionnées, est essentiellement variable dans sa construction, sa forme et ses dimensions. En outre, les exigences des relations internationales amenant dans les trains des voitures étrangères, belges, allemandes et italiennes, les voyageurs de long parcours demandent avec raison qu'on leur évite des transbordements, et on va maintenant, dans la même voiture, de Paris à Berne, à Bruxelles et à Vienne. Serait-il possible dès lors de relier toutes ces voitures en leur appliquant un mode de chauffage uniforme et une jonction continue? Comment réunir en un tout unique des éléments aussi hétérogènes?

D'autre part, à mesure que les réseaux s'étendent, de nouveaux embranchements viennent se greffer sur les lignes principales : ainsi, en comprenant les dernières concessions de la Compagnie de l'Est, par exemple, il y aura treize stations d'embranchement entre Paris et Avricourt, et seize entre Paris et Belfort. Chacun de ces embranchements apportera son contingent de voyageurs, et quelquefois ses voitures. De là de très-grandes difficultés à intercaler ces véhicules de toute provenance sans amener de solution de continuité dans un système de chauffage qui ne peut avoir d'efficacité que si tous les éléments qui le composent s'enchaînent sans interruption.

Certains Ingénieurs ont exprimé l'opinion que la communication entre les voyageurs et les agents d'un même train étant indiquée comme une des nécessités d'un avenir prochain, il fallait dès à présent étudier la question du chauffage au point de vue exclusif de la continuité des communications de toute nature.

L'idée serait certainement soutenable si, en même temps qu'on assure les communications des voyageurs, on assurait par les mêmes moyens la communication des appareils de chauffage ; mais il n'en est point ainsi.

Jusqu'à ce jour, du moins, les moyens de communication les moins imparfaits qu'on ait trouvés sont la corde qui unit les agents du train, en passant par-dessus toutes les voitures, ou les appareils électriques ; or, ces solutions n'ont rien de commun avec la continuité du chauffage. Vouloir établir *à priori* une corrélation obligatoire entre des choses absolument distinctes par leur nature, c'est superposer les difficultés sans en avancer la solution.

Enfin l'enquête à laquelle nous avons procédé sur les systèmes de chauffage essayés par les chemins de fer du continent, et dont le détail a été donné dans les précédents chapitres, peut se résumer par des chiffres qui semblent avoir une importante signification dans la question présente.

Sur cinquante-huit Administrations de chemins de fer qui ont fait des essais et appliqué des systèmes divers de chauffage, quarante-quatre ont choisi exclusivement des appareils distincts par voiture, et quatorze ont fait usage d'appareils exigeant la communication des véhicules. Observons, en outre, et c'est là le fait le plus important, qu'à l'exception des chemins de fer de l'Est Bavarois, de l'État Bavarois, de Charles-Louis de Gallicie et de l'État Suédois, aucune Administration de chemin de fer n'a admis *exclusivement* le système à communication.

Les Administrations des chemins de fer Rhénans, de l'Est de Prusse, du grand-duché de Bade, de Berlin-Hambourg, de la Haute-Silésie, de l'Empereur-Ferdinand du Nord et Nicolas de Russie, n'emploient ce système (chauffage à la vapeur) que pour les trains express composés de voitures de 1re et 2e classe; mais les voitures de 3e classe et les trains omnibus sont chauffés, soit par des poêles, soit par des chaufferettes à agglomérés, en un mot, par des appareils distincts pour chaque voiture. Or, le problème que nous poursuivons en France est surtout de chauffer les voyageurs de 2e et de 3e classe.

En dernière analyse, et quoiqu'il soit difficile d'établir sur la matière des principes absolus, nous résumerons ainsi la question : *Il résulte de l'examen des faits et des expériences tentées sur les divers chemins de fer du continent, qu'étant donnés le matériel actuel des chemins de fer et les conditions de l'exploitation en France, il faut chercher la solution du chauffage des voyageurs de 2e et de 3e classe en plaçant sur chaque véhicule des appareils indépendants.*

Ce premier point établi, et après avoir éliminé par ces discussions préalables les systèmes évidemment à rejeter, il nous reste à apprécier chacun des modes de chauffage qui se partagent actuellement, à des titres divers, la préférence des chemins de fer en Europe.

Pour procéder à cet examen, nous reprendrons les chiffres de dépenses de toute nature donnés page 399, en les rapportant aux principaux éléments de l'exploitation et du trafic, ce qui nous conduit au tableau ci-contre :

Tableau résumant les dépenses de toute nature auxquelles donnerait lieu l'application, à un même réseau (1), des divers systèmes de chauffage existants; dépenses rapportées aux éléments principaux de l'exploitation et du trafic.

SYSTÈME DE CHAUFFAGE	DÉPENSES DE PREMIER ÉTABLISSEMENT			DÉPENSES ANNUELLES	DÉPENSES TOTALES ANNUELLES DU CHAUFFAGE comprenant les frais de combustible, d'allumage, d'eau, de personnel, d'entretien des appareils, d'intérêt et d'amortissement du capital de premier établissement et les dépenses imprévues			
	DÉPENSES totales	rapportées à chaque voiture en service	rapportées à chaque kilomètre en exploitation	du chauffage	pour 1,000f de recettes-voyageurs	par voiture-heure	par voiture-kilomètre	par voyageur-kilomètre
	fr. c.	fr. c.	fr. c.	fr. c.	fr. c.	fr. c.	fr. c.	fr. c.
Poêle appliqué aux voitures de 3e classe seulement . .	283,500 »	292 26	126 11	175,000 »	9.209	0.30432	0.009879	0.001142
Appareil à air chaud (système Mousseron)	1,804,900 »	837 54	802 90	630,000 »	17.997	0.46827	0.014974	0.002726
Appareil à combustibles agglomérés	1,515,900 »	703 43	674 33	1,190,000 »	33.996	0.88474	0.028324	0.005149
Appareil à circulation de vapeur (système bavarois) . .	2,316,300 »	1,074 84	1,030 38	875,000 »	25.027	0.65052	0.020809	0.003784
Appareil à circulation d'eau chaude dans des bouillottes fixes	1,452,500 »	674 03	646 13	620,000 »	17.713	0.46094	0.014742	0.002686
Chaufferettes à eau chaude .	656,900 »	304 82	290 43	410,000 »	11.714	0.30483	0.009753	0.001772

(1) Réseau actuel des chemins de fer de l'Est.

Ce tableau nous semble devoir fournir des renseignements utiles pour tous les réseaux de chemins de fer, en ce sens qu'il permet de se faire une idée approximative des dépenses de toute nature auxquelles donnerait lieu l'application à un réseau quelconque des divers systèmes considérés. Ainsi, en supposant que l'effectif composant les voitures des cinq grandes Compagnies françaises soit nécessaire pour le service d'hiver et que toutes ces voitures soient chauffées, on arrive à dresser le tableau ci-contre. (Page 413).

Classification au point de vue de la dépense. — Nous rappelons d'ailleurs, pour compléter ces renseignements, que le chauffage d'un voyageur transporté à un kilomètre donnerait lieu pendant l'hiver et suivant ces divers systèmes aux dépenses suivantes.

PRIX DU CHAUFFAGE SUIVANT LES DIVERS SYSTÈMES POUR UN VOYAGEUR TRANSPORTÉ A UN KILOMÈTRE.

Combustibles agglomérés.	0f,005,149
Chauffage à la vapeur	0f,003,784
Chauffage à l'air chaud.	0f,002,726
Circulation d'eau chaude (thermo-syphon).	0f,002,686
Bouillottes mobiles.	0f,001,772
Poêles (3es classes seulement)	0f,001,442

Ces chiffres parlent suffisamment par eux-mêmes; ils donnent sur la question des dépenses tous les renseignements nécessaires. Nous allons donc examiner les conditions d'application de chaque système, en commençant par le plus coûteux.

Tableau indiquant les dépenses de toute nature auxquelles donnerait lieu l'application, sur les six grandes Compagnies françaises, des principaux systèmes de chauffage employés actuellement sur les divers chemins de fer de l'Europe.

DÉSIGNATION des COMPAGNIES	**Poêles** (3es classes seulement)		**Air chaud** (système Mousseron)		**Combustibles agglomérés**		**Circulaton de vapeur** (système bavarois)		**Circulation d'eau chaude** (Thermo-syphon de la Cie de l'Est.)		**Chaufferettes à eau chaude**	
	DÉPENSES		DÉPENSES		DÉPENSES		DÉPENSES		DÉPENSES		DÉPENSES	
	d'établissement	annuelles	d'établissement	annuelles	d'établissement	annuelles	d'établissement	annuelles	d'établissement	annuelles	d'établissement	annuelles
	francs	francs	francs	francs	francs	francs	francs	francs	francs	francs	francs	francs
Paris à Lyon	431.000	440.800	2.443.200	1.643.200	2.052.000	3.103.500	3.135.400	2.281.700	1.966.100	1.617.200	889.200	1.068.900
Orléans . . .	302.200	273.300	2.477.500	936.600	2.080.800	1.760.000	3.179.400	1.300.500	1.993.800	921.800	901.700	609.300
Nord	174.000	184.600	1.278.100	796.100	1.073.500	1.503.600	1.640.300	1.105.500	1.028.600	783.500	465.200	517.900
Ouest	229.200	187.700	2.078.800	913.800	1.746.000	1.725.900	2.667.800	1.268.900	1.672.900	899.300	756.600	594.400
Midi.	183.300	158.300	1.113.100	490.100	934.900	925.600	1.428.500	680.500	895.800	482.300	405.200	318.800
Est	283.500	175.000	1.804.900	630.000	1.515.900	1.190.000	2.316.300	875.000	1.452.500	620.000	656.900	410.000
Totaux. .	1.603.200	1.419.700	11.195.600	5.409.800	9.403.100	10.217.600	14.367.700	7.512.100	9.009.700	5.324.100	4.074.800	3.519.300

CHAUFFAGE AVEC COMBUSTIBLES AGGLOMÉRÉS.

Appréciation critique du chauffage avec combustibles agglomérés. — Ce mode de chauffage n'est admissible qu'à la condition de chauffer les pieds et non les siéges, ce qui exige le relèvement des caisses sur les châssis pour introduire de l'extérieur les chaufferettes munies de charbon. Malgré les progrès réalisés dans la fabrication des agglomérés, qu'on est parvenu à faire durer douze et quatorze heures, l'effet calorifique de ce combustible diminue rapidement, en raison de la couche croissante de cendre qui l'enveloppe et forme obstacle au rayonnement. La plupart des chemins allemands appuient sur les risques d'incendie que présentent ces boîtes à feu intercalées au milieu du plancher et sur les dangers d'asphyxie résultant d'un défaut dans l'étanchéité des parois. En outre, le charbon aggloméré coûte environ *300 francs la tonne*, et aussi longtemps que l'industrie ne sera pas parvenue à produire ce charbon dans des conditions vraiment économiques, c'est-à-dire à abaisser ce prix au quart de sa valeur actuelle, ce procédé ne nous semble appelé à prendre aucune part au chauffage des trains en France.

CHAUFFAGE A LA VAPEUR.

Examen critique du chauffage à la vapeur. — Le chauffage à la vapeur est appliqué, comme on l'a vu, de deux façons différentes : tantôt la vapeur est prise à la locomotive, tantôt elle est fournie par une chaudière spéciale installée dans un fourgon à bagages.

Le premier de ces systèmes semble, au premier abord, le plus avantageux : on utilise une source de chaleur qui existe déjà dans le train et, en confiant une partie du service du chauffage au mécanicien et au chauffeur de la machine, on limite l'augmentation de personnel; mais un examen plus attentif en révèle les sérieux inconvénients :

1° Il est nécessaire de commencer à chauffer les voitures une heure environ avant le départ des trains ; or, si on calcule la durée moyenne des trajets sur le réseau de l'Est, par exemple, et si on tient compte du temps nécessaire pour la mise en état des machines, on arrive à conclure que l'effectif des locomotives devrait être augmenté d'un cinquième pour assurer le service du chauffage, d'où résulterait une dépense de première installation considérable et dont on ne semble pas tenir compte en Allemagne.

2° Les voitures à voyageurs doivent toujours être placées immédiatement derrière le tender pour les raccorder à la prise de vapeur ; il est donc impossible d'appliquer ce système aux trains mixtes dans lesquels on place, pour la commodité du service, les voitures à voyageurs en arrière du train. Les règlements français prescrivent d'ailleurs d'atteler dans les trains mixtes les wagons chargés de rails immédiatement derrière le tender.

3° L'expérience a établi (*voir* page 49) qu'on ne peut chauffer efficacement au moyen de la vapeur prise à la locomotive plus de douze voitures, et en France, sauf sur les lignes secondaires, la composition des trains omnibus, et même des trains express, dépasse notablement ce nombre.

On ne peut donc songer à appliquer dans notre pays le chauffage à la vapeur qu'en employant des chaudières spéciales qui seraient placées au milieu des trains, et dont la production de vapeur suffirait au chauffage de vingt-quatre voitures.

Ce système de chauffage à la vapeur a l'avantage incontestable de posséder une grande énergie calorifique, de pouvoir être réglé suivant la température extérieure, en admettant que les appareils intérieurs mis à la disposition du public fonctionnent bien, de chauffer enfin un train entier au moyen d'un foyer unique entretenu pendant la marche même.

Ses inconvénients, plus nombreux et surtout plus importants que ses avantages, proviennent des risques que comporte incontestablement l'emploi des appareils à vapeur, de la communication obligée entre les voitures, déjà appréciée plus haut, et de la dépendance mutuelle des appareils. Résumons successivement ces divers points :

1° Les conduites de vapeur qui traversent les voitures doivent être très-bien construites, car, à la moindre fuite, les voitures se rempliraient de vapeur brûlante ; de plus, il est indispensable que l'on puisse régler l'admission de la vapeur dans les tuyaux de chauffe, ce qui exige une installation très-soignée et, conséquemment, fort coûteuse.

2° Les frais d'entretien sont également très-élevés ; les tuyaux de raccord en caoutchouc ne durent en moyenne que deux ans ; les joints doivent être souvent resserrés ; les divers robinets, les soupapes automatiques, les appareils de réglage ont besoin d'être fréquemment rodés et nettoyés.

3° Nous avons souvent constaté, sur les voitures allemandes amenées par le service international dans notre gare de Paris, que les appareils de réglage ne pouvaient pas fonctionner. Les personnes qui voyageaient en Allemagne dans ces voitures étaient donc exposées, suivant la situation du véhicule dans le train et la position des appareils de réglage, à avoir beaucoup trop chaud ou à n'être nullement protégées contre le froid, et probablement ce défaut d'entretien est-il l'origine des critiques nombreuses dirigées, en Allemagne même, contre le chauffage à la vapeur.

4° Du reste, les appareils à vapeur sont exposés à tous les accidents qui peuvent résulter de la congélation de l'eau dans les tuyaux, soit après la marche d'un train si l'on a oublié d'ouvrir tous les robinets, soit même pendant le trajet dans de grands froids, et en cas d'admission insuffisante de vapeur, comme on l'a éprouvé en Suède lors de l'adoption de ces appareils.

5° Le principal inconvénient qu'entraîne pour l'exploitation la communication entre les voitures, est l'impossibilité d'intercaler dans les trains, et dans telle position que l'on veut, des voitures de Compagnies étrangères non pourvues du même système de chauffage.

Dans un train chauffé à la vapeur, les appareils des diverses voitures dépendent les uns des autres, et tous de la chaudière. Que celle-ci manque, le train n'est plus chauffé; qu'un tuyau de conduite ou de raccord crève, et la vapeur ne peut plus pénétrer dans les appareils placés à l'arrière de la rupture.

6° Si l'on a, pendant de grands froids, à retirer une voiture d'un train ou à en ajouter une, on doit faire ces opérations avec une grande rapidité, sinon l'eau de condensation peut geler dans les appareils qui ne communiquent plus avec la chaudière.

7° En cas de déraillement ou de collision, une chaudière placée au milieu du train peut aggraver considérablement les suites de l'accident. Enfin, on multiplie les risques d'explosion, car le nombre des chaudières nécessaires pour chauffer tous les trains d'un réseau est considérable.

Les chemins Bavarois et celui de l'Est de Prusse font seuls une application très-étendue de ce système; mais cette application n'est pas encore *générale:* ainsi les voitures placées dans les trains de marchandises ne sont pas chauffées en Bavière; de son côté, l'Est de Prusse a repoussé ce chauffage pour les voitures circulant sur les lignes d'embranchement.

Les autres Administrations allemandes ne chauffent à la vapeur que certains trains-postes, de composition limitée et constante.

En résumé, ce système tend à se généraliser en Allemagne comme chauffage de luxe et pour améliorer le confortable des premières classes. En France, le but que nous poursuivons est tout autre; les rigueurs du climat n'exigent pas d'ailleurs un mode de chauffage aussi énergique, et le tempérament du voyageur se prêterait difficilement à des séjours prolongés dans un wagon dont la température intérieure dépasse généralement 20°. Tous les voyageurs français qui ont circulé dans les trains chauffés à la vapeur en rapportent une impression générale de malaise. En résumé, — et si l'on tient compte des objections que nous venons de récapituler, — on est conduit à conclure que ce mode de chauffage ne paraît pas approprié à l'exploitation des chemins de fer français.

CHAUFFAGE A L'AIR CHAUD.

Examen critique du chauffage à l'air chaud. — Nous avons expérimenté un grand nombre d'appareils à air chaud et nous en avons donné la description détaillée;

nous résumerons comme suit le résultat de nos expériences, tant sur le réseau de l'Est que sur les réseaux étrangers.

Les appareils à air chaud, tels qu'ils sont généralemen employés en Allemagne, et tels que nous les avons essayés pendant l'hiver 1874 (appareils Mousseron, n°s 1 et 2), sont entachés de vices fondamentaux inhérents au système lui-même.

1° L'air chaud, introduit à l'intérieur de la voiture, se distribue suivant la loi des densités, de sorte qu'en général les pieds des voyageurs sont notablement plus froids que la tête, — ce qui constitue un mode de chauffage éminemment nuisible à la santé, et en quelque sorte apoplectique.

2° L'air, ayant une capacité calorifique extrêmement faible (0,2377 par kilogramme à pression constante), est essentiellement impropre à retenir et à emmagasiner la chaleur. Il en résulte qu'une voiture remplie d'air chaud ne renferme en réalité qu'un approvisionnement insignifiant de calorique, et que cette faible quantité de chaleur disparaît presque immédiatement lorsqu'on ouvre les glaces ou les portières. Avec ce système de chauffage, le voyageur est donc soumis à des alternatives incessantes de chaud et de froid, — ce qui est une cause de malaise intolérable.

3° Les foyers métalliques au contact desquels s'échauffe l'air, et en particulier les foyers en fonte, ne sont point étanches aux gaz. Lorsque la chaleur du foyer est trop intense, les gaz provenant de la combustion (acide carbonique et oxyde de carbone) passent au travers de la paroi métallique comme au travers d'un crible et viennent se mélanger avec l'air chaud, — ce qui explique la mauvaise odeur et les maux de tête dont se plaignent fréquemment les voyageurs.

Toutes les tentatives que nous avons faites pour améliorer ces appareils, en cherchant à ramener la chaleur vers les pieds et à créer une sorte de *volant calorifique* destiné à suppléer à l'insuffisance de l'air comme véhicule de chaleur, toutes ces tentatives, disons-nous, ont été vaines. Nos boîtes d'air chaud placées sur le plancher sous la forme de vastes réservoirs occupant tout le bas de la voiture, nos chaufferettes d'air chaud disposées dans l'axe de chaque compartiment, nos chaufferettes d'eau et de sable chauffées par l'air chaud, n'ont donné que des résultats médiocres, et nous amenaient à des appareils coûteux et compliqués.

Nous nous croyons en droit de conclure de nos expériences que tout système de chauffage consistant à envoyer dans les voitures des courants d'air chaud, quels que soient d'ailleurs les appareils employés à chauffer cet air, est mauvais en principe et préjudiciable à la santé publique, et qu'il serait infiniment préférable de laisser les voyageurs endurer les rigueurs des frimas, pendant les jours, — assez peu nombreux du reste, — des hivers froids de notre pays, que de les condamner à séjourner dans des étuves malsaines, contre lesquelles le public français serait unanime à protester.

CHAUFFAGE AU POÊLE.

Examen critique du chauffage au poêle. — Ici nous intervertissons l'ordre admis jusqu'à présent dans ce résumé critique, qui avait suivi la succession décroissante des dépenses, pour donner notre appréciation sur le chauffage au moyen de poêles, parce qu'il présente avec le système précédent un certain nombre de points communs :

1° Ce mode de chauffage présente des inconvénients analogues aux appareils à air chaud, au point de vue de la mauvaise répartition de la chaleur. Malgré les écrans protecteurs, les voyageurs placés près de l'appareil ont à endurer des températures souvent intolérables, tandis que les voyageurs placés aux extrémités de la voiture sont à peine chauffés.

2° L'installation des poêles est impossible dans des voitures à compartiments séparés.

3° De tous les appareils, le poêle est le plus dangereux, car chaque voiture porte avec elle un foyer de charbon incandescent qui se répand à l'intérieur en cas de collision ou de déraillement.

Plusieurs accidents graves sont résultés de l'emploi de ce mode de chauffage sur les chemins étrangers, entre autres celui qui est arrivé le 24 décembre 1875 sur la ligne d'Odessa, en Russie (107 soldats brûlés dans l'incendie allumé par les poêles des voitures dans un train déraillé).

Ce mode de chauffage est incontestablement le plus simple et le plus économique; on s'explique la faveur dont il jouit sur certains chemins suisses, allemands et autrichiens, et particulièrement avec le matériel dit « américain »; mais nous n'hésitons pas à dire qu'il est inapplicable au matériel français actuel. Au reste, l'expérience que nous en avons tentée sur notre réseau a été décisive : les voyageurs placés près des poêles ouvraient invariablement leurs portières en grand pour combattre la chaleur qui les incommodait, et les voitures munies de ce mode de chauffage étaient littéralement désertées du public.

APPAREIL A CIRCULATION D'EAU CHAUDE DANS DES CHAUFFERETTES FIXES.

Appareil de 1874, étudié et construit par la Compagnie de l'Est. (*Voir* Pl. 25 et 26.)

Examen critique du système à circulation d'eau chaude dans des bouillottes fixes (thermo-syphon de la Compagnie de l'Est). — Ce mode de chauffage présente les avantages suivants :

1° Il maintient, sous les pieds des voyageurs, une température constante d'environ 60°.

2° Il élève la température intérieure de la voiture d'environ 10° au-dessus de la température extérieure.

3° Il évite toute ouverture de portières lors du renouvellement des chaufferettes.

Ces conditions résoudraient la question aussi complétement que possible si elles ne présentaient pas, comme contre-partie, certains inconvénients.

1° Chaque voiture est munie d'un foyer. A la vérité, ce foyer, de dimensions fort restreintes, est en dehors de la voiture; il est d'ailleurs alimenté au coke, et on sait que ce combustible, lorsqu'il est répandu à l'état de morceaux isolés, s'éteint très-rapidement. Il n'en est pas moins incontestable que, si minime que soit le risque d'incendie, il existe, et qu'à ce point de vue spécial un système qui ne comporterait pas de foyer du tout serait supérieur.

2° Quelque simple qu'il soit, l'appareil à eau chaude demandera des réparations et, pendant tout le temps que celles-ci dureront, la voiture sera paralysée et enlevée au service de l'exploitation.

3° Nous ne parlerons que pour mémoire de la congélation possible des tuyaux. Les essais divers que nous avons tentés pour y remédier, — en introduisant dans l'eau des substances telles que la glycérine, destinées à retarder le point de congélation, — n'ont donné aucun résultat vraiment susceptible d'entrer dans la pratique journalière. Le seul moyen d'éviter complétement cet inconvénient, ainsi que ceux de l'allumage et de la mise en marche, est d'entretenir les appareils en feu *depuis le premier jusqu'au dernier jour de chauffage.* La consommation du combustible n'en est que fort peu augmentée comme nous l'avons démontré. C'est d'ailleurs dans cette hypothèse que nos devis ont été établis, et l'on a vu cependant (page 412) que ce mode de chauffage occupe comme situation économique le second rang, le poêle à part, dans la liste générale que nous avons donnée.

Nous croyons donc que le système à circulation d'eau chaude répond, dans nos climats, de la manière la plus satisfaisante aux conditions d'un excellent chauffage, et qu'il importe de l'expérimenter sur une assez grande échelle pour se rendre un compte exact du degré d'importance que pourraient prendre, dans le service journalier de l'exploitation des chemins de fer, les inconvénients que nous venons de signaler.

BOUILLOTTES MOBILES A EAU CHAUDE.

Examen critique du système de chauffage avec bouillottes mobiles. — Ce système est trop connu du public pour que nous ayons à revenir encore sur ce que nous en avons déjà dit. Il présente l'inconvénient de chauffer peu, lorsque l'eau n'est point assez chaude au départ, ce qui arrive souvent, il faut le reconnaître. Toutes les deux ou trois heures, il exige l'ouverture en grand des portières pour le renouvellement de l'eau; enfin, il nécessite le maniement d'un grand nombre de bouillottes. Ainsi, le chauffage complet du réseau de l'Est, par ce système, demanderait 18,000 bouillottes environ, et, à la gare de Paris-Est seulement, on sera amené à manutentionner dans une journée 5,000 chaufferettes.

Mais on a, croyons-nous, exagéré ces inconvénients qui, en réalité, ne sont que de second ordre.

Le principal obstacle qui s'est opposé jusqu'à ce jour à la généralisation de l'emploi des bouillottes mobiles provient surtout du mode actuel de chauffage de l'eau, mode tellement primitif qu'il s'oppose à toute application un peu étendue.

Sur la plupart des chemins de fer, en effet, on emploie pour chauffer l'eau un récipient ordinaire assimilable à une marmite de grande dimension. Quant aux chauffe-rettes, elles sont manipulées une à une; chacune d'elles est débouchée, vidée, placée sous un robinet d'eau chaude, remplie de nouveau et rebouchée. C'est la reproduction, sans changement, du mode d'opérer des ménagères frileuses qui, depuis une respectable antiquité, garnissent leur lit d'une bouteille d'eau chaude pour adoucir la rigueur des nuits d'hiver.

Il est cependant possible d'appliquer au chauffage des bouillottes des procédés plus perfectionnés; chaque jour la mécanique moderne triomphe en effet de difficultés bien autrement grandes. Nous avons indiqué deux moyens de résoudre la question : l'un (page 347), perfectionné par la Compagnie d'Orléans, consiste à réchauffer les bouillottes par l'injection rapide et simultanée de jets de vapeur à haute pression; l'autre (page 352), imaginé par la Compagnie de l'Est, consiste à plonger mécaniquement les bouillottes dans un bain d'eau à 100°, sans les boucher ni les déboucher. Que l'on adopte l'un ou l'autre des procédés, il n'est pas moins démontré que la question du chauffage rapide de l'eau des bouillottes mobiles nécessaires aux voitures des trois classes est désormais résolue, et qu'il est dès à présent possible de pourvoir l'exploitation des chemins de fer d'un mode de chauffage qui, sans être parfait, répond d'une manière satisfaisante aux conditions à remplir.

En résumé, *c'est à l'eau chaude seule, contenue soit dans des bouillottes fixes, soit dans des bouillottes mobiles, qu'il faut demander la solution du problème dans nos climats.*

Est-il donc surprenant qu'il en soit ainsi ? Un corps ne peut rendre que la quantité de chaleur qu'il a absorbée; d'où résulte que la substance qui possédera la plus forte capacité calorifique sera la mieux appropriée au chauffage. Or, de tous les corps de la nature, c'est l'eau qui possède le pouvoir calorifique le plus élevé ; c'est donc l'eau qu'il faut choisir. Les personnes qui ont proposé de prendre pour véhicules de la chaleur le sable, les briques, les métaux, l'air, la vapeur d'eau, ont certainement perdu de vue l'une des propriétés les plus remarquables de l'eau, et ont oublié de jeter les yeux sur la table de la chaleur spécifique des corps, car elles y auraient lu ce qui suit :

Capacité calorifique des corps ci-dessous :

Eau.	1,	par kilog.
Sable. . / Brique	0,2000	
Fonte	0,1298	
Air	0,2377	par kilog.
Vapeur d'eau. . .	0,4750	

Ces chiffres expliquent l'insuccès de toutes les tentatives faites pour substituer des chaufferettes de sable, de brique, de fonte, de vapeur d'eau, à la simple boule d'eau chaude. La boule d'eau reste chaude beaucoup plus longtemps que tous les autres appareils, parce qu'ayant absorbé plus de chaleur, elle en rend nécessairement davantage.

Ces mêmes chiffres expliquent encore les mauvaises conditions de fonctionnement de l'air chaud. Une voiture de 3e classe contenant 34,200 litres d'air chauffé à 20° centigrades, — température maxima qu'on ne saurait dépasser sans malaise, — renferme 196 calories, tandis qu'une simple chaufferette, d'une capacité de 10 litres d'eau à 100°, renferme 1000 calories. Si on compare une voiture pleine d'air chaud et une autre voiture dont chaque compartiment est muni de deux chaufferettes, on voit que la seconde voiture *renferme, dans ses chaufferettes seules, 51 fois plus de chaleur que la première dans sa capacité tout entière.*

Nous irons encore plus loin. Par leur essence même, les gaz sont tellement impropres à emmagasiner la chaleur que, quelque élevée que soit la température qu'on donne à un gaz contenu dans une enveloppe fixe et communiquant librement avec l'atmosphère, comme une voiture par exemple, la quantité de chaleur que renferme le gaz dans son enveloppe ne peut dépasser une limite déterminée et constante. Ainsi, une voiture remplie d'air chaud *ne peut contenir que 2869 calories*, quelle que soit d'ailleurs la température de l'air qu'elle renferme; et cela tient à ce que les gaz se dilatent au fur et à mesure qu'ils s'échauffent, de sorte que les particules se raréfient en même temps qu'elles augmentent de température (1).

D'autre part, est-il surprenant que les modes de chauf-

(1) Voir, dans les notes annexes, la démonstration mathématique de cette curieuse propriété des gaz.

fage qui paraissent satisfaire les chemins allemands, russes et autrichiens, soient déclarés par nous impraticables en France? Certainement non. La différence des climats entraine nécessairement aussi la différence des moyens à employer. En Autriche, et particulièrement dans la partie de la Bohême traversée par le Staatsbahn, les froids de 30° se montrent chaque hiver, et se maintiennent souvent pendant de longues périodes. Les personnes qui ont voyagé en Russie ont vu fréquemment des enfants montrer, pour quelques pièces de monnaie, des tubes de verre remplis en partie de mercure solidifié, — ce qui indique que la température extérieure est telle que le mercure s'y maintient à l'état de congélation permanente. On comprend parfaitement que, dans de semblables conditions, le chauffage à la vapeur et le chauffage au poêle surtout soient extrêmement appréciés des voyageurs de 3e et de 4e classe, qui retrouvent dans les voitures le mode de chauffage qu'ils pratiquent dans leur intérieur.

Mais il ne saurait en être ainsi dans nos pays beaucoup plus tempérés, où ces froids excessifs sont inconnus, et où, pendant la plus grande partie de la mauvaise saison, le thermomètre oscille autour du point zéro, et ne dépasse que très-rarement — 10°.

Ce qui a retardé l'application générale du chauffage des voitures en France, c'est précisément l'incertitude qui partageait les Ingénieurs sur les moyens à employer. En présence des solutions si multipliées qui se présentaient de toutes parts, et dont chacune semblait offrir ses avantages à des degrés divers, les meilleurs esprits étaient hésitants et divisés, d'autant plus qu'on ne possédait que des renseignements incomplets, isolés, et ne présentant point ce caractère d'ensemble sans lequel les questions n'apparaissent jamais que par leurs détails.

Maintenant la question nous semble avoir fait un grand pas. Les renseignements que nous avons puisés à l'étranger, l'opinion des étrangers eux-mêmes, les expériences que nous avons faites sur notre propre réseau, — mieux encore, — l'avis du public librement exprimé, ont dégagé le problème d'un certain nombre de solutions qu'on doit considérer comme étrangères et comme définitivement écartées.

Le programme est réduit à ces simples termes :

« Chauffer les pieds des voyageurs au moyen de l'eau « chaude. »

Sur ce programme, toutes les Compagnies françaises se sont mises à l'œuvre, et nous croyons savoir que, dès l'hiver prochain, les compartiments de toutes classes des trains de grand parcours seront munis de chaufferettes à eau chaude fixes ou mobiles. Si on veut bien se reporter à ce qui se passe actuellement à l'étranger, et au chaos qui enveloppe encore la question dans le pays où les procédés sont les plus nombreux et les plus multipliés, on restera convaincu que la France n'aura bientôt, sous ce rapport, rien à envier aux autres nations. Elle aura su profiter, cette fois, de l'expérience acquise chez ses voisins, et elle n'aura qu'à s'applaudir de s'être arrêtée à une solution que le temps a mûrie et que l'étude a consacrée.

FIN.

ANNEXES

ANNEXE A.

Note sur l'incapacité des gaz à emmagasiner la chaleur.

La quantité de chaleur que l'on peut fournir à l'air d'un compartiment, lorsqu'on fait abstraction du rayonnement extérieur, n'augmente pas indéfiniment avec la température de la source de chaleur. Le nombre de calories emmagasinées dans l'intérieur du compartiment tend vers une limite finie lorsque la température de la source tend vers l'infini.

En effet, soient :

V le volume du compartiment,
C la chaleur spécifique de l'air sous pression constante,
t la température de l'air à l'intérieur du compartiment,
p le poids spécifique de l'air à 0°.

A mesure que la température de l'air s'élève à l'intérieur du compartiment, cet air se dilate ; une partie s'échappe à l'extérieur, une autre partie reste à l'intérieur et est soumise à la pression atmosphérique que nous supposons constante.

Le poids de l'air qui est resté à l'intérieur du compartiment est évidemment, d'après la loi de Gay-Lussac :

$$\frac{p\,V}{1+\alpha t}$$

La quantité de chaleur qu'il renferme est, par suite :

$$\frac{p\,V\,c\,t}{1+\alpha t}$$

Cette expression peut se mettre sous la forme :

$$\frac{p\,V\,c}{\frac{1}{t}+\alpha}$$

qui a pour limite $\frac{p V c}{\alpha}$ lorsque t augmente indéfiniment, ou, en remplaçant les lettres par leurs valeurs :

$$p = 1,293 \qquad c = 0,2377 \qquad \alpha = 0,003663$$

D'où lim. $= 83,893\ V$,

c'est-à-dire que par mètre cube la limite est de 83 calories 893.

Il va sans dire que, dans la pratique, t ne dépasse pas 25° en moyenne, de sorte que si, à l'origine, la température est de — 10°, la quantité de chaleur que doit emmagasiner l'air, indépendamment de celle qui se perd par le rayonnement des parois, est :

$$p\ V\ c \left(\frac{t}{1+\alpha t} - \frac{t_0}{1+\alpha t_0}\right)$$

Ou bien, en chiffres :

$$V\ 83.893 \left(\frac{25}{298} + \frac{10}{263}\right) = V\ 83.893 \times 0.1091 = V\ 9,152,$$

c'est-à-dire 9,15 calories par mètre cube.

ANNEXE B.

Note sur le chauffage des bouillottes au bain-Marie.

Un géomètre bien connu de toutes les personnes qui s'occupent de cinématique, M. Marcel Deprez, a eu l'idée d'appliquer la loi de Newton à nos expériences, ce qui l'a conduit à une formule très-pratique et qui représente avec une grande exactitude les phénomènes du réchauffage par immersion.

Soit Θ la température d'une bouillotte à un instant t; en admettant la loi de Newton par laquelle l'accroissement de température $d\,\Theta$ correspondant à l'accroissement de temps dt est proportionnelle à la différence $T - \Theta$ de la température extérieure T (celle du bain) et la température intérieure Θ de la bouillotte, on a de suite :

$$d\,\Theta = K\,(T - \Theta)\,dt.$$

D'où, en intégrant entre des limites Θ_0 et Θ_1

$$t = \frac{1}{K} \log.\ \text{Nép.}\ \frac{T - \Theta_0}{T - \Theta_1}$$

Si nous prenons au thermomètre la température d'une bouillotte de la Compagnie de l'Est plongée dans un bain d'eau chaude, toutes les 10 secondes, par exemple, et si nous considérons quatre températures deux à deux consécutives Θ_1, Θ_2, Θ_n, Θ_{n+1} ; d'après l'équation précédente, elles répondront à l'égalité

$$\frac{T - \Theta_1}{T - \Theta_2} = \frac{T - \Theta_n}{T - \Theta_{n+1}}$$

Voici un relevé d'observations faites de 10 en 10 secondes : 21°, 30, 36, 42, 47, 51, 56, 59, 62, 64, 67, 69, 71.5, 73, 75.5, 77, 78, 79, 80, la température du bain étant constamment de 97°.

Or, en appliquant la formule précédente à l'intervalle 30 — 36, considérant le terme 64, on obtiendrait le suivant par la formule :

$$\Theta_{n+1} = T - \frac{(T - \Theta_n)\,(T - \Theta_2)}{T - \Theta_1}$$

Ou, en réduisant en chiffres,

$$= 97 - \frac{(97-64)\ (97-36)}{97-30} = 67;$$

on tombe précisément sur le nombre 67 observé.

D'autres intervalles vérifient la loi à moins d'un degré près, ce qui est très-suffisamment exact en pratique.

Cette expérience permet de tirer $\frac{1}{K}$

En effet l'on a :

$$\frac{1}{K} = 10 \times 2.3 \log. \frac{97-30}{97-36} = 106.8$$

Et la formule devient :

$$t = 245.6 \log. \frac{T-\Theta_0}{T-\Theta_1}$$

Ou, en arrondissant le coefficient,

$$t = 250 \log. \frac{T-\Theta_0}{T-\Theta_1}$$

Comme vérification, cherchons le temps nécessaire pour chauffer la bouillotte de 15° à 80° avec un bain à 97°. Nous trouvons :

$$t = 250 \log. \frac{97-15}{97-80} = 170'',8$$

Ce nombre vérifie d'une manière remarquable celui de l'expérience citée ci-dessus, qui était 170 secondes.

ANNEXE C.

CONGRÈS TENU A DUSSELDORFF PAR LES ADMINISTRATIONS DE L'UNION DES CHEMINS DE FER ALLEMANDS, A LA DATE DES 14-15 SEPTEMBRE 1874.

Rapport sur les réponses produites relativement à la question n° 17 du programme, ainsi posée :

Quels sont les systèmes adoptés par les diverses administrations de chemins de fer pour le chauffage des voitures à voyageurs des diverses classes ?

A combien s'élèvent les frais d'installation et d'exploitation ?

A-t-on constaté des inconvénients sérieux quant aux risques d'incendie ?

Rapporteur : LA DIRECTION DU CHEMIN DE FER DU NORD EMPEREUR-FERDINAND.

Sur les cinquante et une administrations qui devaient rendre compte, quarante-huit seulement ont répondu. Les administrations des chemins de fer de l'État des Pays-Bas, de la Hesse supérieure et de l'État d'Oldenbourg n'ont jusqu'à ce jour appliqué aucun système de chauffage et n'ont donc pu produire aucune indication sur ce sujet.

Les réponses données par les quarante-huit administrations traitent toutefois d'une manière incomplète une partie des questions et ne tiennent pour la plupart aucun compte du nombre des voitures chauffées. Elles se rapportent aux sept systèmes de chauffage indiqués ci-après :

A. Chauffage au moyen de la vapeur ;

B. — — de poêles placés à l'intérieur des compartiments ;

C. Chauffage au moyen de calorifères placés sous la caisse de la voiture ;

D. Chauffage au moyen de combustibles agglomérés ;
E. — — de l'eau chaude;
F. — — des produits de la combustion;
G. — — de chaufferettes (à l'eau chaude ou au sable).

A.

Le système de chauffage au moyen de la vapeur a été appliqué par les administrations suivantes :

Chemin de fer grand-ducal de l'État Badois, dans les trains express et de nuit ;

Chemin de fer de Berlin à Hambourg, pour tous les trains de voyageurs dans les quatre classes ;

Chemin de fer royal de l'État Bavarois, pour tous les trains express et postes et certains trains mixtes ;

(Chez ces trois administrations, la vapeur est fournie aux appareils de chauffage par une chaudière spéciale installée dans le fourgon à bagages.)

Chemin de fer de l'Est Bavarois, pour tous les trains postes et de voyageurs ;

Chemin de fer de Breslau-Schweidnitz-Freibourg, pour tous les trains de grande vitesse et de voyageurs ;

Chemin de fer du Nord Empereur-Ferdinand, dans les voitures de 1re et 2e classe des trains de grande vitesse entre Vienne et Cracovie ;

Chemin de fer de la Basse-Silésie et Marche, pour un train express et un train poste dans les voitures directes ;

Chemin de fer de la Haute-Silésie, pour les voitures de 1re et 2e classe dans les trains express et postes ;

(Chez les cinq administrations qui précèdent, la vapeur est empruntée à la chaudière de la locomotive.)

Chemin de fer Charles-Louis de Gallicie et chemin de fer royal de l'Est de Prusse (1), pour les voitures des trains ordinaires de voyageurs, chauffées avec la vapeur fournie par une chaudière spéciale

---

(1) La Direction des chemins de fer de l'Est Prussien communique, en outre, les renseignements suivants sur son appareil de chauffage par la vapeur :

« Les conduites de vapeur sont placées sous les caisses des voitures et reliées entre celles-ci au moyen de tuyaux en caoutchouc. La chaudière est munie d'un robinet de prise de vapeur communiquant avec une soupape de sûreté et un manomètre.

« Un garde spécial est chargé du réglage du robinet pendant la marche ; il

installée dans le fourgon à bagages ; pour les trains express, chauffés au moyen de la vapeur prise à la chaudière de la locomotive ;

Chemin de fer de l'Ouest Impératrice-Élisabeth, pour les voitures directes en destination de la Bavière entrant dans la composition des trains express. Ces voitures ne sont cependant pas chauffées sur le propre parcours de ce chemin ;

Chemin de fer Rhénan, pour les voitures directes de Vienne à Cologne, qui sont en outre aménagées pour le chauffage au moyen de combustible aggloméré ;

Chemin de fer de l'État Saxon ; le chauffage par la vapeur a été appliqué à titre d'essai à plusieurs trains ;

Chemin de fer de l'État Hongrois, qui a abandonné le chauffage par la vapeur à cause des fuites fréquentes qui se produisaient dans les conduites, et aussi en raison de l'impossibilité d'intercaler les voitures étrangères dans les trains chauffés suivant ce système.

B.

Le chauffage au moyen de poêles placés à l'intérieur des voitures se fait avec de la houille ou du coke et a été adopté par les administrations suivantes :

---

assure, en outre, la mise en fonctionnement des appareils, l'écoulement de l'eau de condensation, le montage et le démontage des tuyaux de communication, etc.

« Les tuyaux de chauffe proprement dits sont installés sous les banquettes et isolés de tous côtés par une double enveloppe protectrice en tôle.

« Le devant de cette chambre de chauffage est mobile et disposé de manière à pouvoir être ouvert ou fermé à volonté au moyen d'un agencement spécial.

« Dans les angles des compartiments se trouvent les tuyaux de ventilation qui sont en communication avec la chambre de chauffage et peuvent être interceptés au moyen d'un registre qui se ferme quand l'enveloppe du tuyau de chauffe est ouverte, et réciproquement.

« Il résulte de cette disposition que la chaleur dégagée par les tuyaux de chauffe se répand, suivant les besoins, dans l'intérieur du compartiment ou dans l'atmosphère, et que l'on peut facilement régler l'élévation de la température.

« Afin d'activer le renouvellement de l'air, les tuyaux de ventilation sont munis d'aspirateurs Wolpert.

« L'espace compris entre l'enveloppe extérieure des tuyaux de chauffe et le dessous du siége, et qui est complétement isolé, n'est pas sujet à s'échauffer si l'on pratique quelques trous dans les tuyaux de ventilation au-dessus du registre.

« La disposition qui vient d'être décrite, perfectionnée de manière à rendre le régulateur parfaitement accessible aux voyageurs, a donné de très-bons résultats. Elle permet en même temps d'obtenir la ventilation désirable. »

(*Note du Secrétaire du Congrès.*)

1° Dans les voitures de 3e et 4e classe.

Chemin de fer Alfold-Fiume (section de Grosswardein-Esseig),
— Berg-Marche,
— Berlin-Görlitz et Halle-Sorau-Guben,
— de Buschtehrad,
— de Graz-Köllach,
— de l'État de Hanovre,
— de Leipzic-Dresde,
— de Magdebourg-Leipzic,
— de Mein-Weser,
— de Thüringe.

2° Dans les voitures de 3e classe.

Chemin de fer grand-ducal de l'État Badois,
— Lemberg-Czernowitz-Jassy,
— Mein-Neckar,
— de l'État Autrichien,
— Sud de l'Autriche,
— Palatinat,
— de la Theiss,
— de Westphalie,
— royal de l'État Würtembergeois.

3° Dans les voitures de 4e classe.

Chemin de fer de Berlin-Anhalt,
— de la Haute-Silésie,
— Sud de la Prusse orientale,
— Est Hongrois,
— État Hongrois.

Le chemin de fer royal de l'Est Prussien applique ce système aux trains de banlieue et aux trains d'embranchement.

Le chemin de fer Rhénan l'applique aux wagons-postes et de service (fourgons), ainsi qu'à une voiture spéciale.

Le chauffage au moyen de poêles est en outre à l'essai sur :

Le chemin de fer Nord-Ouest Autrichien sur quarante-cinq voitures de 3e classe,

Le chemin de fer Jonction Sud-Nord de l'Allemagne sur trente voitures de 3e classe,

Le chemin de fer Ouest Impératrice Élisabeth.

Les administrations ci-après ont établi, dans leurs voitures de 1re et de 2e classe, des poêles alimentés au charbon de bois :

Chemin de fer Grand-ducal Badois,
— Berlin-Görlitz,
— Halle-Sorau-Guben.

Les voitures-salons de ces trois chemins sont chauffées par le même procédé.

Le chemin royal de l'État Würtembergeois fait usage, dans ses voitures de 1re et 2e classe, de poêles alimentés au bois.

Les voitures-salons du chemin de fer du Sud de l'Autriche sont chauffées au moyen de poêles alimentés à la briquette.

Enfin, ce système a été abandonné par le chemin de fer de Berlin-Stettin, qui redoutait des incendies.

C.

Le mode de chauffage au moyen de calorifères placés sous les caisses des voitures a été adopté par :

Le chemin de fer de l'État Hongrois, pour les voitures de 3e classe (l'appareil est à foyer vertical et alimenté à la houille ou au coke) ;

Le chemin de fer du Nord Empereur-Ferdinand, dans quatre-vingt-dix-sept voitures de toutes classes, mais principalement de 3e classe;

Le chemin de fer Ouest Impératrice-Élisabeth, dans des coupés-lits et dans les voitures-salons ;

Le chemin de fer de la Haute-Silésie, dans les voitures de 3e classe.

L'appareil de ces trois dernières administrations est un poêle horizontal combiné avec une circulation d'air et une ventilation (système Thamm et Rothmüller).

La méthode a été appliquée à titre d'essai sur les lignes :

Grand-ducales Badoises,
De la Basse-Silésie et Marche,
Rhénanes,
De l'État Hongrois.

Le chemin de fer de Lemberg-Czernowitz-Jassy a l'intention d'en faire l'application aux voitures de 1re et 2e classe qu'il fera construire dans l'avenir.

Des essais de calorifères horizontaux alimentés au charbon aggloméré (système Kiénast) ont été faits par :

Le chemin de fer Grand-ducal de l'État Badois,
— de Berlin-Hambourg,
— Rhénan.

D.

Le chauffage au moyen du combustible aggloméré, avec appareils fermés disposés sous les siéges ou dans le plancher entre les siéges, a été adopté, principalement pour les voitures de 1re et 2e classe, par les lignes ci-après :

Chemin de fer Berg-Marche,
— Berlin-Anhalt (dans les 1re, 2e et 3e classes),
— Berlin-Hambourg,
— Berlin-Potsdam-Magdebourg,
— Brünswick,
— Hanovre,
— Cologne-Minden,
— Magdebourg-Halberstadt,
— Mein-Weser,
— État Néerlandais,
— Basse-Silésie et Marche,
— Sud de la Prusse orientale,
— Palatinat,
— Est Prussien (pour les trains de banlieue et des embranchements),
— Rhénan,
— Thüringe,
— Tilsit-Insterbourg,
— Westphalie.

Les lignes suivantes ont appliqué le système à titre d'essai :

Chemin de fer Altona-Kiel,
— Berlin-Görlitz et Halle-Sorau-Guben,
— État Saxon,
— Jonction Sud-Nord de l'Allemagne.

La méthode a été abandonnée par le chemin de fer de l'État Autrichien.

E.

Le système de chauffage à l'eau chaude a été adopté par :

Le chemin de fer Nord Empereur-Ferdinand, pour les voitures du train impérial,

Le chemin de fer Ouest Impératrice-Élisabeth, pour quelques voitures-salons.

Les appareils de ces deux administrations consistent en de grandes caisses communiquant entre elles et alimentées au moyen de l'eau d'un tender chauffé à la vapeur.

Le chauffage par l'eau chaude a encore été appliqué par :

Le chemin de fer Rhénan, à une voiture-salon.

Le chemin de fer de l'État Hongrois a fait l'application à titre d'essai du système Weibel-Briquet.

F.

Le chauffage des voitures au moyen des gaz de la combustion a été mis en essai sur le chemin de fer Empereur François-Joseph, mais n'a pas encore été adopté définitivement.

G.

L'emploi des bouillottes pour le chauffage des voitures est en usage, principalement pour les compartiments de 1re et 2e classe, sur les lignes suivantes :

Chemin de fer Alföld-Fiume (section de Grosswardein à Esseig),
— Altona-Kiel,
— Grand-ducal Badois,
— Berlin-Görlitz et Halle-Sorau-Guben (chaufferettes au sable),
— Berlin-Stettin,
— Büschtehrad,
— Graz-Köflach,
— Nord Empereur-Ferdinand (lignes d'embranchement),
— Ouest Impératrice-Élisabeth,
— Cologne-Minden,
— Leipzic-Dresde,
— Magdebourg-Leipzic,
— Mein-Neckar,

Chemin de fer État Néerlandais,
— Nord-Ouest Autrichien,
— Rhénan,
— État Saxon,
— Jonction Sud-Nord de l'Allemagne,
— Theiss,
— Est Hongrois,
— État Hongrois,
— Ouest Hongrois,
— Vorarlberg.

De ce qui précède, il résulte que le chauffage est appliqué :

A. Au moyen de la vapeur, par treize administrations (dont une à titre d'essai);

B. Au moyen de poêles, par vingt-neuf administrations (dont trois à titre d'essai);

C. Au moyen de calorifères extérieurs, par neuf administrations (dont cinq à titre d'essai);

D. Au moyen de combustible aggloméré, par vingt-trois administrations (dont cinq à titre d'essai);

E. Au moyen de l'eau chaude, par quatre administrations (dont une à titre d'essai);

F. Au moyen des produits de la combustion, par une seule administration et à titre d'essai;

G. Au moyen de chaufferettes mobiles, par vingt-quatre administrations.

Nous donnons ci-après les renseignements fournis par les diverses administrations, relativement à la deuxième partie de la question, c'est-à-dire le prix de revient de chacun de ces systèmes.

Les chiffres produits se rapportent cependant principalement à la consommation de combustible, sans qu'il ait été tenu compte des dépenses d'installation, de main-d'œuvre, d'exploitation, ni des frais d'entretien des appareils. On ne peut donc établir entre ces dépenses qu'une moyenne générale qui serait la suivante :

$$A : B : C : D = 1\,{}^{1}/_{2} : 1 : 1 : 2.$$

Il eût été très-désirable pourtant que les administrations eussent accordé plus d'attention à ce côté de la question, afin de permettre, lors de l'application générale du chauffage des voitures, qui est imminente, de résoudre en même temps le point économique de la question.

INDICATION DES DÉPENSES.

A. *Chauffage au moyen de la vapeur :*

Chemin Grand-ducal Badois : 0^f,046428 par wagon-mille ou 0^f,00619 par voiture-kilomètre (sans intérêt ni amortissement des frais de premier établissement).

Chemin Royal Bavarois : 0^f,05357 par compartiment et par heure (pour les matières et la main-d'œuvre).

Chemin Berlin-Hambourg : 0^f,015625 par essieu-mille ou 0^f,002083 par essieu-kilomètre.

Chemin Breslau-Schweidnitz-Freibourg : 0^f,0875 par wagon-mille ou 0^f,01166 par wagon-kilomètre (y compris les frais de renouvellement et de réparation du matériel).

Chemin Nord Empereur-Ferdinand : 0^f,125 par wagon-mille ou 0^f,01647 par voiture-kilomètre (y compris l'intérêt et l'amortissement des frais d'installation).

Chemin Est Prussien : de 0^f,0520 à 0^f,0666 par compartiment et par heure pour l'entretien des appareils, le service et les matières.

Chemin Rhénan : 412^f,50, frais d'installation par voiture.

B. *Chauffage au moyen de poêles.*

Chemin Berg-Marche, 0^f,0417 à 0^f,0520 par voiture et par heure.

— Berlin-Anhalt, 93^f,75 par appareil y compris l'installation.

— Berlin-Görlitz et Halle-Sorau-Guben, 0^f,1875 par heure pour la consommation de coke; 0^f,125 pour la consommation de charbon de bois.

Chemin Buschtehrad, 0^f,0049 par kilomètre et par appareil (y compris l'entretien et les frais d'intérêt et d'amortissement).

Chemin Hanovre, 0^f,01042 à 0^f,02083 par compartiment et par heure.

Chemin Leipzic-Dresde, 0^f,10417 à 0^f,20834 de charbon de bois par voiture et par jour.

Chemin Mein-Neckar, $0^f,00211$ par voiture-kilomètre; le poêle coûte $77^f,04$.

Chemin Mein-Weser, $0^f,00575$ pour chaque degré Réaumur ($0^f,00460$ par degré centigrade) d'élévation de température par compartiment et par heure.

Chemin État Autrichien, $0^{kg},133$ à $0^{kg},166$ de charbon par voiture-kilomètre.

Chemin Sud de la Prusse orientale, $0^f,01111$ par compartiment et par kilomètre.

Chemin Est Prussien, $0^f,05208$ à $0^f,0625$ par voiture et par heure.

— Rhénan, $1^{kg},560$ de houille par heure; l'appareil revient à 120^f.

Chemin de la Theiss, $1^{kg},550$ de combustible par heure et par poêle. — Le total des dépenses pour le matériel de chauffage, en 1873, s'est élevé à $1,979^f,85$.

Chemin de la Thüringe, $0^f,03125$ par compartiment et par heure.

C. *Chauffage au moyen de calorifères extérieurs.*

Chemin Nord Empereur-Ferdinand, $0^f,00923$ par voiture et par kilomètre (y compris les dépenses d'exploitation et d'entretien et les frais d'intérêt et d'amortissement).

Chemin Rhénan, deux appareils Kiénast, $1,237^f,50$; un appareil Thamm, 900^f.

Chemin État Hongrois, $0^f,125$ à $0^f,1483$ par voiture et par heure.

D. *Chauffage au moyen de combustible aggloméré.*

Chemin Grand-ducal Badois, environ $0^f,01238$ par voiture-kilomètre.

— Berlin-Anhalt, $168^f,75$ pour frais d'installation par compartiment.

Chemins Berlin-Görlitz et Halle-Sorau-Guben, $0^f,0625$ par compartiment et par heure de fonctionnement.

Chemin Berlin-Hambourg, $0^f,003194$ par essieu-kilomètre.

— Berlin-Potsdam-Magdebourg, $0^f,01046$ à $0^f,02092$ par compartiment-mille, soit $0^f,00139$ à $0^f,00278$ par compartiment et par kilomètre.

Chemin Berg-Marche, $0^f,3125$ par heure et par voiture.

— Brünswick, $0^f,00208$ à $0^f,00417$ par compartiment-kilomètre (frais de service non compris). Frais d'installation par compartiment, 157f,50.

Chemin État de Hanovre, 0f,0729 par compartiment et par heure.

— Mein-Weser, 0f,0166 par compartiment et par degré Réaumur d'élévation de température (0f,01328 par degré centigrade).

Chemins Basse-Silésie et Marche, 0f,025 à 0f,075 par compartiment et par heure.

Chemin État Néerlandais, 0f,003141 par compartiment et par kilomètre.

Chemin Sud de la Prusse orientale, 0f,0166 à 0f,0209 par compartiment et par kilomètre.

Chemin Est Prussien, 0f,0625 par compartiment et par heure.

— Palatinat, 0f,0420 d° d°.

— Rhénan, un appareil Berghausen, 712f,50 (installation comprise), deux appareils Berghausen, 600f (installation comprise). Dépense de combustible par voiture et par heure, 0f,1875 (service non compris).

Chemin Thüringe, 0f,075 par compartiment et par heure.

— Tilsit-Insterbourg, 0f,0166, frais d'installation par essieu-kilomètre.

E. *Chauffage au moyen d'eau chaude.*

Chemin Rhénan, frais d'installation 562f,50. Consommation de combustible, 3kg,125 de houille par heure.

G. *Chauffage au moyen de chaufferettes mobiles.*

Chemin Mein-Neckar. Prix d'une chaufferette 22f,43. La garniture extérieure est à renouveler après dix-huit mois et revient à 9f,38.

Chemin État Néerlandais, 0f,0259 par compartiment-kilomètre.

— Rhénan. Le chauffage d'une voiture, y compris les frais d'entretien des appareils, se monte à 345f par an, non compris les dépenses de manipulation.

Chemin État Hongrois, 0f,28 par voiture et par heure.

Quant à la troisième partie de la question relative aux risques d'incendie, les réponses des administrations ne signalent ces risques que pour les systèmes de chauffage au moyen de poêles, indiqué *sub* B et C, et du chauffage au charbon aggloméré indiqué *sub* D.

En général, les appareils de chauffage au moyen de calorifères placés extérieurement n'ont donné lieu à aucune crainte de danger par le feu. Cependant, sur le chemin de l'Est Hongrois, deux cas d'incendie se sont produits pendant l'hiver 1872-73 et un cas en 1873-74. Ces incendies ont été provoqués par l'échauffement excessif de la cheminée traversant le pavillon de la voiture.

Le chemin de l'État Hongrois explique de la même manière les avaries qui sont résultées d'un chauffage exagéré des poêles placés dans l'intérieur des compartiments. Il a pris des mesures pour remédier à cet état de choses.

Le chemin de la Theiss rapporte que le système de chauffage au moyen de poêles ne peut occasionner d'incendie que lorsque la combustion est poussée outre mesure ou n'est pas surveillée.

L'appareil Kiénast, appliqué par le chemin du Nord Empereur-Ferdinand, n'a présenté aucun risque.

Toutes les administrations qui ont adopté le chauffage au moyen de combustible aggloméré déclarent qu'il n'y a aucun danger d'incendie, si l'on apporte les soins nécessaires à l'entretien du feu et si on emploie un appareil hermétiquement fermé et isolé des siéges. Cependant les chemins Grand-ducal Badois et du Palatinat relèvent que ce mode de chauffage ne saurait être considéré comme exempt de tout risque. D'un autre côté, la Direction du chemin Rhénan prétend savoir que des dégâts ont été à plusieurs reprises provoqués par les appareils placés entre les siéges et le plancher.

CONCLUSIONS.

De ces nombreux systèmes de chauffage, en partie appliqués, en partie restés à l'état d'essai, aucun n'a encore acquis une priorité décisive (*sic*).

Dans la majeure partie des cas, les appareils à vapeur sont employés pour le chauffage des trains express et postes, dont la composition n'est pas sujette à varier en route,— les appareils à combustible aggloméré, pour les voitures de 1re et 2e classe, et les poêles pour les voitures de 3e et 4e classe.

A l'extension du premier système s'opposent l'échange mutuel du matériel et la nécessité d'installer une chaudière spéciale pour les trains d'une certaine longueur.

Le chauffage par combustible aggloméré exige des dépenses plus élevées et trop de complications dans le service des appareils.

Le chauffage au moyen de poêles ne s'applique que difficilement dans les voitures à compartiments séparés.

Il serait difficile pour l'instant d'évaluer exactement le prix de revient de chaque système. D'après les données obtenues jusqu'ici, le plus coûteux est le chauffage au charbon aggloméré; le moins cher, le chauffage par le poêle.

En ce qui concerne les dangers d'incendie, on n'a pas constaté jusqu'à présent qu'ils soient sérieux, à la condition toutefois que l'entretien et la manipulation ne laissent rien à désirer.

ANNEXE D.

Prix de revient estimatif de l'appareil à circulation d'eau chaude (type de la Compagnie de l'Est), pour voiture de 3e classe, comprenant les frais d'aménagement des voitures actuelles.

NOMBRE DE PIÈCES	DÉSIGNATION DES PIÈCES	PRIX	SOMMES par ARTICLE	SOMMES par CATÉGORIE
	Ferrures.	fr. c. la pièce	fr. c.	fr. c.
2	Supports de chaudières.	4 875	9 75	
2	Jambes de force reliant les supports de la chaudière au brancard de caisse.	2 625	5 25	
2	Brides de suspension de la chaudière	1 10	2 20	
1	Couvercle complet pour la trémie	3 »	3 »	
2	Brides rondes pour joints des tuyaux sur la chaudière	2 70	5 40	
1	Collerette de l'extrémité de la partie horizontale de la cheminée.	1 »	1 »	
1	Bouchon de la partie horizontale de la cheminée . .	» 65	» 65	
1	Axe de la grille 0m,012 × 0m,090 (tourné).	» 50	» 50	
1	Poignée d'arrêt de la grille id.	1 »	1 »	
1	Cendrier complet.	11 »	11 »	
2	Supports de la cheminée	1 60	3 20	
2	Supports du tuyau de retour d'eau	1 90	3 80	
5	Brides rondes pour les tuyaux de départ d'air . . .	» 42	2 10	
5	Plaques de tôle pour recouvrement des tubes de départ d'air.	» 40	2 »	
	A reporter.	. . .	50 85	

NOMBRE DE PIÈCES	DÉSIGNATION DES PIÈCES	PRIX	SOMMES par ARTICLE	SOMMES par CATÉGORIE
	Ferrures. (*Suite.*)	fr. c.	fr. c.	fr. c.
	Report	...	50 85	
20	Equerres fixant les longuerines sur les brancards.	la pièce » 50	10 »	
	Cornières de l'enveloppe en bois du tuyau de départ.	le kilog. » 29	5 23	
8	Boulons de 0m,015 × 0m,0042 fixant les supports de la chaudière sur le brancard	la pièce » 093	» 74	
2	Boulons fixant les jambes de force sur le brancard de caisse	» 23	» 46	
2	Boulons de 0m,020 × 0m,085 avec goupilles, fixant les brides de suspension de la chaudière sur les supports	» 26	» 52	
1	Boulon de 0m,015 × 0m,040 pour axe du couvercle de la trémie	» 10	» 10	
2	Boulons de 0m,010 × 0m,030 reliant la cheminée à la chaudière	» 043	» 09	
2	Boulons d'articulation 0m,008 × 0m,025 et d'arrêt du bouchon de la partie horizontale de la cheminée	» 032	» 07	
4	Boulons d'assemblage des supports de la cheminée 0m,010 × 0m,025	» 041	» 16	
4	Boulons d'assemblage des supports du tuyau de retour d'eau	» 041	» 16	
2	Boulons fixant les supports du tuyau de retour d'eau sur le brancard	» 044	» 09	
2	Boulons de 0m,015 × 0m,060 fixant le vase d'expansion sur le plancher	» 105	» 21	
2	Boulons de 0m,015 × 0m,145 fixant le vase d'expansion sur le brancard	» 152	» 30	
1	Boulon à T pour la fermeture du couvercle du vase d'expansion	1 20	1 20	
20	Boulons de 0m,045 × 0m,012 fixant les couvercles sur les chaufferettes	» 068	1 36	
	A reporter	...	71 54	

NOMBRE DE PIÈCES	DÉSIGNATION DES PIÈCES	PRIX	SOMMES par ARTICLE	SOMMES par CATÉGORIE
	Ferrures. (*Suite.*)	fr. c.	fr. c.	fr. c.
	Report.	. . .	71 54	
10	Boulons de $0^m,012 \times 0^m,030$ de l'enveloppe en bois du tuyau de départ.	la pièce » 064	» 64	
4	Tirefonds fixant les supports de la cheminée. . . .	» 07	» 28	
2	Tirefonds fixant le tuyau de retour d'eau sur la croix de Saint-André	» 07	» 14	
10	Tirefonds de l'enveloppe en bois du tuyau de départ.	» 071	» 71	
80	Tirefonds fixant les équerres sur les brancards de caisse et les longuerines supportant les chaufferettes.	» 071	5 68	
8	Goujons de $0^m,015 \times 0^m,050$ avec écrous, fixant la plaque du dessous de la chaudière.	» 097	» 77	
12	Goujons de $0^m,012 \times 0^m,032$ pour les brides de la chaudière et le robinet de vidange.	» 065	» 78	
20	Goujons fixant les couvercles sur les chaufferettes.	» 07	1 40	
24	Vis d'attache de l'enveloppe de la chaudière	» 02	» 48	
20	Vis T. R. XXVI $\times$ $0^m,070$ fixant les chaufferettes.	la grosse 5 92	» 83	
40	Vis T. F. XX $\times$ $0^m,020$ fixant les plaques de tôle pour recouvrement des tubes sur le plancher. . .	» 59	» 16	
4	Vis fixant le cendrier sur la grille.	la pièce » 04	» 16	
4	Vis de $0^m,010 \times 0^m,020$ fixant la trémie sur la plaque en fer du dessus de la chaudière.	» 045	» 18	
20	Vis T. R. fixant les brides rondes des tuyaux de départ d'air sur le plancher	la grosse » 60	» 08	
	A reporter.	. . .	83 83	83 83

NOMBRE DE PIÈCES	DÉSIGNATION DES PIÈCES	PRIX	SOMMES par ARTICLE	SOMMES par CATÉGORIE
	Tôlerie.	fr. c.	fr. c.	fr. c.
	Report.	. . .	83 83	83 83
1	Enveloppe en tôle de $0^m,001$ de la chaudière	la pièce 6 90	6 90	
1	Cheminée $2^m,930 \times 0^m,080$ (tôle de $0^m,0015$)	11 10	11 10	
1	Enveloppe de la cheminée $2^m,930 \times 0^m,100$ (tôle de $0^m,0015$).	13 70	13 70	
			31 70	31 70
	Canalisation.			
	TUBES EN FER A RECOUVREMENT.			
	Tubes de $0^m,050$ de diam. intér. pour conduite de retour	le m. l. 6 36	53 42	
5	Raccords à T de $0^m,050$ de diam. intér. reliant la conduite de retour au tube vertical	la pièce 2 25	11 25	
5	Tubes verticaux de $0^m,050$ de diam. intér. pour raccords de la conduite de retour avec les chaufferettes, longueur $0^m,10$	le m. l. 6 36	3 18	
	Tubes en fer à recouvrement de $0^m,045$ de diamètre intérieur pour conduite de départ d'eau	5 46	33 74	
5	Raccords à T reliant la conduite de départ au tube vertical ($0^m,045$ de diamètre intérieur)	la pièce 1 85	9 25	
5	Tubes verticaux de $0^m,045$ de diam. intér. et de $0^m,10$ de long., pour raccords de la conduite de départ avec les chaufferettes	le m. l. 5 46	2 73	
1	Raccord à T pour le vase d'expansion ($0^m,050$ de diam. intér.)	la pièce 2 25	2 25	
1	Tube vertical pour le raccord du vase d'expansion, long. $0^m,10$	le m. l. 6 36	» 63	
	A reporter.	. . .	116 45	115 53

NOMBRE DE PIÈCES	DÉSIGNATION DES PIÈCES	PRIX	SOMMES par ARTICLE	SOMMES par CATÉGORIE
	Canalisation. (*Suite.*)	fr. c.	fr. c.	fr. c.
	TUBES A GAZ. *Report* . . .	. . .	116 45	115 53
5	Tuyaux de départ d'air (0^m,012 de diam. int.) longueur 1^m,15	le m. 1. » 76	4 37	
5	Tuyaux de départ d'air (0^m,020 de diam. intér.) longueur 0^m,60.	1 33	3 99	
			124 81	124 81
	Fontes.	la pièce		
1	Chaudière.	40 25	40 25	
1	Grille.	1 12	1 12	
1	Trémie	8 25	8 25	
1	Vase-d'expansion	18 75	18 75	
5	Bouillottes	41 45	207 25	
10	Couvercles de bouillottes	1 10	11 »	
1	Couvercle de vase d'expansion	» 96	» 96	
			287 58	287 58
	Bronzes.			
1	Robinet de vidange	20 »	20 »	20 »
	Garniture des conduites.			
	Feutre et toile	. . .	15 »	15 »
	Peinture.			
	Matières et main-d'œuvre	. . .	10 »	10 »
	A reporter	. . .	. . .	572 92

NOMBRE DE PIÈCES	DÉSIGNATION DES PIÈCES	PRIX	SOMMES par ARTICLE	SOMMES par CATÉGORIE
	Bois.	fr. c.	fr. c.	fr. c.
	Report.	. . .	. . .	572 92
	CHÊNE.			
10	Longuerines supportant les extrémités du plancher et les chaufferettes ($0^m,080 \times 0^m,085 \times 2^m,350$) . .	le m.cbe 200 »	32 »	
15	Traverses reliant les bouts et le milieu des longuerines ($0^m,100 \times 0^m,052 \times 0^m,300$)	200 »	4 78	
10	Traverses intermédiaires reliant les longuerines ($0^m,100 \times 0^m,027 \times 0^m,300$)	200 »	1 62	
10	Tasseaux rapportés à l'extrémité des frises du plancher ($0^m,060 \times 0^m,025 \times 2^m,350$)	200 »	7 05	
	SAPIN.			
5	Planches du dessous des chaufferettes, de $1^m,850 \times 0^m,280 \times 0^m,025$	150 »	9 75	
1	Enveloppe du tuyau de départ.	150 »	7 50	
			62 70	62 70
	Main-d'œuvre de menuiserie. (Découpage du plancher, pose des longuerines et équerres.).	. . .	30 »	30 »
	Montage de l'appareil.	. . .	50 »	50 »
	Total du prix de revient.	. . .	. . .	715 62
	Soit en nombre rond **720 francs.**			

FIN DES ANNEXES.

Paris-Imp. PAUL DUPONT, 41, rue Jean-Jacques-Rousseau. 2349.7.76

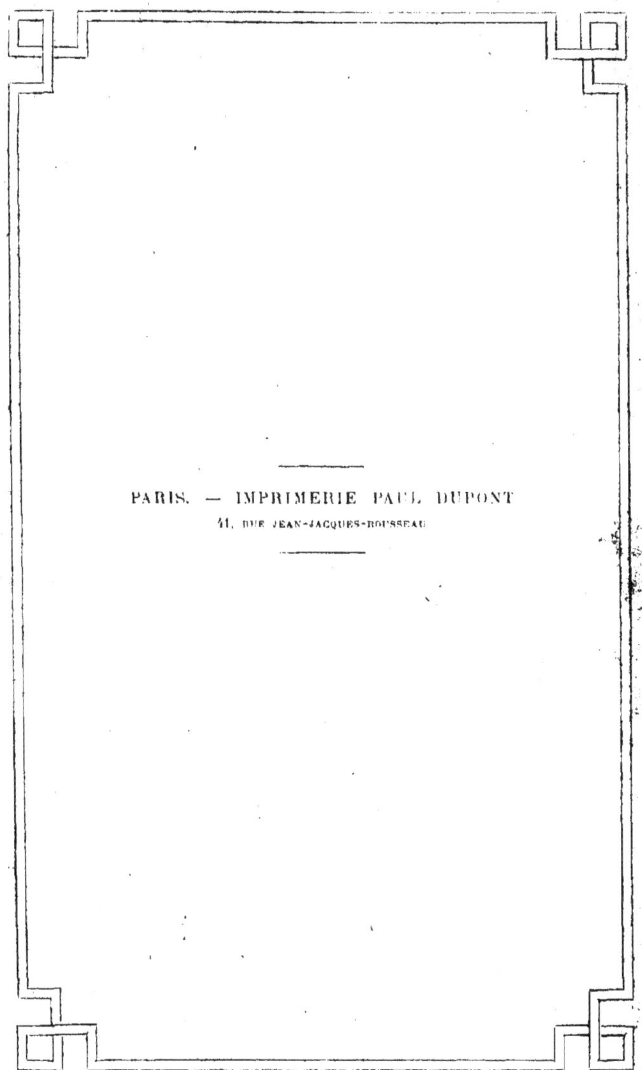

PARIS. — IMPRIMERIE PAUL DUPONT
41, RUE JEAN-JACQUES-ROUSSEAU

www.ingramcontent.com/pod-product-compliance
Ingram Content Group UK Ltd.
Pitfield, Milton Keynes, MK11 3LW, UK
UKHW021840190726
13855UKWH00001B/79